博碩文化

每個程式設計師應該要知道的50個演算法

來磨練你解決問題的技巧。
學習演算法與實作，
從範例到實務，
從邏輯到設計，
晉級人生勝利組，
只要搞懂演算法就能化繁為簡，
就算世界再複雜，

40 Algorithms Every Programmer Should Know

Imran Ahmad 著 · 何敏煌 譯

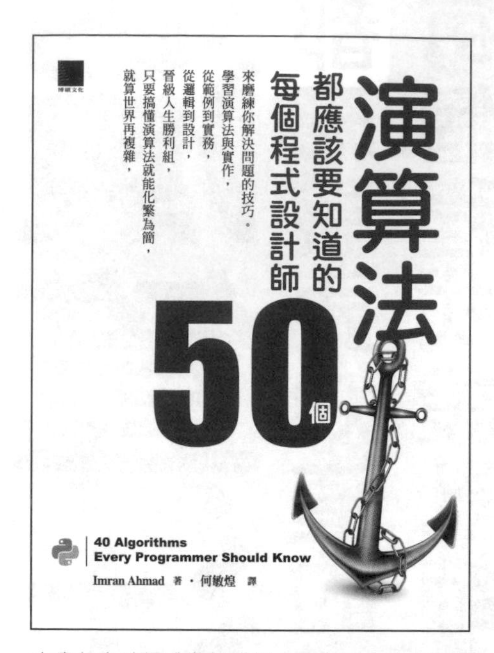

本書如有破損或裝訂錯誤，請寄回本公司更換

作　　者：Imran Ahmad
譯　　者：何敏煌
責任編輯：何芃穎

董 事 長：陳來勝
總 編 輯：陳錦輝

出　　版：博碩文化股份有限公司
地　　址：221 新北市汐止區新台五路一段 112 號 10 樓 A 棟
電話 (02) 2696-2869　傳真 (02) 2696-2867

發　　行：博碩文化股份有限公司
郵撥帳號：17484299
戶　　名：博碩文化股份有限公司
博碩網站：http://www.drmaster.com.tw
讀者服務信箱：dr26962869@gmail.com
訂購服務專線：(02) 2696-2869 分機 238、519
（週一至週五 09:30 ～ 12:00；13:30 ～ 17:00）

版　　次：2022 年 7 月初版一刷

建議零售價：新台幣 690 元
I S B N：978-626-333-177-8
律師顧問：鳴權法律事務所 陳曉鳴律師

國家圖書館出版品預行編目資料

每個程式設計師都應該要知道的 50 個演算法 / Imran Ahmad 著 ; 何敏煌譯 . -- 一版 . -- 新北市 : 博碩文化股份有限公司 , 2022.07
面 ;　公分
譯自 : 40 algorithms every programmer should know

ISBN 978-626-333-177-8(平裝)

1.CST: Python(電腦程式語言) 2.CST: 演算法

312.32P97　　111009745

Printed in Taiwan

商標聲明

有限擔保責任聲明

著作權聲明

本書謹獻給我的父親，Inayatullah Khan，
至今他仍然激勵我持續不斷地學習及探索新視野

貢獻者

關於作者

Imran Ahmad 是 Google 的合格講師，他在 Google 和 Learning Tree 有許多年的教學經驗。Imran 教授的主題包括 Python、機器學習、演算法、大數據以及深度學習。在他的博士學位中，他提出了一個基於線性規劃的演算法，稱之為 ATSRA，此演算法可以應用在雲端環境的最佳化資源指派上。過去四年裡，Imran 在加拿大聯邦政府先進分析實驗室執行高規格機器學習專案工作，此專案主要是為了開發機器學習演算法，讓移民程序可以自動化。Imran 目前的工作是在開發最佳化使用 GPU 的演算法，以訓練複雜的機器學習模型。

關於校閱者

Benjamin Baka 是一位全端的軟體開發者，也是一位對於前沿技術與優雅程式設計技巧充滿熱情的人。他在不同的技術領域擁有 10 年的經驗，從 C++、Java、Ruby 到 Python 與 Qt 皆有涉獵，他所貢獻的一些專案可以在 GitHub 網頁中找到。目前他正在 mPedigree 開發一些令人驚艷的技術。

目錄

Section 1：基礎與核心演算法 001

Section 2：機器學習演算法 133

前言

不論是計算機科學或實務，演算法一直以來扮演著非常重要的角色，因此本書特別把焦點放在應用這些演算法去解決實務問題上。為了讓演算法效能發揮到極限，我們有必要深入瞭解它們的邏輯和數學。首先你將會閱讀到演算法的介紹，並探索各式各樣的演算法設計技巧，接著，你會學習關於線性規劃、頁面排名、圖論、甚至是機器學習的相關實務應用，瞭解它們背後的數學和邏輯觀念。本書也包含了一些案例研究，像是天氣預測、推文分群以及電影推薦引擎等，並使用這些例子示範如何將演算法做最佳應用。讀完本書之後，對於利用演算法的運算來解決實務問題，你將會充滿信心。

目標讀者

這本書是寫給認真的程式設計師！不論你是資深程式設計師，正在找尋進一步瞭解演算法背後數學理論的方法，抑或你的程式設計經驗或資料科學知識有限、想要知道更多如何利用這些身經百戰的演算法，以改進設計和編寫程式碼的方式，那麼你將會發現，本書是非常實用的一本書。Python 程式設計經驗是必備的，資料科學知識雖然有幫助，但並不是非具備不可。

本書內容

「第 1 章 _ 演算法概述」，關於演算法基礎的摘要。本章從瞭解不同演算法工作原理所需的基本概念開始，此節將人們如何開始使用演算法，並透過數學去公式化某些問題類別，做了簡要陳述，也提到了不同演算法有哪些限制，接下來的小節則用各種不同方式精準描述演算法的邏輯。因為本書使用 Python 來編寫演算法的程式碼，接下來將說明如何設定可執行的環境，來執行我們在書中所展示的範例，然後討論幾種量化演算法效能的方法，並比較這些方法的差異。最後，本章將討論使用不同的方法去驗證一個演算法的特定實作方式。

「第 2 章 _ 演算法裡的資料結構」，聚焦在演算法必須要有的記憶體資料結構，以便在執行時保存暫時資料。演算法可能是資料密集型或是計算密集型，也可能兩者兼具。但是對於不同類型的演算法來說，要能夠達到最佳化實作，必須選擇正確的資料結構。許多演算法具有遞迴及迭代的邏輯，它們需要專用的資料結構，而這些資料結構本身也具有迭代的特性。因為我們在本書中使用 Python，因此本章將焦點放在 Python 的資料結構，用來實作本書中探討的那些演算法。

「第 3 章 _ 排序與搜尋演算法」，說明使用在排序和搜尋的核心演算法，這些演算法之後會成為更複雜演算法的基礎。本章從展示不同類型的排序演算法開始，也將比較不同方法的執行效能，接下來探討各種搜尋演算法，以量化方式比較不同方法的效能和複雜度。最後，本章將示範如何實際應用我們提到的演算法。

「第 4 章 _ 演算法設計」，闡述各種演算法的核心設計概念，同時也會解釋不同型態的演算法，並探討它們的優缺點。在設計最佳複雜演算法時，瞭解這些概念非常地重要。本章從討論不同型態的演算法設計開始，展示著名的旅行推銷員問題及其解決方法，再接續探討線性規劃及其限制。最後，本章用一個實際的例子來說明如何把線性規劃使用在容量規劃上。

「第 5 章 _ 圖演算法」，焦點放在圖形問題的演算法上，在計算機科學，許多常見的計算問題很適合以圖的方式呈現。本章介紹用於展現圖和搜尋圖的方法，搜尋一張圖代表系統化跟隨圖的邊去訪問圖中的點。圖搜尋演算法可以發現很多關於一張圖的結構資訊，許多演算法從搜尋輸入的圖來取得結構資訊，另一些則著重在基本的圖形搜尋。在圖演算法的領域，圖的搜尋技巧是最重要的核心，因此，第一小節探討兩個最常見的圖計算式表示方法：一個是相鄰串列，另一個則是相鄰矩陣。接下來會介紹一個簡單的圖搜尋演算法：廣度優先搜尋（breadth-first search），並示範建立廣先樹（breadth-first tree）的方法。下一個小節則是介紹深度優先搜尋（depth-first search），並提供以深度優先搜尋訪問頂點順序的標準結果。

「第 6 章 _ 非監督式機器學習演算法」，介紹非監督式機器學習演算法。之所以分類為非監督式，是因為此種模型或演算法會試著在沒有任何監督的情況下，去學習給定資料中所隱含的結構、樣式及關係。本章首先會探討分群法（clustering methods），這些方法是要在資料集中試著找出資料樣本間的相似性樣式與關係，然後將它們分到不同的群組，使得每一個組或群的資料樣本具相似性，這是根據它們內含的屬性或特徵去分析的。接下來的小節探討降維演算法（dimensionality reduction algorithm），它們使用在具有大量特徵的情況，接著介紹一些和異常偵測有關的演算法。最後，本章會介紹關聯規則探勘（association rule mining），此資料探勘方法使用在檢查及分析大量交易資料集，以找出感興趣的規則或樣式，這些樣式代表著交易之間各種項目的有趣關係或關聯性。

「第 7 章 _ 傳統監督式學習演算法」，說明跟機器學習問題有關的傳統監督式機器學習演算法，它們使用在那些已標籤資料集上，這些資料集具有輸入的屬性以及相對應的輸出標籤或分類。這些輸入及相對應的輸出用來學習成為一般化的系統，此系統可以針對陌生特徵進行預測來產生結果。首先以機器學習的術語來介紹分類的概念，接著說明最簡單的機器學習演算法及線性迴歸，緊跟著探討最重要的演算法之一：決策樹。我們也會討論決策樹的優點及其限制，然後再說明另外兩個重要的演算法，SVM 以及 XGBoot。

「第 8 章 _ 類神經網路演算法」，首先介紹典型的類神經網路之主要概念及組成元件，這是目前最重要的機器學習型態。接著將展示幾種不同型態的類神經網路，並解釋幾種實作在這些類神經網路上的激勵函式，其中，我們會詳細地探討倒傳遞演算法，這是目前最廣泛使用於解決類神經網路問題的演算法。接下來解釋什麼是遷移學習技巧，它用於大幅簡化以及部分自動化模型訓練。最後，本章會展示如何使用深度學習去偵測多媒體資料中的物體，作為一個實務上的範例。

「第 9 章 _ 自然語言處理演算法」，介紹和**自然語言處理（natural language processing, NLP）**相關的演算法。本章從理論到實務，以循序漸進的方式進行：首先介紹基礎知識，其次是處理自然語言需要的數學公式，接著探討一個最廣為使用的類神經網路，用於設計及實作文本資料中幾個重要的使用案例，NLP 的限制也會在此加以討論。本章以一個案例研究作為結尾，在此案例中，會訓練一個模型根據寫作風格去偵測出論文的作者。

「第 10 章 _ 推薦引擎」，聚焦在推薦引擎，這是和使用者偏好有關的可用建模資訊，然後根據這些資訊來提供推薦訊息。推薦引擎的基礎來自於使用者和產品間互動的記錄。本章從隱藏在推薦引擎背後的基本想法開始說明，然後探討一些推薦引擎的型式。最後，我們會示範推薦引擎如何為不同使用者建議商品購買品項。

「第 11 章 _ 資料演算法」，聚焦在以資料為中心的演算法之相關議題。本章從和資料相關議題的概論開始，然後展示分類資料的規範，接著說明如何套用這些演算法到串流資料應用程式上，再探討加密主題，章節最後會用一個範例說明如何從 Twitter 資料中萃取出樣式。

「第 12 章 _ 密碼學」，介紹和密碼學相關的演算法。本章從背景開始介紹，接著討論對稱式加密演算法。我們將解釋 MD5 和 SHA 雜湊演算法，以及實作對稱式演算法時會遇到的限制與弱點，並探討非對稱加密演算法，以及如何將它們使用在數位憑證上。最後，透過一個實際的範例摘要說明這些技術。

「第 13 章 _ 大規模演算法」，解釋大規模演算法如何處理無法放在一個節點記憶體中的資料，以及涉及多個 CPU 的處理程序。本章首先將探討何種類型的演算法最適合用於平行化執行，接著探討平行化演算法將會產生的議題。本章也會說明 CUDA 架構，並探討單一 GPU 或一個 GPU 陣列如何用於加速演算法，以及這些演算法需要做哪些改變，以有效運用 GPU 的威力。最後，本章將說明叢集計算以及 Apache Spark 如何利用 resilient distributed datasets（RDDs），來進行一個標準演算法的極快平行實作。

「第 14 章 _ 實務上的考量」，從可解釋性的重要性談起，此議題越來越重要，它解釋了自動化決策背後的邏輯。接著，本章會探討使用演算法的倫理考量，並說明建立這些演算法產生偏見的可能性，然後詳細探討處理 NP-hard 問題的一些技術。最後，總結說明實作方法以及倫理議題相關的實務挑戰。

發揮本書最大效用

章節	軟體需求（含版本）	免費 / 付費	硬體規格	作業系統要求
1-14	Python 3.7.3 或之後的版本	免費	最少需要 4GB 的記憶體，建議 8GB 以上	Windows/Linux/Mac

如果你閱讀的是本書的數位版本，我們建議你自行輸入這些程式碼，或透過 GitHub 的儲存庫（連結提供在下一小節中）取得。如此做可以幫助你避開在複製及貼上程式碼時可能引起的潛在錯誤。

下載範例程式檔案

在 www.packt.com 中，你可以使用你的帳戶在網站上下載本書的範例程式碼。如果你在其他地方購買本書，你可以訪問 www.packtpub.com/support，註冊之後即可直接把這些檔案 email 給您。

你可以依照下列步驟下載程式碼檔案：

1. 註冊並登入 www.packt.com。
2. 選取 **Support** 頁籤。
3. 點選 **Code Downloads**。
4. 在 **Search** 搜尋框中輸入本書的名稱，然後依照螢幕上的指示進行。

檔案下載之後，請使用以下的工具程式把它們解壓縮到你的資料夾中：

- WinRAR/7-Zip for Windows
- Zipeg/iZip/UnRarX for Mac
- 7-Zip/PeaZip for Linux

本書的程式碼也放在 GitHub 上，網址：https://github.com/PacktPublishing/40-Algorithms-Every-Programmer-Should-Know。如果程式碼有任何更新，GitHub 儲存庫中的內容也將一併更新。

還有許多來自於我們豐富書目和影片有關的程式碼放在 https://github.com/PacktPublishing/ 中，歡迎也去看看。

下載本書的彩色圖片

我們還提供一個 PDF 檔案，其中包含本書使用的彩色圖表，你可以在此下載：
https://static.packt-cdn.com/downloads/9781789801217_ColorImages.pdf

本書排版格式

在這本書中，你會發現許多不同種類的排版格式。

程式碼（`CodeInText`）：在文本中的程式碼、資料庫表格名稱、資料夾名稱、檔案名稱、副檔名、路徑名稱、網址、用戶的輸入和 Twitter 帳號名稱，會以如下方式呈現。舉例來說：「如何用 `push` 在堆疊上增加一個新的元素或用 `pop` 移除一個元素。」

程式碼區塊，會以如下方式呈現：

```
define swap(x, y)
    buffer = x
    x = y
    y = buffer
```

當我們希望你將注意力集中到程式碼中特定部分的時候，相關的元素或項目將以粗體字呈現：

```
define swap(x, y)
    buffer = x
    x = y
    y = buffer
```

任何命令列輸入或輸出，會以如下方式呈現：

```
pip install a_package
```

粗黑字體：專有名詞和重要字眼會以粗黑字體顯示。你在螢幕上看到的字串，如主選單或對話視窗當中的字串，也會以粗黑字體顯示。範例如下：「簡化演算法複雜度的其中一個方法就是在正確性做一些妥協，此種類型演算法稱為**近似演算法**。」

> **Note**
> 警告或重要訊息會出現在像這樣的文字方塊中。

> **Tip**
> 提示和技巧，看起來會像這樣。

讀者回饋

我們始終歡迎讀者的回饋。

一般回饋：請寄送電子郵件到 customercare@packtpub.com，並請在郵件的主題中註明書籍名稱。如果您對本書的任何內容有疑問，請發送電子郵件至 questions@packtpub.com。

勘誤表：雖然我們已經盡力確保內容的正確準確性，錯誤還是可能會發生。若您在本書中發現錯誤，請向我們回報，我們會非常感謝您。勘誤表網址為 www.packtpub.com/support/errata，請選擇您購買的書籍，點擊 **Errata Submission Form**，並輸入您的勘誤細節。

盜版警告：如果您在網際網路上以任何形式發現任何非法複製的本公司產品，請立即向我們提供網址或網站名稱，以便我們尋求補救措施。請透過 copyright@packt.com 與我們聯繫，並提供相關的連結。

如果您有興趣成為作者：如果您具有專業知識，並對寫作和貢獻知識有濃厚興趣，請參考：http://authors.packtpub.com。

讀者評論

請留下您對本書的評論。當您使用並閱讀完這本書時，何不到本公司的官網留下您寶貴的意見？讓廣大的讀者可以在本公司的官網看到您客觀的評論，並做出購買決策。讓 Packt 可以了解您對我們書籍產品的想法，並讓 Packt 的作者可以看到您對他們著作的回饋。謝謝您！

有關 Packt 的更多資訊，請造訪 packtpub.com。

Section 1

基礎與核心演算法

本篇為讀者介紹演算法的核心面向。我們將說明什麼是演算法以及如何設計演算法，讀者們也將會學習到在演算法中使用的資料結構。本篇也會對於排序和搜尋演算法以及使用演算法解決圖形問題提供深入的說明。以下是本篇所包含的各章列表：

1

演算法概述

本書涵蓋需要瞭解、分類、選用以及實作一些重要演算法的資訊，同時包括對於這些資訊在邏輯上的說明。本書也會討論適用於各類演算法的資料結構、開發環境以及部署環境。我們將會聚焦在越來越重要的現代化機器學習演算法。而書中也將以範例來演練如何順著運算邏輯，使用這些演算法來解決每天實際會面臨到的問題。

本章針對演算法基礎提供較為深入的觀點。我們將從認識基礎觀念的章節開始，它是瞭解不同演算法之作業方式所需的基礎知識。該章節摘要說明了人們如何開始使用演算法，並從數學的角度公式化一些特定的問題。它也將順帶提及不同演算法的一些限制。接下來的章節將說明幾種不同的方式來界定演算法的邏輯。本書使用 Python 語言編寫演算法，因此我們也會說明如何設置可以執行書中範例的環境。演算法效能量化的一些方法以及不同演算法之間的比較也會接在後面加以探討。最後，關於一個演算法特定實作的幾種驗證方法也會在本章中予以討論。

綜上所述，本章將會涵蓋以下這些主題：

- 什麼是演算法？
- 精準描述演算法的邏輯
- Python 套件介紹
- 演算法設計技巧
- 效能分析
- 演算法的驗證

什麼是演算法？

用最簡單的話來說，演算法是執行計算去解決問題的一套規則。它們被設計成給予任何有效的資料，就會依據精確定義的指令產生出所需要的結果。如果在英文字典（例如 American Heritage）中查詢 algorithm 這個字，它所定義的概念如下：

> 「algorithm 是一個有限的明確指令集合，給這些指令一些初始化的條件集，就可以用預先設定好的順序執行指令，以達成一個預期的目標，這個目標即可視為是結束條件集。」

演算法的設計就像是創造一個數學型式上最有效率的食譜，可以用來有效解決現實中的問題。也可以拿這個食譜為基礎，發展出更易於重複使用且更廣泛的數學解決方案，並應用在更為寬廣的類似問題上。

演算法的階段

演算法包含開發（developing）、部署（deploying）、最終使用（finally using）等三個不同階段，如下圖所示：

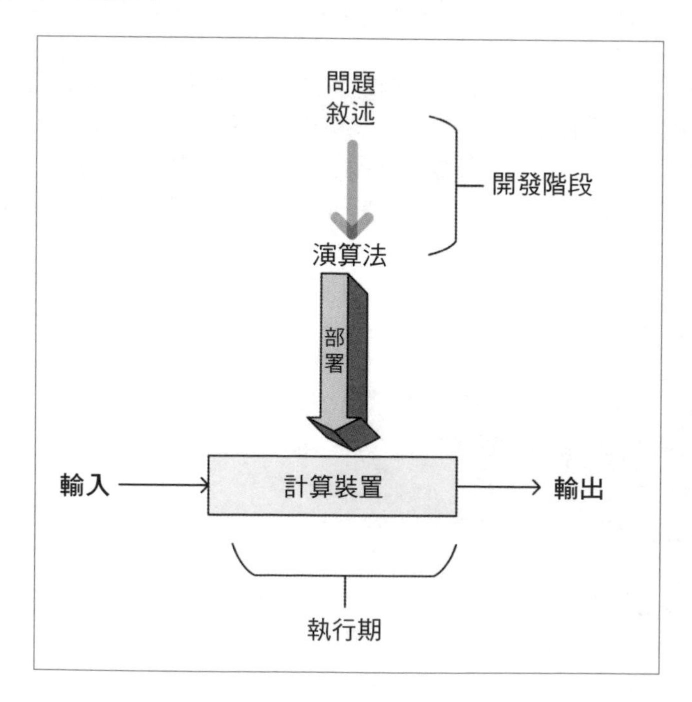

如上圖中所看到的，此程序從瞭解問題定義的需求開始，它詳細地描述需要完成的細節。一旦問題被清楚地定義，接著我們就會進入開發的階段。

開發的階段主要由兩個階段所組成：

- **設計階段**：在設計階段中，演算法的架構、邏輯以及實作的細節必須詳細呈現，並把它以文件的方式進行整理。在設計一個演算法時，我們要在心中提醒自己正確性與效能的重要性。當搜尋一個針對某問題的解決方案時，在許多情況下會有超過一個以上的演算法可以選用。演算法的設計階段是一個迭代的過程，過程中會牽涉到不同候選演算法的比較。
  有些演算法提供簡單及快速的解決方式，但是可能要付出的代價是沒有那麼精確。有一些演算法則是非常地精確，但卻因為太過於複雜以至於要付出非常可觀的時間去執行，而部分複雜的演算法可能會比其他的更有效率。在選擇之前，所有的候選演算法隱含的取捨需要詳細地加以研究，尤其是對於一個複雜的問題來說，設計一個高效率的演算法是很重要的。一個正確設計的演算法可以同時兼顧令人滿意的效能及合理的精確性，並得到有效的解答。
- **編寫階段**：在程式編寫階段，設計好的演算法會轉換成電腦程式。實際的程式需要實作出在設計階段中所設計出的所有邏輯和架構。

設計階段和編寫階段本質上具有迭代的特性。設計出同時符合功能性與非功能性的需求可能需要花上大量的時間和精力。所謂功能上的需求就是對於給定的輸入要求要有正確的輸出，而演算法的非功能需求，大部分是關於輸入的資料量大小所衍生出執行效能上的要求。演算法的有效性和效能分析會在本章稍後探討。演算法的驗證就是要確認此演算法是否符合功能上的需求，而演算法的效能分析則是為了探討該演算法是否符合非功能性的需求，也就是關於效能上的議題。

一旦使用了選擇的程式語言設計及實作之後，接下來就是要部署此演算法的程式碼。部署演算法包括程式碼需要執行的環境之設置。上線的環境需要根據此演算法所需要執行的資料加以設計。例如，對於可平行化的演算法，為了更有效率地執行，就需要一個具有適當數量的電腦節點所組成的叢集。對於資料密集的演算法，平行化管線資料輸入以及資料儲存與快取策略就需要加以設計。我們會在「**第 13 章 _ 大規模的演算法**」以及「**第 14 章 _ 實務上的考量**」中更深入地探討上線環境設計的問題。一旦上線環境設置及實作完成之後，此演算法已被部署上線，它就可以取得輸入的資料進行處理，然後依據要求產生輸出結果。

精準描述演算法的邏輯

當設計一個演算法時，找出不同方法去精準描述它的細節是很重要的，它必須兼顧演算法所要求的邏輯與架構。一般而言，就像在蓋一棟房子，在動手實作之前精準描述演算法的結構是很重要的。對於更加複雜的分散式演算法，預規劃（pre-planning）執行時，它們的運算邏輯分布在叢集中的方式，對於迭代有效率的設計程序也很重要。透過虛擬碼以及執行計畫，這些都可達成，我們將在接下來的章節中討論。

瞭解虛擬碼

把演算法的邏輯以較高階、半結構式的方式精準描述是最簡單的方式，此種方式稱為**虛擬碼（pseudocode）**。在使用虛擬碼編寫演算法邏輯之前，先用簡單的英文把主要的流程步驟寫出來，然後這些英文描述可以轉換成虛擬碼，也就是利用結構化的方式撰寫英文描述，貼切表達演算法的邏輯和流程。即使詳細的程式碼和演算法的主要流程及結構無關，寫得好的演算法虛擬碼也可以在合理的程度下，詳細描述演算法的高階步驟。下圖展示了這些步驟的流程：

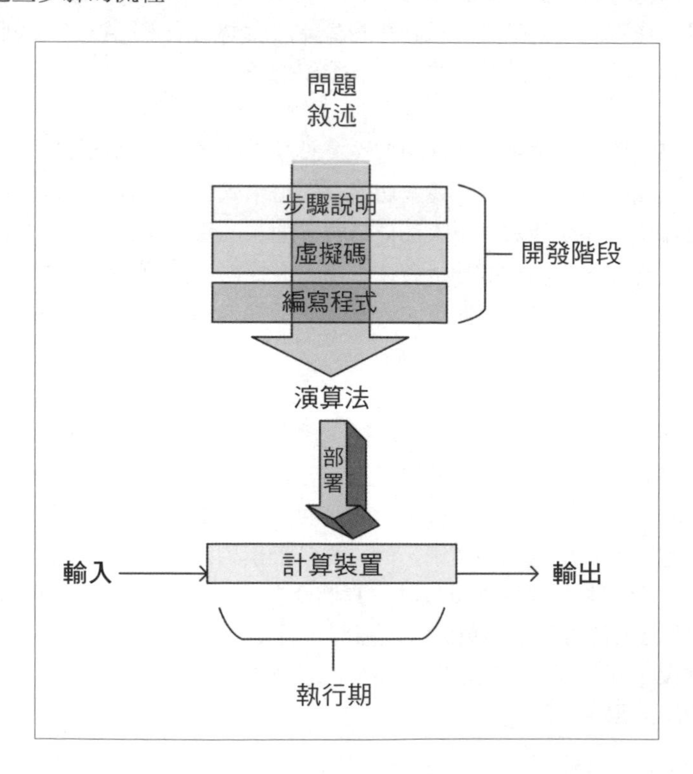

請留意，一旦寫好了虛擬碼（將會在下一節中看到），我們就可以使用選擇的程式語言開始編寫此演算法的程式碼。

虛擬碼的實際範例

圖 1.3 展示了 **SRPMP** 資源分配演算法的虛擬碼。叢集計算中經常會碰到要在一組可用資源上執行平行的任務（task），這組可用的資源稱為**資源池（resource pool）**。此演算法指定任務（task）到一個資源並且建立一個對應集（mapping set）為 Ω。請留意，以下的虛擬碼詳述了此演算法的邏輯和流程，下一節中將加以解釋：

```
1: BEGIN Mapping_Phase
2: Ω = { }
3: k = 1
4: FOREACH Tᵢ∈T
5:      ωᵢ = RA(Δₖ,Tᵢ)
6:      add {ωᵢ,Tᵢ} to Ω
7:      state_change_Ti [STATE 0: Idle/Unmapped] → [STATE 1: Idle/Mapped]
8:      k=k+1
9:      IF (k>q)
10:         k=1
11:     ENDIF
12: END FOREACH
13: END Mapping_Phase
```

我們來逐行剖析這個演算法：

1. 藉由執行此演算法開始對應。Ω 對應集設定為空集合。
2. 為 T_1 任務選定第一個分割區作為資源池（請參考前面虛擬碼的第 3 行）。**television rating point (TRPS)** 為每一個 T_i 任務選取一個分割區作為資源池，重複地呼叫 **Rheumatoid Arthritis (RA)** 演算法。
3. RA 演算法傳回為 T_i 任務所選取的資源集，以 ω_i 代表（請參考前面程式碼的第 5 行）。
4. 把 T_i 和 ω_i 加到對應集中（請參考前面程式碼的第 6 行）。
5. T_i 的狀態從 `STATE 0:Idle/Mapping` 轉換成 `STATE 1:Idle/Mapped`（請參考前面程式碼的第 7 行）。
6. 請留意，在第一個迭代中，`k=1` 設定選取第一個分割。每一個接下來的迭代中，`k` 的值持續增加直到 `k>q`。
7. 如果 `k` 超過了 `q`，就要把它重置為 `1`（請參考前面程式碼的第 9 和第 10 行）。

8. 這個程序會一直重複，直到所有任務和他們打算使用的資源集之間的對應確定為止。被儲存起來的對應集在此為 Ω。
9. 一旦每一個任務在對應階段都對應到一組資源，演算法即完成執行。

使用程式碼片段

隨著 Python 這類簡單卻強大的程式語言普及化，另一種方法也愈來愈受歡迎，也就是直接用簡化版的程式語言來表示演算法的邏輯。和虛擬碼類似，選用的程式碼可以補捉到目標演算法的重要邏輯與結構，省卻繁鎖的程式碼，而這些選用的程式碼就稱為**程式碼片段（snippet）**。在本書中，程式碼片段會盡可能取代虛擬碼來節省步驟。舉例，我們來檢視一個簡單的程式碼片段[1]，可用於交換兩個變數內容的 Python 函式：

```
define swap(x, y)
    buffer = x
    x = y
    y = buffer
```

Note

請注意，程式碼片段沒有辦法完全取代虛擬碼。有時候我們會在虛擬碼中把多行程式碼精簡成一行虛擬碼， 如此可以隱藏一些不必要的程式碼細節，讓演算法的邏輯更加清楚。

建立執行計畫

虛擬碼和程式碼片段未必能精準描述比較複雜的分散式演算法邏輯。例如，分散式演算法通常需要在執行時切割成有優先順序的編寫程式階段。正確的策略是把較大的問題做最適當的階段分割，並給它們正確的優先順序限制，這是高效率執行演算法的關鍵。

我們需要找出一個既能執行此種策略、又能完整表現演算法邏輯和結構的方法，而執行計畫（execution plan）就是用來詳細說明如何把演算法分割成許多任務（task）的方法之一。任務（task）可以是 mapper 或是 reducer，它們可以組成不同的區塊，這些

1　譯註：本段程式碼片段並不完全符合 Python 的正確語法。

區塊稱為 **stage**。底下的圖示是執行演算法之前 Apache Spark 運算的執行計畫，詳細說明了執行演算法的階段任務分割成：

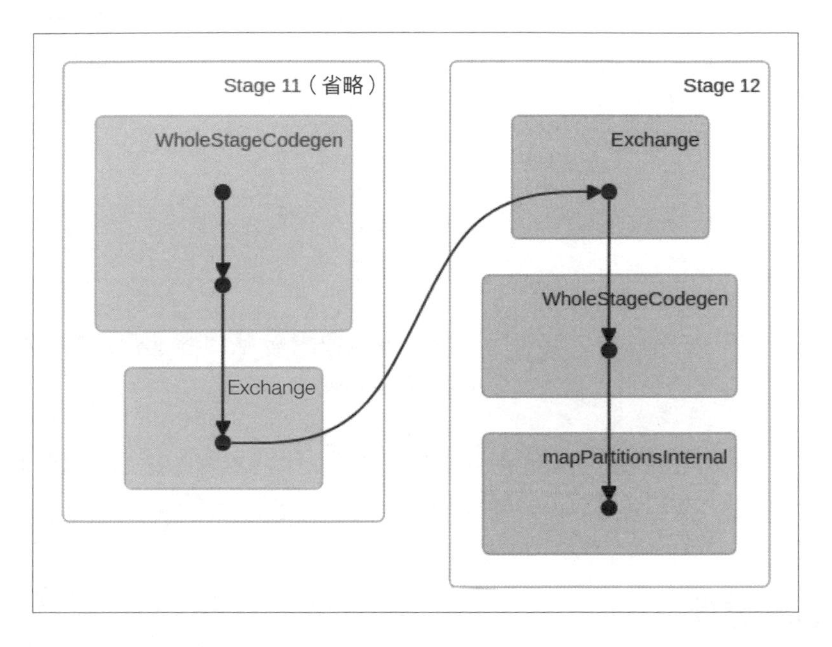

請留意上述的圖例中有 5 個任務，分割成兩個不同的 stage：**Stage 11** 和 **Stage 12**。

Python 套件介紹

在完成了演算法的設計之後，需要用程式語言來實作。在本書中，我選用 Python 這個程式語言，因為 Python 是一個非常具有彈性的開源程式語言，也是目前愈來愈重要的雲端架構選擇，像是 **Amazon Web Services (AWS)**、Microsoft Azure、**Google Cloud Platform (GCP)**。

Python 的官方首頁是 `https://www.python.org/`，它有許多的安裝指引以及實用的初學者教學指南。

如果你從未使用過 Python，請利用時間透過初學者教學內容進行自學。若能瞭解 Python 基本概念，將有助你更容易掌握本書內容。

就本書而言，期待你使用 Python 3 的最新版本。在編寫本書的此刻，最新的版本是 3.7.3，這也是我們會用來執行本書例題的版本。

Python 套件

Python 是一個通用程式語言，設計初始只有最基本的功能。基於使用 Python 的前提，你需要安裝額外套件，最簡單的方式就是使用 `pip` 套件管理程式。pip 命令可以用來安裝額外的套件：

```
pip install a_package
```

安裝的套件也需要定期地更新以取得最新版本。我們可以透過 `upgrade` 旗標參數來升級套件：

```
pip install a_package --upgrade
```

另外一個 Python 發行版本是基於科學計算使用的 Anaconda，它可以在這個網址[2]下載：`http://continuum.io/downloads`。

前面利用 `pip` 命令安裝新的套件，但是在 Anaconda 發行版本中，也可以利用以下的指令來安裝新的套件：

2　譯註：原文所列之 Python 發行版本下載網址已不能使用，請改到這個網址下載：`https://www.anaconda.com/products/individual`

```
conda install a_package
```

在 Anaconda 發行版本裡，更新套件使用的是下面這個指令：

```
conda update a_package
```

還有非常多種類的 Python 套件可以使用。一些和演算法相關的重要套件，我們將會在接下來的章節加以說明。

SciPy 生態系

Scientific Python (SciPy) ——發音是「sigh pie」——是為了科學社群所建立的 Python 模組套件。它有許多功能，包括用途非常廣泛的隨機數產生器、線性代數副程序及優化器等。SciPy 是一個用途廣泛的套件，而且隨著時間的推移，人們根據需求開發出了更多延伸模組去客製化並強化這個套件。

以下是這個生態系部分主要的套件：

- **NumPy**：對於演算法來說，建立多維度資料結構的能力是非常重要的，例如陣列和矩陣等。NumPy 提供了可以用於統計及資料分析的陣列與矩陣資料型態。關於 NumPy 詳細的說明可以在 `http://www.numpy.org/` 中找到。
- **scikit-learn**：這個機器學習延伸功能是 SciPy 中最受歡迎的模組之一。Scikit-learn 提供非常多重要的機器學習演算法，包括分類、迴歸、分群及模型驗證。你可以在 `http://scikit-learn. org/` 找到更多細節。
- **pandas**：pandas 是一個開源軟體程式庫。它包含了表格式的複雜資料結構，廣泛使用於輸入、輸出以及處理各種演算法中的表格式資料。pandas 程式庫有許多有用的功能並能提供最佳化的執行效能。關於 pandas 更多詳細的資料可以在 `http://pandas.pydata.org/` 中找到。
- **Matplotlib**：Matplotlib 提供建立強大視覺化的工具。資料可以透過各種圖表呈現，包括折線圖、 散佈圖、條狀圖、直方圖、圓餅圖等。更多的資訊可以在 `https://matplotlib.org/` 中找到。
- **Seaborn**：可以把 Seaborn 想成類似於 R 語言中受歡迎的 ggplot2 程式庫。它是基於 Matplotlib 的程式庫，提供繪製高質感統計圖表的高階介面。詳細的內容可以參閱這個網址：`https://seaborn.pydata.org/`。
- **iPython**：iPython 是一個互動式控制台的加強版，它可以在文字式互動介面中編寫、測試以及偵錯 Python 程式碼。

- **running Python program**：以互動的方式執行程式對於學習及實驗程式碼非常有用。Python 程式可以用文字檔的方式儲存成 .py 副檔名的檔案，而這個檔案也可以在互動式控制台中載入並執行。

在 Jupyter Notebook 上實作 Python

另外一個執行 Python 程式碼的方法是透過 Jupyter Notebook。Jupyter Notebook 提供一個以瀏覽器為基礎的使用者介面，讓我們在上面開發程式碼。本書也使用 Jupyter Notebook 作為範例。可以在介面中使用文字及圖形加註說明程式，使它成為展示及解釋演算法的最佳學習工具。

要啟動 notebook，你需要啟動 Juypter-notebook 的程序，並開啟你偏好的瀏覽器瀏覽這個網址：`http://localhost:8888`：

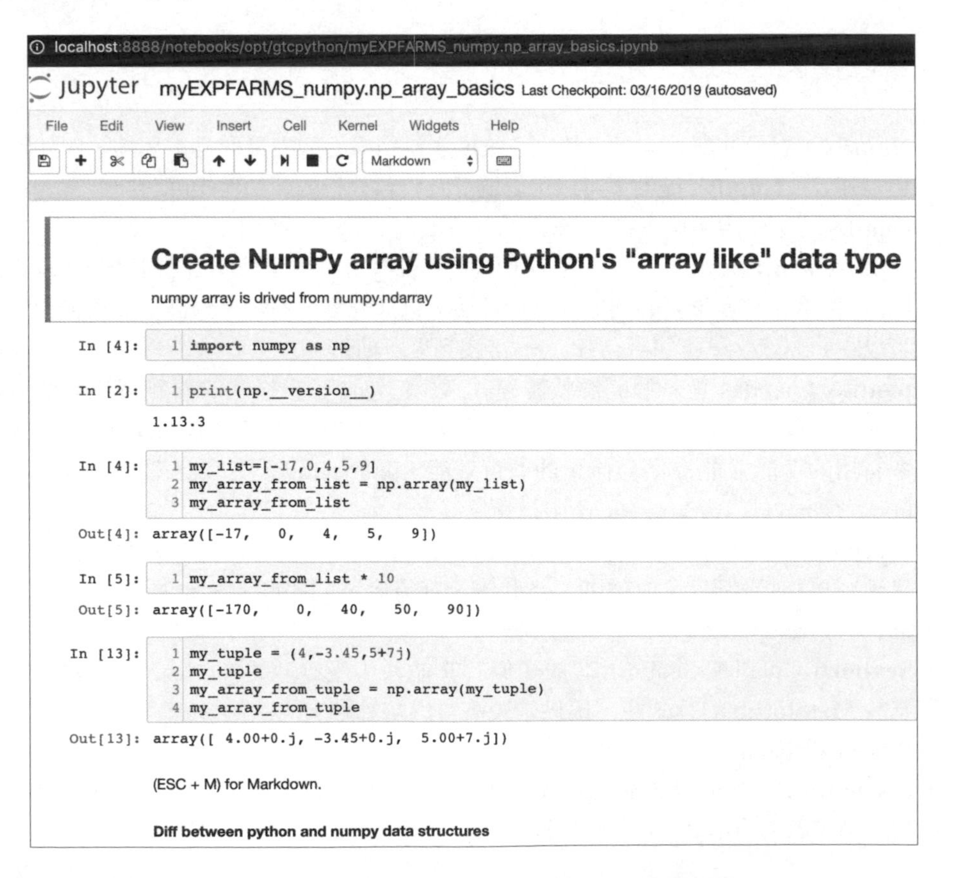

請留意，一個 Jupyter Notebook 是由許多叫做 **cell** 的區塊所組成的。

演算法的設計技巧

演算法是用數學形式來解決實務問題。設計演算法時，要謹記以下三個考量來設計及微調演算法：

- **考量 1**：這個演算法是否會產生我們所期待的結果？
- **考量 2**：這是得到結果的最佳方法嗎？
- **考量 3**：這個演算法要如何應用在更大的資料集？

在設計一個問題的解決方案之前，一定要深入瞭解問題本身的複雜度。舉個例子，如果根據問題的需求和複雜度找出它的特性，會幫助我們設計出更適合的解法。一般而言，可以依據問題的特性把演算法分為以下三種類型：

- **資料密集型演算法（data-intensive algorithms）**：資料密集型演算法是用來處理大量的資料，比較起來，它們有相對簡單的處理需求；對於超大的檔案進行壓縮的演算法就是典型的例子。此種演算法，資料的大小遠大過於處理引擎（單一個節點或叢集）的記憶體，因此可能有必要根據需求開發迭代程序設計，以便有效率處理資料。
- **計算密集型演算法（compute-intensive algorithms）**：計算密集型演算法有大量的處理需求，但不包括大量的資料，最簡單的例子就是找一個非常大的質數。找出一個方法把演算法分割為不同的階段，其中一些階段至少要能平行化處理，這就是此類演算法能夠發揮最大效率的重要關鍵。
- **同時具有資料與計算密集特性之演算法（both data and compute-intensive algorithms）**：某些演算法同時處理大量資料與大量計算需求。執行視訊回饋情緒分析就是典型的案例，此種情境需要大量的資料進行大量處理需求才能完成任務，它們是最吃資源的演算法，因此需要小心地進行設計，讓它可以更聰明地配置可用的資源。

要依據複雜性和需求找出問題的特性，可以從深入研究資料和計算維度開始，這部分我們將在下一節說明。

資料維度

要分類問題的資料維度，我們可以關注它的**資料量**（**volume**）、**速度**（**velocity**）及**多樣性**（**variety**）——也就是所謂的 **3V**，定義如下：

- **volume**：指的是演算法會面對的資料量。
- **velocity**：指的是當演算法使用資料時預計會產生的速度，它有可能是 0。
- **variety**：用來衡量演算法會面對的資料型態有多少種類。

下面這張圖更詳細地展現了關於資料的 3V。圖表中央是最簡單的資料，它是少量具低變化與低產生速率的資料。當我們從中間開始往外層移動時，資料的複雜度就開始增加，增加的維度可以是單一個或 3 個維度同時增加。例如，以速度這個維度來說，**批次**（**batch**）處理是最簡單的，接下來是**定期**（**periodic**）處理，最快速的則是接近**即時**（**near real-time**）處理。**即時**（**real-time**）處理是資料產生速度面向上最複雜的程序。例如，從一堆監視器中所搜集到的即時影音回饋就具有高資料量、快速產生以及最多樣化的資料需求，需要適當的設計，才能夠有效率地儲存及處理資料。另一方面，在 Excel 中產生的 .csv 檔案，就是低資料量、低速度、不具有變化的資料型式：

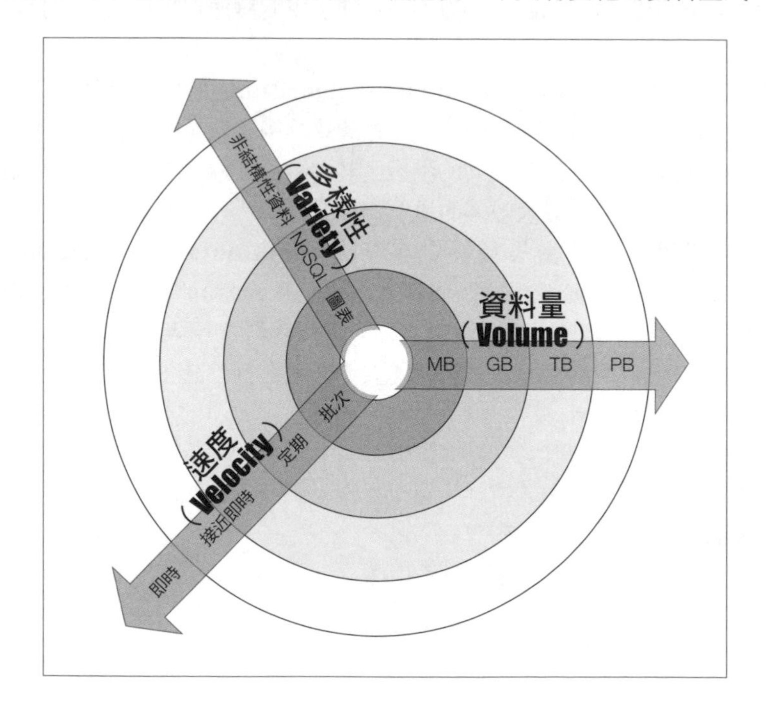

舉個例子，如果輸入資料是簡單的 csv 檔案，則資料量、產生速度、資料多樣性都是偏低的；但如果輸入的資料是安全系統監視器的即時串流，那麼資料量、產生速度、資料多樣性就會相對高，因此，在設計演算法時要隨時留意這個問題。

計算維度

計算維度是有關於實際處理問題的計算需求。演算法的處理需求將會決定何種設計是最有效率的解決辦法。例如，一般而言，深度學習演算法需要大量的計算能力，這表示深度學習演算法必須盡可能擁有多節點的平行架構。

一個實際的範例

假設我們想要在影片上進行情緒分析：情緒分析的目的是用來標記影片各段落中人們的喜怒哀樂等情緒，它是一個計算密集的工作，所以需要有強大的計算能力。如同我們在下圖中看到的，要設計這個計算維度，可以把處理過程分成五個任務，把這五個任務放在兩個不同的階段（phase）中，而所有資料的轉換與準備均在三個 mapper 中執行；在此例中，我們把影片切割成三個不同部分，稱為 **split**。在這些 mapper 執行之後，處理完的影片會輸入到兩個聚合器，叫做 reducer。為了進行必要的情緒分析，reducer 把這些影片依據它們的情緒分組，最後合併結果再輸出：

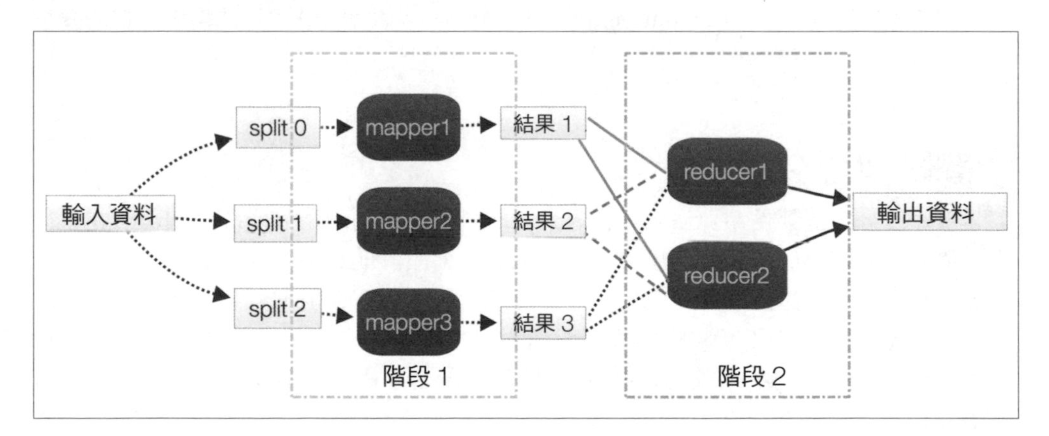

> **Note**
>
> 請注意，mapper 的數量可以直接換成演算法的平行性。mapper 以及 reducer 的最佳數目取決於資料的特性、使用演算法的類型、以及可用的資源數目。

效能分析

分析演算法效能是設計時一個很重要的部分，而評估演算法效能的其中一個方法是分析它的複雜度。

複雜度理論用於研究演算法的複雜程度，一個有用的演算法需要具有以下三個關鍵特性：

- 必須是正確的。如果一個演算法不能給你一個正確的答案，再好也沒用。
- 一個好的演算法應該要可以被理解。即使是世界上最好的演算法，若你理解不了以至於無法實作在電腦上，對你也沒用處。
- 一個好的演算法必須要有效率。即便一個演算法可以產生出正確的結果，但如果需要花上無數時間或是 10 億 TB 龐大記憶體，那麼它對你來說沒有任何幫助。

有兩種可能的分析類型可以量化一個演算法的複雜度：

- 空間複雜度分析（space complexity analysis）：估算執行一個演算法所需要使用的執行期記憶體需求。
- 時間複雜度分析（time complexity analysis）：估算一個演算法需要花費的執行時間。

空間複雜度分析

空間複雜度分析是評估演算法處理輸入資料時所需花費的記憶體空間。演算法在執行輸入資料時會臨時佔用記憶體儲存空間，因此如何設計演算法，便會影響到這些資料結構的數量、型態與大小。在這個充斥著分散式計算和需要處理的資料不斷增加的時代，空間複雜度分析自然愈形重要。這些資料結構的大小、型態及數量決定了所使用硬體的記憶體需求。使用在分散式計算的現代 in-memory 資料結構——例如 **resilient distributed datasets (RDDs)**，必須有高效的資源分配機制，才能察覺到演算法在不同執行階段的記憶體需求。

空間複雜度分析是設計高效演算法的必備條件。如果設計一個特定的演算法沒有使用到正確的空間複雜度分析，執行時暫存資料結構所需的記憶體不足，可能會導致不必要的磁碟滿溢，而可能大幅影響到演算法的性能和效率。

在本章，我們將深入檢視時間複雜度，而空間複雜度則會在「**第 13 章 _ 大規模演算法**」中進行更詳細討論，該章將會談到大規模分散式演算法的複雜執行期之記憶體需求。

時間複雜度分析

時間複雜度分析是根據本身結構，去評估一個演算法完成指定任務所花費的執行時間。和空間複雜度不同的是，時間複雜度並不依賴執行演算法的硬體環境，主要依賴演算法本身的結構，其整體目標是要試著回答這些重要問題：這個演算法可以應付這些任務嗎？在面對更大的資料集時，它能有多好的效能表現？

為了回答這些問題，我們需要去檢查會影響演算法效能的情況，也就是當資料的大小增加時，須確保演算法設計的方式不但能正確執行，而且也應付地很好。在全世界充斥著「大數據」的今天，處理大量資料集的演算法效能變得愈來愈重要了。

在許多情況下，可能都有多種方法去設計一個演算法。採用時間複雜度分析的目標，以此例而言，如同以下的描述：

「給予一個特定問題和一個以上的演算法，哪一個演算法的時間效率最佳？」

有兩個基本方法可以用來計算一個演算法的時間複雜度，如下所示：

- **實作後之效能剖析法（post-implementation profiling approach）**：使用此種方法實作每一個候選演算法，並比較其效能。
- **實作前之理論研究法（pre-implementation theoretical approach）**：使用此種方法，每一個演算法的效能是在實際執行之前以數學方式推估其近似值。

使用理論研究法的優點是，它只依賴演算法本身的結構來推算，並不受實際執行的硬體環境、軟體套組或是用來實作的程式語言影響。

效能的評估

典型的演算法效能取決於輸入的資料型態。例如，如果資料已經依據待解問題的需求進行過排序，那麼演算法的執行效率就會非常快速；但如果把已排序的資料輸入作為這個演算法的效能評估基準，會得到一個不切實際的高效能數字，沒辦法反映出大部分情境下的實際效能數據。因此，在進行效能分析時就需要考慮不同型態的例子，以應付不同的輸入資料型態。

最佳執行情況

在最佳執行情況中，輸入的資料是以演算法最佳執行效能進行組織。最佳情況分析可視為是效能的上邊界（upper bound）。

最差執行情況

第二種評估演算法效能的方法是，在給定的條件下，試著找出演算法會花費的最長執行時間。演算法的最差執行情況分析可以保證不管處於什麼執行條件下，演算法的執行效能絕對不會比分析的結果還差，因此十分有用，尤其是在面對具有大量資料集的複雜問題時特別有幫助。最差情況分析可以視為演算法的效能下邊界（lower bound）。

平均執行情況

先把各種可能輸入分成不同的群組，然後找出每一組中具有代表性的輸入資料進行效能分析。最後，計算出每一組的平均效能。

然而，平均執行情況的分析不見得完全正確，因為要考慮到所有不同的輸入組合與可能性，實務上不太容易執行。

演算法的選擇

那麼，要如何知道哪一個才是比較好的解決方案？如何才能夠知道哪一個演算法的執行速度較快？時間複雜度以及 big O 符號（本章稍後會加以討論）是回答這幾個問題的好工具。

為了瞭解它們的用途，讓我們利用一個簡單的排序數字串列資料範例來說明。有許多演算法可以用來排序數列，問題是，該如何選擇正確的那一個？

首先，根據我們的觀察，假如串列中沒有太多的數字，那麼選擇哪一個演算法都沒有什麼差別。所以，如果串列中只有 10 個數字（n=10），不管選擇哪一個演算法，執行時間不會有明顯差異，就算設計很差的演算法差別也不大。但是當串列的大小變成 100 萬，那麼選擇對的演算法就會有截然不同的結果；一個非常糟的演算法可能花上好幾個小時執行，而設計良好的演算法執行同樣排序卻只要數秒鐘。因此，對於較大的輸入資料集，投入時間和努力、執行效能分析、選擇正確設計的演算法是提升效率的必要條件。

大 O 符號

大 O（big O）符號是用來衡量不同演算法輸入資料量增加時的執行效能，它是用在最差執行情況分析最受歡迎的方法論之一。本節中將會說明各種大 O 符號的定義與實作。

常數時間 (O(1)) 複雜度

如果一個演算法每次執行都花費同樣的時間，和輸入資料量的大小沒有關係，我們就可以說它是常數時間執行，標記為 O(1)。來看一個例子：此例存取一個陣列的第 n 個元素（n^{th}），不管陣列的元素個數為何，它都會在常數時間內取得這個結果。例如，以下的函式可以取得陣列的第 1 個元素，它的時間複雜度就是 O(1)：

```
def getFirst(myList):
    return myList[0]
```

以下是執行時的輸出結果：

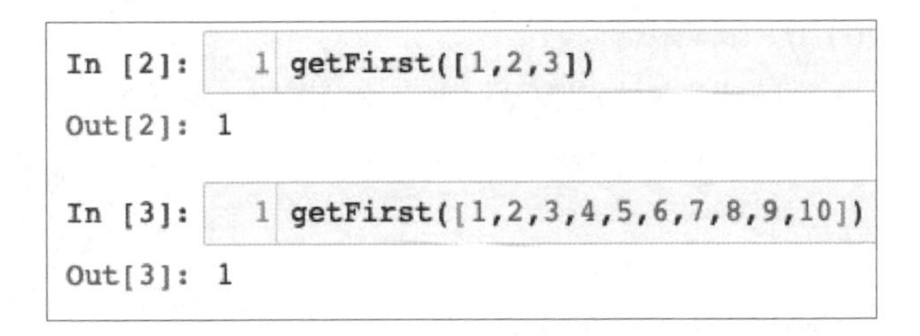

- 使用 push 加入一個新的元素到堆疊中，或是使用 pop 從堆疊中移出一個元素。不論這個堆疊的大小，加入或移除元素所花的時間都是一樣的。
- 存取雜湊表的元素（在「**第 2 章 _ 演算法裡的資料結構**」討論到）。
- 桶排序（bucket sort）（在「**第 2 章 _ 演算法裡的資料結構**」討論到）。

線性時間 (O(n)) 複雜度

如果一個演算法的執行時間和輸入資料的大小呈直接比例關係，它的複雜度就是線性時間複雜度，以 O(n) 表示。簡單的例了就是把一個元素加到一個一維的資料結構中：

```
def getSum(myList):
    sum = 0
    for item in myList:
        sum = sum + item
    return sum
```

請注意此演算法的主要迴圈。在主迴圈中的重複次數會隨著資料 *n* 的增加而線性增加。在下面的這張圖中所執行的程式碼就是 O(n) 的時間複雜度：

```
In [5]:   1 getSum([1,2,3])
Out[5]: 6

In [6]:   1 getSum([1,2,3,4])
Out[6]: 10
```

其他和陣列操作有關的例子如下：

- 搜尋一個元素
- 在所有的陣列元素中找出最小值

平方時間 ($O(n^2)$) 複雜度

如果一個演算法的執行時間和輸入的數量呈平方比例增加，就稱為平方時間複雜度，例如，一個加總二維陣列中所有元素的簡單函式，如下所示：

```
def getSum(myList):
    sum = 0
    for row in myList:
        for item in row:
            sum += item
    return sum
```

請注意到在主迴圈中的內層迴圈，前面程式碼中的巢狀迴圈即是 $O(n^2)$ 的時間複雜度：

```
In [8]:   1 getSum([[1,2],[3,4]])
Out[8]: 10

In [9]:   1 getSum([[1,2,3],[4,5,6]])
Out[9]: 21
```

另外一個平方時間複雜度的例子是氣泡排序演算法（bubble sort algorithm）（我們會在「**第 2 章 _ 演算法裡的資料結構**」中討論到）。

對數時間 (O(logn)) 複雜度

如果一個演算法的執行時間和輸入資料量呈對數比例增加的話，即為對數時間複雜度。在每一次迭代中，輸入資料會被一個固定的乘法因子減少。用二分搜尋法為例子來說明，二分搜尋法用於在一維的資料結構（像是 Python 中的串列）中找尋指定的元素，資料結構中的元素要以遞減的方式排列。

我們用一個 `searchBinary` 函式來實作二分搜尋法：

```
def searchBinary(myList,item):
    first = 0
    last = len(myList)-1
    foundFlag = False
    while( first<=last and not foundFlag):
        mid = (first + last)//2
        if myList[mid] == item :
            foundFlag = True
        else:
            if item < myList[mid]:
                last = mid - 1
            else:
                first = mid + 1
    return foundFlag
```

主要迴圈善用了已排序串列的優點，在每一次搜尋時都會把目標串列切割成兩半，一直到找到結果為止：

```
In [11]:  1 searchBinary([8,9,10,100,1000,2000,3000], 10)
          2
Out[11]: True

In [12]:  1 searchBinary([8,9,10,100,1000,2000,3000], 5)
Out[12]: False
```

在定義了函式之後，我們在第 11 個 cell 和第 12 個 cell 設定要尋找指定的數字進行測試。關於二分搜尋法，會在本書的「**第 3 章 _ 排序與搜尋演算法**」中詳細地討論。

請留意，在前述的四種大 O 符號中，$O(n^2)$ 的效能是最糟的，而 $O(1)$ 則具有最佳效能。實際上，$O(\log n)$ 的效能可以視為任何演算法的黃金標準（雖然它不一定都能夠達成）。另一方面，$O(n^2)$ 並沒有 $O(n^3)$ 那麼糟，然而一個演算法如果被歸為此類，就不能使用在大數據上，因為時間複雜度限制了它可以實際處理的資料量。

減少演算法時間複雜度的其中一個方法是在正確性上做一些妥協，此種類型的演算法就稱為**近似演算法（approximate algorithm）**。

演算法效能評估的整個過程，本質上就是需要反覆不斷地作業，如下圖所示：

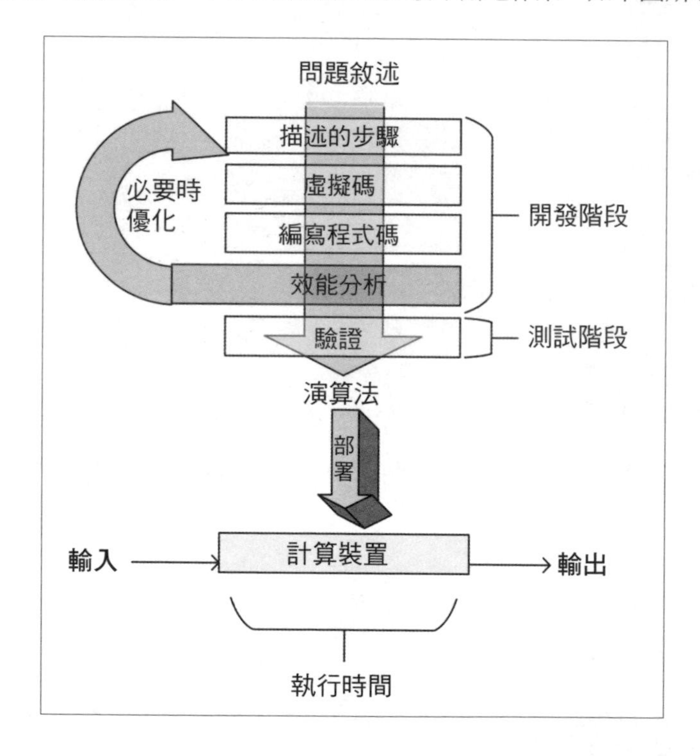

演算法的驗證

驗證演算法是要確認它能為我們試圖解決的問題提供一個實際的數學解決方法。驗證的程序要盡可能地檢查各種類型的輸入值。

精確、近似、隨機的演算法

驗證演算法會依據演算法的類型，而有不同的測試技巧。先讓我們來區分一下確定性（deterministic）和隨機（randomized）演算法的不同。

對確定性演算法而言，一個特定的輸入會產生出完全相同的輸出，但對於某些類型的演算法，把一連串的隨機數作為輸入，每一次執行都會產生不同的結果，k-means 分群演算法就是其中一個例子，我們會在「**第 6 章 _ 非監督式機器學習演算法**」說明細節：

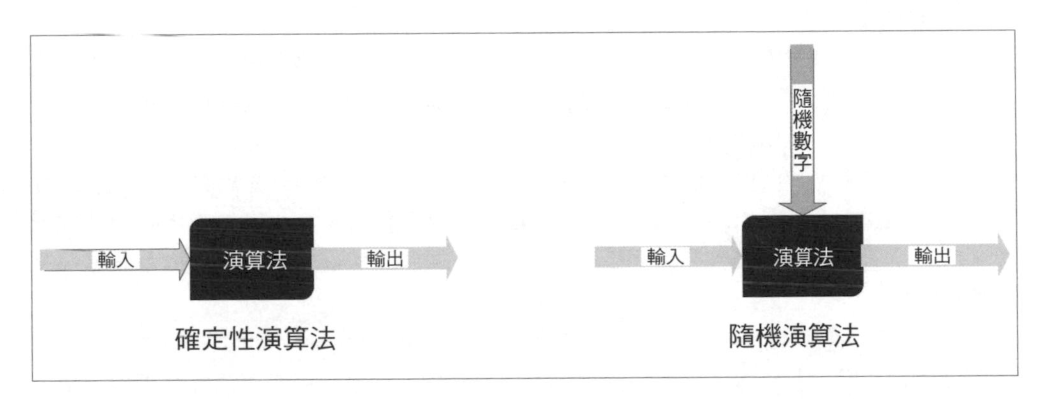

藉由假設或近似簡化演算法的邏輯加快執行速度，以此為前提可將演算法區分成以下兩種類型：

- **精確演算法**：精確演算法是指，不引入任何假設或近似方法，一定會產生出精確結果的演算法。
- **近似演算法**：當一個問題的複雜度太高以至於無法透過可用的資料求出解答時，我們會加上一些假設以簡化問題；使用這些簡化或假設的演算法稱為近似演算法，然而此種演算法並不會給我們非常精確的答案。

讓我們透過一個例子來瞭解精確和近似演算法的差異—— 1930 年知名的旅行推銷員問題（travelling salesman problem, TSP）。一個旅行中的推銷員向你提出了一個挑戰，要求你找出某位推銷員造訪每一個城市（存在於城市的列表中）的最短路徑，並且最終要回到出發點。首先，嘗試的解法會包括產生所有城市的可能排列組合，然後從其中的組合找出最短的路徑；提供此種方法的時間複雜度是 O(n!)，其中 *n* 代表城市的數目。很顯然地，超過 30 個城市之後，時間複雜度就開始變得無法掌控了。

如果城市的數目超過 30，其中一個降低複雜度的方法是引入一些近似和假設。

近似演算法在收集需求時，必須去設定所期望的正確性，因此驗證近似演算法就是要檢驗結果中的錯誤是否在可以接受的範圍內。

可解釋性

當演算法使用於關鍵案例，必要時，要能夠解釋在每一次執行及其結果背後的原因，這點非常重要，因為它可以確保基於演算法結果的決定，不會產生不必要的偏差。

能夠準確識別出直接或間接用於做出決策的特徵，稱為演算法的**可解釋性**（**explainability**）。使用在關鍵案例時，我們需要去評估演算法可能產生的偏差或偏見，因為這些因素恐影響到與人們生活息息相關的決策；因而倫理分析便成為驗證程序的標準步驟。

與深度學習有關的演算法，可解釋性很難達成。例如，如果使用一個演算法拒絕一個人的抵押貸款申請，那麼這個演算法就必須是透明、而且有能力去和申請者說明未能通過的原因。

演算法的可解釋性是一個活躍的研究領域。最近發展出一個有效技術叫 **local interpretable model-agnostic explanations (LIME)**，它是由 **Special Interest Group on Knowledge Discovery (SIGKDD)** 於 2016 年舉辦第 22 屆 **Association for Computing Machinery (ACM)** 知識探索及資料探勘國際論文研討會的會議論文集中被提出來。LIME 是一個概念，也就是對每一個實例的輸入進行小幅度的變更，然後試著繪製出區域決策邊界，就可以量化該實例中每一個變數的影響。

本章摘要

本章是學習演算法的基礎。一開始，我們學到發展一個演算法的不同階段，討論了精準描述演算法邏輯的不同方法，這是設計演算法的必需步驟；接著探討如何設計演算法，學會用兩種不同方式去分析演算法效能，最後，深入研究如何從各個面向去驗證一個演算法。

閱讀完本章之後，讀者應能充分瞭解演算法的虛擬碼，也能理解開發和部署一個演算法有哪些階段，同時學會了如何使用大 O 符號去衡量一個演算法的效能。

下一章將會探討使用在演算法的資料結構。我們將會從檢視 Python 中可使用的資料結構開始，接著檢視如何利用這些資料結構去建構出更複雜的資料結構，例如堆疊（stack）、佇列（queue）以及樹（tree），這些都是開發複雜演算法必要的資料結構。

memo

2

演算法裡的資料結構

演算法必須要有記憶體資料結構（in-memory data structure），以便在執行時保存暫時資料。為了要有效率地實作演算法，選用正確的資料結構是不可或缺的。有些演算法在邏輯上是以遞迴或迭代的方式進行，也需要特別為它們設計的資料結構。例如使用巢狀的資料結構，遞迴式的演算法就更容易實作，也可以表現出更好的效能。在本章中，我們會以演算法所需要的角度來探討資料結構。因為本書使用的是 Python，因此本章將以 Python 的資料結構為主，但探討的這些概念也適用於其他程式語言，像是 Java 及 C++。

閱讀完本章，你應該就能瞭解 Python 如何處理複雜的資料結構，以及哪一類的資料應該使用何種資料結構。

綜上所述，在本章中我們將專注在以下幾個主題：

- 探討 Python 的資料結構
- 探討抽象資料型態
- 堆疊和佇列
- 樹

Python 的資料結構

不論是何種程式語言，資料結構都可以用來儲存和操作複雜的資料。在 Python 中，資料結構就是有效率地管理、組織及搜尋資料的儲存容器。用於儲存一組資料元素的資料結構稱之為 **collection**（容器），可以將資料一起存放與處理。在 Python 中，有五種不同的資料結構可以用來儲存 collection：

- **串列（list）**：有序的可修改元素序列
- **元組（tuple）**：有序的不可修改元素序列
- **集合（set）**：無序的元素袋
- **字典（dictionary）**：無序的「鍵 - 值」對袋
- **資料框（data frame）**：儲存二維資料的二維結構

接下來的小節會詳細說明關於上述的資料結構。

串列（List）

在 Python 中，list 是主要的資料結構，用來儲存可修改的元素序列。list 中的資料元素不需要是相同的型態。

要建立一個 list，所有的資料元素都需要放在 [ ]（中括號）裡，這些元素要以逗號分隔。舉例來說，以下的程式碼建立了四個不同型態的資料元素並把它們放在同一個 list：

```
>>> aList = ["John", 33,"Toronto", True]
>>> print(aList)
['John', 33, 'Toronto', True]Ex
```

在 Python，list 是建立一維可寫入資料結構的簡易方法，在許多演算法的不同內部階段都特別需要此種資料結構。

串列的使用

資料結構中的工具函式非常適合用於管理 list 中的資料。

讓我們來看看如何使用這些工具函式：

- **list 的索引**：因為 list 中的元素位置都是確定的，使用索引可以取出 list 裡面指定位置的元素。以下的程式碼示範這個概念：

```
>>> bin_colors=['Red','Green','Blue','Yellow']
>>> bin_colors[1]
'Green'
```

上述程式碼所建立的四個元素 list 如下圖所示：

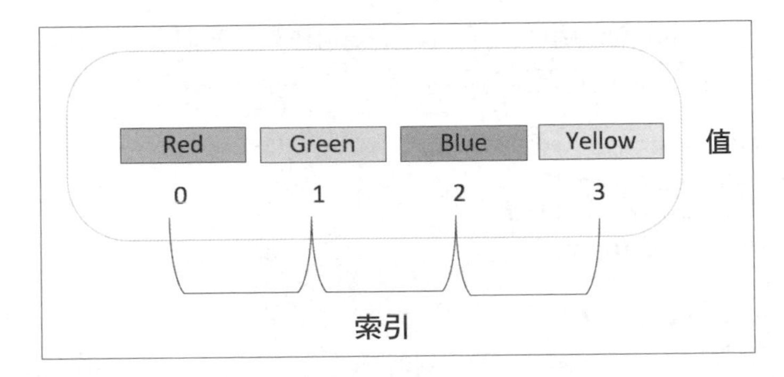

請注意，索引是從 0 開始，因此 **Green** 雖然是第二個元素，但是要存取它使用的是索引 **1**，也就是 `bin_color[1]`。

- **list 的切片**：我們可以利用指定索引的範圍來取出 list 中的元素子集合，此種方式稱為切片（slicing）。我們用以下的程式碼建立一個 list 的切片：

```
>>> bin_colors=['Red','Green','Blue','Yellow']
>>> bin_colors[0:2]
['Red', 'Green']
```

請注意，list 是 Python 最受歡迎的單維資料結構之一。

> **Note**
> 當在進行 list 切片時，範圍是以這樣的方式指定：第 1 個數是包含的，而第 2 個數並不包含。例如，`bin_colors[0:2]` 將會包含 `bin_color[0]` 以及 `bin_color[1]`，但是不包括 `bin_color[2]`。當使用 list 的時候需牢記此原則，因為有很多 Python 使用者認為此用法不是那麼直覺。

現在來看看以下的程式片段：

```
>>> bin_colors=['Red','Green','Blue','Yellow']
>>> bin_colors[2:]
['Blue', 'Yellow']
>>> bin_colors[:2]
['Red', 'Green']
```

如果沒有指定一開始的索引，就表示要從 list 的起始處開始算；如果沒有指定結束的索引，則表示要算到 list 的最末端，前面的程式碼實際展示了這個概念。

- **負索引**：在 Python 語言中，我們也可以使用負數作為索引，也就是要從 list 的後面往回算。用以下的程式碼作為示範：

```
>>> bin_colors=['Red','Green','Blue','Yellow']
>>> bin_colors[:-1]
['Red', 'Green', 'Blue']
>>> bin_colors[:-2]
['Red', 'Green']
>>> bin_colors[-2:-1]
['Blue']
```

當我們想要存取最後一個元素而不是第一個元素時，負索引就很好用。

- **巢狀 list**：list 中的元素可以是簡單的資料型態，也可以是複雜的資料型態。它允許在 list 中也包含 list。對於迭代或是遞迴的演算法而言，這是很重要的能力。

讓我們來看看以下的程式碼，它展示了在 list 中包含另外一個 list 的例子（也就是巢狀 list）：

```
>>> a = [1,2,[100,200,300],6]
>>> max(a[2])
300
>>> a[2][1]
200
```

- **迭代**：Python 允許使用 for 迴圈在每一個元素上進行迭代，請參考以下的程式碼範例：

```
>>> bin_colors=['Red','Green','Blue','Yellow']
>>> for aColor in bin_colors:
        print(aColor + " Square")
Red Square
Green Square
Blue Square
Yellow Square
```

請注意以上的程式碼，它迭代了 list 中的所有內容，然後把這些元素逐一列印出來。

Lambda 函式

有許多的 lambda 函式可以使用在 list 上，它們的功用是讓你可以建立一個馬上就可以使用的函式。有時候，正如字面上的意思，他們也被稱為匿名函式（*anonymous functions*）。底下這節我們就來說明如何使用它們：

- **過濾資料**：要過濾資料，首先，我們需要定義一個 predicate，這是一個可以輸入一個引數並傳回一個布林值的函式。底下的程式碼說明它的用法：

```
>>> list(filter(lambda x: x > 100, [-5, 200, 300, -10, 10, 1000]))
[200, 300, 1000]
```

請注意，在程式碼中，我們使用 lambda 函式去過濾一個 list，這個過濾函式設定了過濾的條件。過濾函式的作用是把不符合條件的元素加以排除。Python 中的過濾函式通常會使用 lambda 來實作。除了 list 之外，它也可以使用在 tuple 或是 set 中。在前面的程式碼中，我們設定的條件是 x > 100。此段程式碼會迭代出 list 中所有元素，它們之中不符合條件的元素都會被過濾掉。

- **資料轉換**：map() 函式被使用在透過 lambda 函式執行資料的轉換。請參考以下的例子：

```
>>> list(map(lambda x: x ** 2, [11, 22, 33, 44,55]))
[121, 484, 1089, 1936, 3025]
```

在 map 函式中使用 lambda 函式提供了非常具有威力的功能。當 lambda 使用於 map 函式時，它可以當作一個轉換器，用來轉換所有提供給它的序列元素。在前面的程式碼中，轉換器的功能是把元素取 2 次方的值。因此，我們使用 map 函式把 list 中的所有元素都改為 2 次方的值。

- **資料聚合**：對於資料的聚合功能，reduce() 函式可以用於遞迴地執行一個函式，去把 list 中的每一個元素配對到其值中：

```
from functools import reduce
def doSum(x1,x2):
    return x1+x2
x = reduce(doSum, [100, 122, 33, 4, 5, 6])
```

請留意，使用 reduce 函式需要先匯入它的模組定義。在前面的程式碼中，資料聚合函式是在 functools 中，它定義了如何把給定 list 中的項目聚合在一起。聚合的作業會從前面兩個元素開始，聚合的結果會取代前面兩個元素，此程序會一直重複直到最後一個元素為止，最終結果就是一個聚合的數字。在 doSum 函式的 x1 和 x2 代表每一次迭代中的兩個數字，doSum 代表的是聚合的規範。

上述程式碼最終的結果是一個單一值（也就是 270）。

range 函式

range 函式可以用來輕鬆產生一個很大的數字 list。它使用於自動填充 list 中的數字序列[3]。

range 函式非常簡單，只要指定 list 中的元素個數即可使用。預設的情況下，它是從 0 開始，每次增加 1：

```
>>> x = range(6)
>>> x
[0,1,2,3,4,5]
```

3 譯注：在新版 Python 中的 range 函式並不會實際產生一個數字序列，而是以 range(3, 29, 2) 的型式表示，其中的元素只有在實際對其進行存取的時候才會產生。

我們也可以指定終值和增值，如下：

```
>>> oddNum = range(3,29,2)
>>> oddNum
[3, 5, 7, 9, 11, 13, 15, 17, 19, 21, 23, 25, 27]
```

上述程式中的 range 函式將會產生從 3 到 29 之間的奇數。

串列的時間複雜度

list 中幾個不同函式之時間複雜度以大 O 符號表示，整理如下表：

不同的方法	時間複雜度
插入 1 個元素	O(1)
刪除 1 個元素	O(n)（在最差的情況下，可能需要迭代整個 list）
list 的切片	O(n)
擷取元素	O(n)
複製	O(n)

請留意，新增一個額外的元素到 list 中所花費的時間和 list 的大小沒有關係。在表格中提及的其他操作則和 list 的大小有關。當 list 的大小增加時，對於效能的影響會更明顯。

元組（Tuple）

第二種可以用來儲存 collection 的資料結構是 tuple。和 list 相比，tuple 是不能變更內容（唯讀）的資料結構。Tuple 由小括號「( )」裡的元素所組成。

如同 list，在 tuple 中的元素也可以是不同的資料型態，它們也允許複合的資料型態作為它的元素。因此，在 tuple 中也可以擁有 tuple 型態的元素以建立出巢狀資料結構。具備建立巢狀資料結構的能力在迭代或遞迴的演算法中特別有用。

以下的程式碼示範如何建立 tuple：

```
>>> bin_colors=('Red','Green','Blue','Yellow')
>>> bin_colors[1]
'Green'
```

```
>>> bin_colors[2:]
('Blue', 'Yellow')
>>> bin_colors[:-1]
('Red', 'Green', 'Blue')
# Nested Tuple Data structure
>>> a = (1,2,(100,200,300),6)
>>> max(a[2])
300
>>> a[2][1]
200
```

Tip

幾乎在所有的情況下，不可變更的資料結構（像是 tuple）會比可變更內容的資料結構（像是 list）具有更好的執行效能，尤其是在處理大數據資料時，兩者之間的差異會非常顯著。改變 list 中資料的能力是要付出代價的，因此，要仔細地分析是否真的需要具有這樣的能力，在可行的情況下盡量使用唯讀的 tuple，因為它的速度快多了。

請留意，在前面的程式碼中，*a[2]* 參考的是第 3 個元素，它是 tuple，*(100,200,300)*。*a[2][1]* 則是參考這個 tuple 裡的第 2 個元素，也就是 200。

Tuple 的時間複雜度

Tuple 中幾個函式的時間複雜度摘要如下表所示（使用大 O 符號表示）：

函式	時間複雜度
Append	O(1)

請留意，Append 這個函式可以在已存在的 tuple 的後面加上一個元素 [4]，它的時間複雜度是 O(1)。

字典

使用 key-value pair（鍵 - 值對）的方式保存資料在分散式演算法中特別地重要。在 Python 語言中，使用鍵 - 值對保存的資料結構稱為字典（dictionary）。建立字典需選

4　譯註：在標準的 Python 語法中，tuple 型態的變數並無法利用 Append 增加元素。

用一個在資料處理過程中最容易識別資料的鍵（key）作為屬性，在字典中的值可以是任意型態的資料，像是數字或字串等。Python 也經常使用複合的資料型態，像是 list 作為字典中的值，甚至也可以使用字典建立巢狀結構。

要建立一個簡單的字典指定顏色並對應到不同的變數，鍵 - 值對需要放入大括號「{ }」內。例如，使用以下的程式碼建立了由 3 個鍵 - 值對所組成的字典：

```
>>> bin_colors ={
      "manual_color": "Yellow",
      "approved_color": "Green",
      "refused_color": "Red"
    }
>>> print(bin_colors)
{'manual_color': 'Yellow', 'approved_color': 'Green', 'refused_color':
'Red'}
```

上述的程式所建立的 3 個鍵 - 值對如下圖所示：

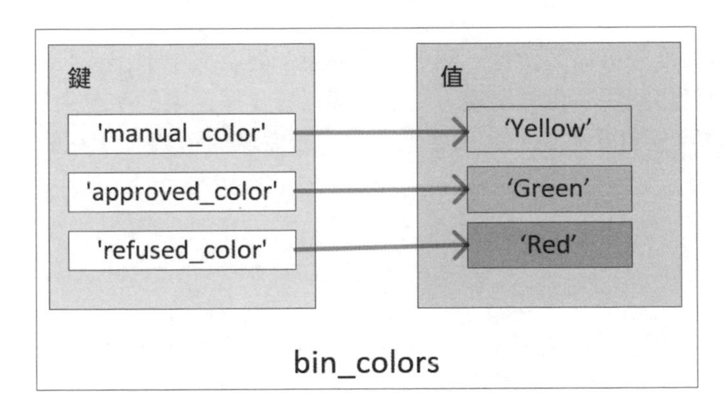

現在讓我們來看看如何透過鍵（key）取出及更新相關聯的值：

1. 要透過鍵來取出其值，可以使用 *get* 函式，或者直接使用該鍵作為索引亦可：

```
>>> bin_colors.get('approved_color')
'Green'
>>> bin_colors['approved_color']
'Green'
```

2. 要透過鍵更新其關聯的值，請使用以下的程式碼：

```
>>> bin_colors['approved_color']="Purple"
>>> print(bin_colors)
{'manual_color': 'Yellow', 'approved_color': 'Purple',
'refused_color': 'Red'}
```

上方的程式碼示範了如何在字典中更新鍵所對應到的值。

字典的時間複雜度

下表是字典的時間複雜度，使用大 O 符號來表示：

字典	時間複雜度
取得一個值或鍵	O(1)
設定一個值或鍵	O(1)
複製一個字典	O(n)

字典的時間複雜度分析需要留意一個重要的訊息：從字典中取出或設定鍵 - 值對和字典的大小沒有任何關係。也就是說，要在一個只有 3 個元素的字典中加入一個鍵 - 值對，與在一個擁有 100 萬個元素的字典中加入一個鍵 - 值對，所花費的時間是一樣的。

集合

集合（set）的定義是可以放置不同型態資料元素的 collection。所有的元素需要放在大括號「{ }」內，請參考以下的程式碼範例：

```
>>> green = {'grass', 'leaves'}
>>> print(green)
{'grass', 'leaves'}
```

集合的特性是，它所儲存的每一個元素都是不同的值，如果我們想加入一個重複的元素，該元素會被忽略不計入，如以下的程式碼所示：

```
>>> green = {'grass', 'leaves','leaves'}
>>> print(green)
{'grass', 'leaves'}
```

為了示範可以在集合中進行何種操作，在此先定義兩個集合；

- 一個叫做 yellow 的集合，裡面放的是所有黃色的東西
- 一個叫做 red 的集合，裡面放的是所有紅色的東西

請留意：在兩個集合中有一些共同的項目，它們之間的關係可以用文氏圖（Venn diagram）呈現以幫助你理解，如下圖所示：

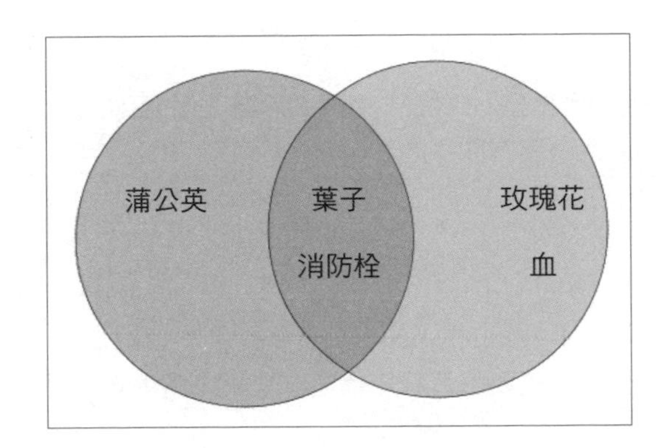

如果我們想要在 Python 中實作出這兩個集合，可以使用如下所示的程式碼：

```
>>> yellow = {'dandelions', 'fire hydrant', 'leaves'}
>>> red = {'fire hydrant', 'blood', 'rose', 'leaves'}
```

現在，請參考以下的程式碼，使用 Python 示範集合的操作[5]：

```
>>> yellow|red
{'dandelions', 'fire hydrant', 'blood', 'rose', 'leaves'}
>>> yellow&red
{'leaves', 'fire hydrant'}
```

如上述的 Python 程式碼片段所示，使用到的集合操作包括聯集（union）和交集（intersection）。正如我們所知，聯集會把兩個集合中的所有元素組合在一起，而交集則只會取出兩個集合中共有的元素。請參考以下說明：

- *yellow|red* 用來取得前面定義過的兩個集合的聯集。
- *yellow&red* 用來取得 yellow 和 red 之間重疊的部分。

5 編註：原文書漏了 'leaves',，已於網站堪誤表列出，故本書予以更正。

集合的時間複雜度分析

請參考以下集合操作的時間複雜度分析：

集合	時間複雜度
加入一個元素	O(1)
移除一個元素	O(1)
複製集合	O(n)

從集合的時間複雜度分析來看，要特別注意，新增一個元素到一個集合中所花費的時間，與該集合的大小是完全沒有關係的。

資料框

資料框（DataFrame）是 Python 的 pandas 套件提供的資料結構，主要用於儲存表格式的資料。它是演算法中最重要的資料結構之一，用來處理傳統的結構性資料。請參考以下表格：

id	name	age	decision
1	Fares	32	True
2	Elena	23	False
3	Steven	40	True

現在，讓我們使用一個 DataFrame 來表示上面這張表格中的資料。
可以用以下的程式碼來建立簡單的 DataFrame：

```
>>> import pandas as pd
>>> df = pd.DataFrame([
...              ['1', 'Fares', 32, True],
...              ['2', 'Elena', 23, False],
...              ['3', 'Steven', 40, True]])
>>> df.columns = ['id', 'name', 'age', 'decision']
>>> df
  id    name age decision
0  1   Fares  32     True
1  2   Elena  23    False
2  3  Steven  40     True
```

請留意，在上述的程式碼中，`df.columns` 是一個 list，它用來設定欄位的名稱。

> **Note**
> DataFrame 也被其他熱門程式語言（像是 R 和 Apache Spark 框架）用於實作表格式的資料結構。

DataFrame 的相關名詞

讓我們來看一下 DataFrame 使用的一些專有名詞：

- **axis**：在 pandas 的說明文件中，一欄或是一列在 DataFrame 中稱為一個 axis。
- **axes**：超過一個以上的 axis，就把它組成一個 axes。
- **label**：在 DataFrame 中可以為列和欄命名，稱為 label。

建立 DataFrame 的子集合

基本上有兩種方式可以建立 DataFrame 的子集合（在此命名為 `myDF`）：

- 欄選取（column selection）
- 列選取（row selection）

分別說明如下：

欄選取（Column selection）

在機器學習演算法中，從特徵中選取出正確的集合是一項重要的工作，因為演算法的某個階段可能不會用到全部的特徵。Python 實作中的特徵選取可以透過欄選取來達成，我們將在本節加以說明。

可以使用欄名來選取所需要的欄，如下所示：

```
>>> df[['name','age']]
     name  age
0   Fares   32
1   Elena   23
2  Steven   40
```

欄的位置在 DataFrame 中是具有確定性的，因此也可以利用位置來取得所需要的欄，如下所示：

```
>>> df.iloc[:,3]
0 True
1 False
2 True
```

在上述的程式碼中，我們取出 DataFrame 第三欄的前三列資料。

列選取（Row selection）

在 DataFrame 中，每一列都是問題空間中的一個資料點。想從問題空間中建立資料元素的子集合，就需要執行列選取。欲建立上述的子集合，可以利用以下兩種方式來達成：

- 藉由位置的指定
- 藉由過濾器指定

利用位置選取列的子集合，方法如下：

```
>>> df.iloc[1:3,:]
  id name age decision
1 2 Elena 23 False
2 3 Steven 40 True
```

請留意，上述的程式碼中會傳回前二列的所有欄位資料。

如要利用過濾器取出所需要的子集合，至少要用一個欄來定義選取的條件。例如，以下的程式碼展示了如何利用此種方法取出資料元素的子集合：

```
>>> df[df.age>30]
  id    name  age decision
0  1    Fares   32     True
2 3   Steven   40     True

>>> df[(df.age<35)&(df.decision==True)]
  id   name  age  decision
0  1  Fares   32      True
```

請留意到，上述程式碼輸出的列的子集合，均滿足過濾器規定的條件。

矩陣

矩陣（matrix）是一個二維資料結構，由固定數目的欄和列所組成，每一個矩陣中的元素均可以透過列和欄的指定進行存取。

在 Python 中，矩陣可以利用 numpy 陣列來建立，如以下的程式碼所示：

```
>>> myMatrix = np.array([[11, 12, 13], [21, 22, 23], [31, 32, 33]])
>>> print(myMatrix)
[[11 12 13]
[21 22 23]
[31 32 33]]
>>> print(type(myMatrix))
<class 'numpy.ndarray'>
```

上述的程式碼將會建立一個具有三列和三欄的矩陣。

矩陣的操作

矩陣中的資料有許多可以使用的操作，例如，讓我們試著將前述的矩陣進行轉置運算。使用 transpose() 函式會把所有的欄轉成列、把列轉成欄，如下所示：

```
>>> myMatrix.transpose()
array([[11, 21, 31],
       [12, 22, 32],
       [13, 23, 33]])
```

matrix 的操作經常使用在多媒體資料的處理上。

現在我們已經學會了 Python 的資料結構，下一節我們將說明抽象資料型態。

探索抽象資料型態

從共通核心功能的角度來看，抽象化是定義複雜系統的一種概念，將此概念用來建立一般的資料結構即可產生出所謂的**抽象資料型態（abstract data type, ADT）**。ADT 藉由隱藏實作層的細節，不提供與實作相關的資料結構，因此能以更精簡的程式碼來產生結果，而且任何程式語言都能實作 ADT，例如 C++、Java、Scala。在本節中，我們會以 Python 來實作 ADT。讓我們先來看看關於向量（vector）的說明。

向量

向量（vector）是用於儲存資料的一維結構，在 Python 中是最受歡迎的資料結構之一。有兩種方式可以建立 vector，如下所示：

- 使用 Python 的 list：在 Python 中建立 vector 最簡單的方式就是使用 list，如下所示：

```
>>> myVector = [22,33,44,55]
>>> print(myVector)
[22 33 44 55]
>>> print(type
<class 'list'>
```

  上述的程式碼會建立一個具有四個元素的 list。

- 使用 numpy 陣列：另一種較受歡迎的方式是使用 NumPy 陣列，如下所示：

```
>>> myVector = np.array([22,33,44,55])
>>> print(myVector)
[22 33 44 55]
>> print(type(myVector))
<class 'numpy.ndarray'>
```

上述的程式碼利用 np.array 建立了一個 myVector。

> **Tip**
> 在 Python 中，我們可以使用底線來區分整數中不同的部分，讓程式碼更容易閱讀且較不容易出錯。此種方式在處理大量的數字時特別有用；因此，10 億可以表示成 a=1_000_000_000[6]。

堆疊

堆疊（Stack）是儲存一維串列的線性資料結構，它可以使用**後進先出**（**last-in, first-out, LIFO**）或**先進後出**（**first-in, last-out, FILO**）的順序存取資料項目。堆疊的特性是以前述的方式新增或移除堆疊中的資料，一個新的元素只能從其中一端加入，然後只能從同一端被移出。

底下是和堆疊相關的操作：

- **isEmpty**：如果此堆疊是空的，就傳回 true。
- **push**：加入一個新的元素。
- **pop**：取出最近加入的元素，並把它從堆疊中移除。

下方圖例展示了利用 push 和 pop 從堆疊中加入和移除資料的方式：

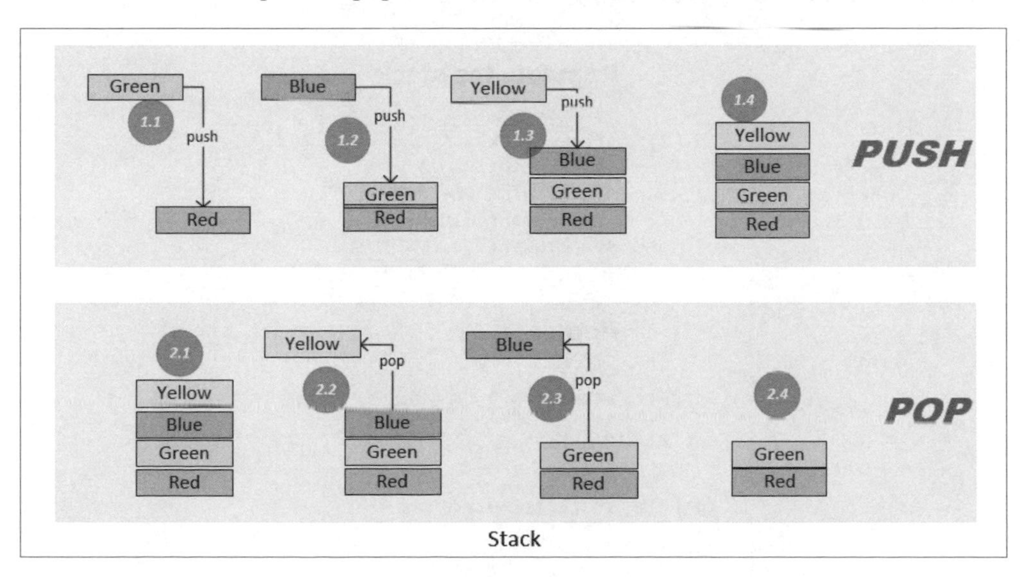

Stack

6　譯註：原文誤植為 a=1

上圖中的上半部所展示的是使用 push 操作把資料加到堆疊的過程。在步驟 **1.1**、**1.2**、**1.3**，push 操作使用了三次，並把三個元素加到堆疊上。上圖的下半部則展示把元素從堆疊取出的過程。在步驟 **2.2**、**2.3** 中，使用 pop 以 LIFO 方式把兩個元素從堆疊中取出。

讓我們在 Python 中建立一個 `Stack` 的類別，並定義跟堆疊相關的操作。程式碼如下：

```
class Stack:
    def __init__(self):
        self.items = []
    def isEmpty(self):
        return self.items == []
    def push(self, item):
        self.items.append(item)
    def pop(self):
        return self.items.pop()
    def peek(self):
        return self.items[len(self.items)-1]
    def size(self):
        return len(self.items)
```

要加入四個元素到堆疊中，可以使用以下的程式碼：

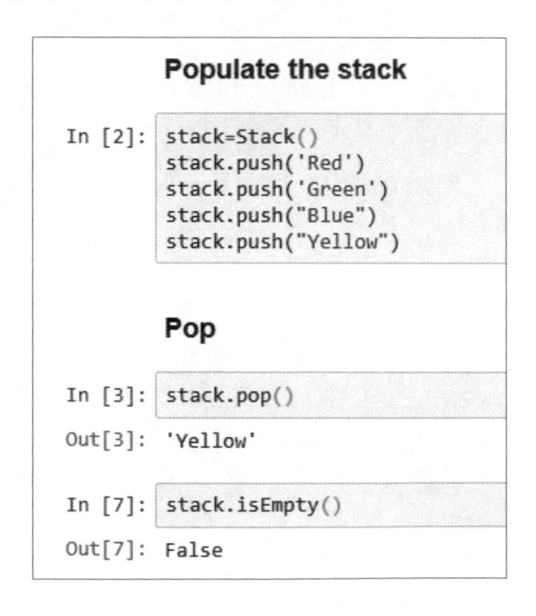

上述的程式碼會建立出一個四個元素的堆疊。

堆疊的時間複雜度

讓我們檢視堆疊的時間複雜度（使用大 O 符號），如下表所示：

操作	時間複雜度
push	O(1)
pop	O(1)
size	O(1)
peek	O(1)

需要留意的重點是，上面這張表格中提到的四種操作，沒有任何一個的效能和堆疊的大小有關。

實際的例子

堆疊作為資料結構運用，有許多的使用案例。例如，當一個使用者想要檢視網頁瀏覽器的歷史記錄，它就是一個 LIFO 的存取樣式，堆疊即可用於儲存此種歷史資訊。另外一個例子是，當使用者想在文字處理軟體中執行 `Undo`（復原）動作，也屬於堆疊的使用情境。

佇列

和堆疊類似，佇列（queue）也是用來儲存 *n* 個元素的一維結構，但元素加入或移除是以 **FIFO** 的方式進行。我們把佇列的其中一端稱為 rear（後端），另外一端則叫做 front（前端）；元素是從 front 端移除，加入時則是從 rear 端加入。把元素從 front 移除的操作稱為 dequeue，從 rear 加入的操作則稱為 enqueue。

底下圖表的上半部說明了 enqueuc 操作的過程。步驟 **1.1**、**1.2** 及 **1.3** 加入了三個元素到佇列中，最後合併後的結果顯示在步驟 **1.4** 中。請留意，在這個佇列中 **Yellow** 是 rear，而 **Red** 則位於 front。

圖表的下半部展示了 dequeue 的操作過程。步驟 **2.2**、**2.3** 及 **2.4** 展示從佇列的 front 端逐一取出元素的過程：

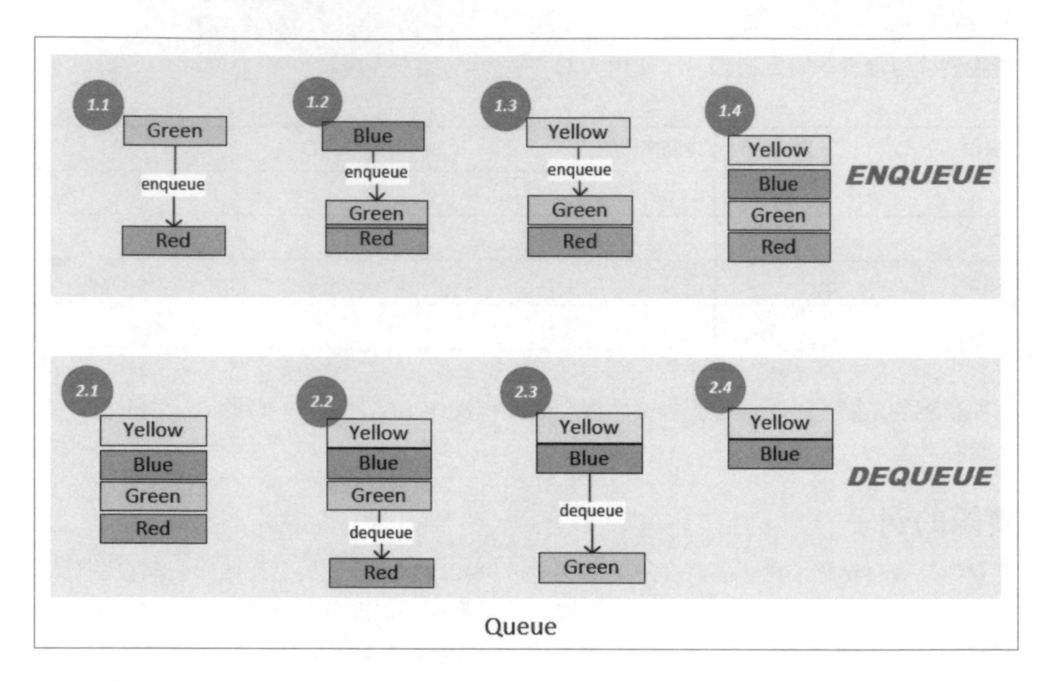

Queue

上圖展示的操作可以用下列程式碼實作出來：

```
class Queue(object):
    def __init__(self):
        self.items = []
    def isEmpty(self):
        return self.items == []
    def enqueue(self, item):
         self.items.insert(0,item)
    def dequeue(self):
        return self.items.pop()
    def size(self):
        return len(self.items)
```

透過以下的程式碼，展示如何利用上方 Queue 類別中的函式執行 enqueue 和 dequeue 元素的過程：

Using Queue Class

```
In [2]: queue = Queue()

In [3]: queue.enqueue('Red')

In [4]: queue.enqueue('Green')

In [5]: queue.enqueue('Blue')

In [6]: queue.enqueue('Yellow')

In [7]: print(queue.size())
        4

In [8]: print(queue.dequeue())
        Red

In [9]: print(queue.dequeue())
        Green
```

上述的程式碼會先建立一個佇列，然後利用 enqueue 加入四個項目。

stack 和 queue 背後的基本概念

讓我們來對比說明一下使用堆疊和佇列背後的基本概念。假設我們有一張表格，將我們從郵政單位（例如加拿大郵政）收到的信件放入表格，先把信件堆疊起來，直到有時間逐一開啟並檢閱信件。我們有兩種可能的信件處理方式：

- 收到一封新信件時，把它放在堆疊上方。當我們想要閱讀信件時，要從最上方的那封信件開始，這就是稱之為堆疊的原因。請注意，最新收到的信件會被放在最上方，因此會最優先處理：把信件放在堆疊最上方的操作稱為 push，從這個 list 最上方取出的操作則稱為 pop。如果堆疊的規模愈來愈大，且新信件不斷大量湧入，那麼很可能位於底層的一封重要信件永遠沒機會被讀取。

- 如果我們把信件放入一個直排匣，想要先處理最舊的那封信件：每一次想要檢閱一封或多封信件時，總是以最舊的為優先，此種方式稱為 queue。把一封信加入信件匣中的操作稱為 enqueue，把信件從匣中移出的操作則稱為 dequeue。

樹

在演算法的執行環境中，樹（tree）是最有用的資料結構之一，主要因為它的階層式資料儲存能力。在設計演算法時，如果要表示儲存或處理的資料元素之間的階層關係，就要使用樹狀資料結構。

讓我們深入探討這個既有趣又實用的重要資料結構。

每一棵樹都有一個由節點所組成的有限集合，它的起始資料元素稱為根（root），透過連結加在一起的節點集合稱為分支（branch）。

專有名詞

讓我們來看一下和樹狀資料結構有關的專有名詞：

根節點（root node）	沒有父代的節點即稱為根節點。例如，下面圖表中的節點 **A** 即為根節點。在演算法裡，根節點通常是放置樹結構中最重要的值。
節點的層（level of a node）	與根節點的距離稱為節點的層（level）。例如，下面圖表的樹結構中，節點 **D**、**E**、**F** 的層數都是 2。
兄弟節點（siblings node）	在一個樹結構中，相同父節點下的子節點稱為兄弟節點。例如，下面圖表中，節點 **B** 和 **C** 就是兄弟節點。
子代節點和父代節點（child and parent node）	下面圖表中，節點 **F** 是節點 **C** 的子代節點，因為它們直接相連，而且節點 **C** 的層數比節點 **F** 來得小。相反地，節點 **C** 是節點 **F** 的父代節點，它們之間是父子關係。
節點分歧度（degree of a node）	節點的分歧度指的是一個節點擁有的子代數量。例如，下面圖表的樹結構中，**B** 節點的分歧度是 2。
樹的分歧度（degree of a tree）	樹的分歧度也就是這個樹所有組成節點的最大分歧度。例如，在下面圖表的樹結構中，該樹的分歧度是 2。
子樹（subtree）	子樹是樹的一部分，選擇任一節點作為根節點，該節點的所有子代作為此樹的節點。例如，下圖的樹結構中，節點 **E** 的子樹是把節點 **E** 作為根節點，而節點 **G** 及 **H** 則為它的子代節點。

葉節點（leaf node）	如果一個節點沒有子代即稱為葉節點，例如在下方圖表的樹結構中，**D**、**G**、**H** 以及 **F** 是 4 個葉節點。
內部節點（internal node）	任一個節點如果不是根節點也不是葉節點，那它就是一個內部節點。一個內部節點至少會有至少一個父節點和至少一個子節點。

Note

請留意，樹是網路（network）或圖（graph）的其中一種型式，我們將會在**「第 6 章 _ 非監督式機器學習演算法」**探討這兩種結構。對於圖和網路的分析，我們使用的是連結（link）或邊（edge）這兩個名詞取代分支（branch），其他名詞大部分是一致的。

tree 的類型

樹有幾種不同的類型，分述如下：

- **二元樹（binary tree）**：如果一棵樹的分歧度是 2，這棵樹稱為二元樹。例如，下面這張圖中的樹即為二元樹，因為它的分歧度是 2：

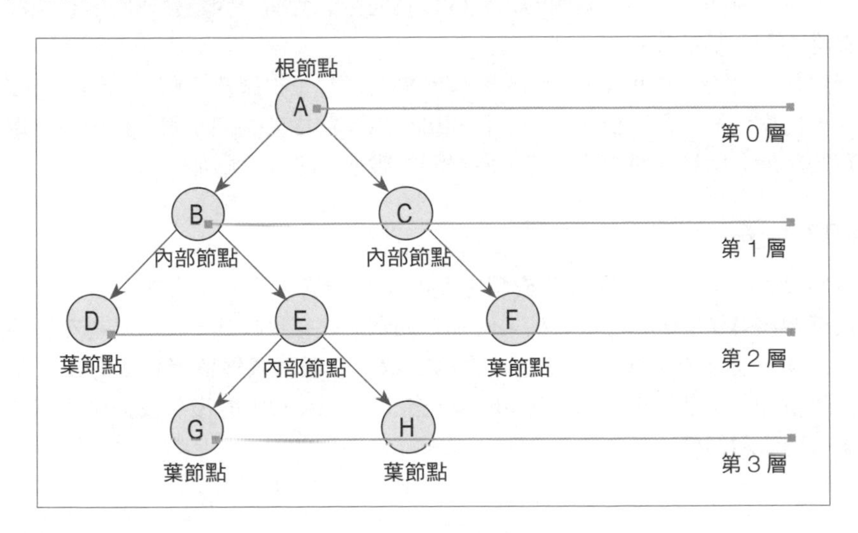

請留意，前面這張圖中的樹有 4 層、共 8 個節點。

- **完全樹（full tree）**：如果一棵樹的每一個節點都具有相同的分歧度（跟樹的分歧度是一樣的），則稱此樹為完全樹。以下的圖表呈現了我們前面討論過的樹種類：

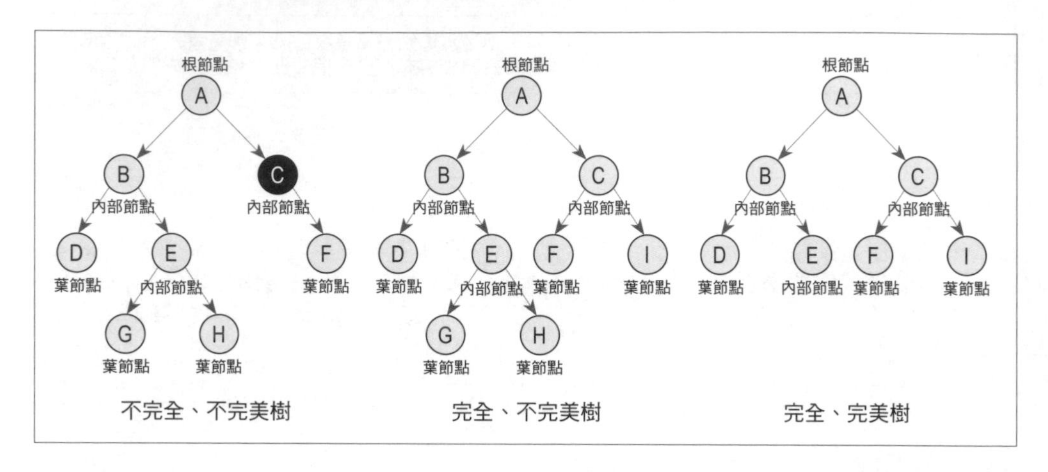

請注意左側的二元樹並不是完全樹，因為節點 C 的分歧度是 1，而其他節點的分歧度是 2。中間以及右側的樹均是完全樹。

- **完美樹（perfect tree）**：完美樹是一種特殊型式的完全樹，它所有的葉節點都在同一層。例如，上圖中右側的二元樹即為完全完美樹，因為該樹的所有葉節點之層數均相同，都是 2。
- **有序樹（ordered tree）**：如果一個節點的子代是根據特定條件以相同的順序組織的，此樹即稱為有序樹。例如，我們可以按照遞增方式從左到右排序，當以從左到右的順序訪問相同層的節點時，所得到的數值會是逐次增加。

實際的例子

抽象資料型態樹是用於發展決策樹時主要的資料結構，我們將會在**「第 7 章 _ 傳統的監督式學習演算法」**中探討決策樹。因為它的階層式結構特性，樹狀結構在網路分析相關演算法中十分受歡迎，這部分會在**「第 6 章 _ 非監督式機器學習演算法」**闡述。此外，需要實作分治法策略（divide and conquer strategy）的搜尋及排序演算法。也能應用樹這種資料結構。

本章摘要

在本章中，我們討論了用來實作出各種類型演算法的資料結構。在讀完本章之後，期待讀者們具備了選用正確資料結構的能力來儲存以及處理演算法的資料，同時，你也應該能夠分辨我們的選擇對於演算法效能所產生的影響。

下一章的內容是和排序以及搜尋相關的演算法，為了實作出這些演算法，將會使用到一些我們在本章中展示的資料結構。

memo

3

排序與搜尋演算法

在本章中，我們將探討使用在排序和搜尋上的演算法。此二類演算法是非常重要的演算法，它們可以單獨使用，也可以作為更複雜演算法（後面的章節會介紹）的基礎。本章將從不同類型的排序演算法開始，我們會比較各種方法在設計排序演算法的效能為何，接著詳細解說一些搜尋演算法。最後，將探討實用的排序和搜尋演算法範例。

閱讀完本章，你將瞭解許多用於排序和搜尋的演算法，並且有能力掌握它們的優點和缺點。搜尋和排序演算法是大部分較複雜演算法的基石，深入瞭解它們也有助於瞭解當前複雜的演算法。

以下是本章所將討論到的主要內容：

- 排序演算法的介紹
- 搜尋演算法的介紹
- 一個實際的例子

我們先從探索一些排序的演算法開始。

排序演算法的介紹

在大數據的時代，複雜資料結構中高效排序和搜尋資料項目的能力是非常重要的，它也是許多現代演算法的必要部分。正確的排序和搜尋資料策略與資料量的大小及型態相關，我們將會在本章中加以討論。儘管最終的結果是相同的，對於實務問題來說，我們更需要的是有效率的解決方案。

在本章中，我們將會說明以下這幾種排序演算法：

- 氣泡排序法（bubble sort）
- 合併排序法（merge sort）
- 插入排序法（insertion sort）
- 謝爾排序法（shell sort）
- 選擇排序法（selection sort）

在 Python 中交換資料

實作排序和搜尋演算法時，我們經常需要交換兩個變數的內容。在 Python 語言中，有一個簡單交換變數資料的方法，如下所示：

```
var1 = 1
var2 = 2
var1,var2 = var2,var1
>>> print (var1,var2)
>>> 2 1
```

來看看它的執行結果：

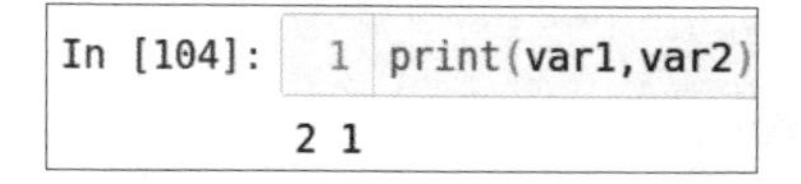

這種簡易交換變數值的方法會使用在本章所介紹的排序和搜尋演算法中。

下一節將探討氣泡排序法。

氣泡排序法

氣泡排序法（bubble sort）是排序法中最簡單但也是最慢的排序演算法。它的設計會讓最大的值在一輪迭代之後移到 list 的最上端，就好像氣泡浮出水面一般。在最壞的情況下它的效能為 $O(N^2)$，就如先前所討論的，此演算法只適合使用在較小的資料集上。

瞭解氣泡排序法背後的邏輯

氣泡排序法是以各種不同的迭代為基礎，該迭代稱之為 **pass**。對於一個大小為 *N* 的 list，氣泡排序法需要執行 *N*-1 次 pass。先讓我們聚焦在第一個迭代：pass one。

pass one 的目標是把 list 中最大的值推到 list 的最頂端。在 pass one 的執行過程中，我們將會看到最大的那個值就像是氣泡一樣，不斷地往 list 的最頂端移動過去。

氣泡排序法不斷地比較相鄰的兩個值，如果低索引位置的值比高索引位置的值來得大，就要交換它們的值。這個迭代會一直執行，直到抵達 list 的結尾為止[7]。整個過程如下圖所示：

1st Pass →

25	21	22	24	23	27	26	交換
21	25	22	24	23	27	26	交換
21	22	25	24	23	27	26	交換
21	22	24	25	23	27	26	交換
21	22	24	23	25	27	26	不交換
21	22	24	23	25	27	26	交換
21	22	24	23	25	26	27	

氣泡排序法

7 編註：原文 If the value at a higher position is higher in value than the value at a lower index, we exchange the values. 應更正為 If the value at a lower position is higher in value than the value at a higher index 以符合圖示內容。

底下來看看如何利用 Python 實作出氣泡排序法[8]：

```
#Pass 1 of Bubble Sort
lastElementIndex = len(list)-1
print(0,list)
for idx in range(lastElementIndex):
                if list[idx]>list[idx+1]:
                    list[idx],list[idx+1]=list[idx+1],list[idx]
                print(idx+1,list)
```

在此我們只實作出氣泡排序法的 pass one，執行過程如下所示：

```
In [91]:  1 lastElementIndex = len(list)-1
          2 print(0,list)
          3 for idx in range(lastElementIndex):
          4                 if list[idx]>list[idx+1]:
          5                     list[idx],list[idx+1]=list[idx+1],list[idx]
          6                 print(idx+1,list)

          0 [25, 21, 22, 24, 23, 27, 26]
          1 [21, 25, 22, 24, 23, 27, 26]
          2 [21, 22, 25, 24, 23, 27, 26]
          3 [21, 22, 24, 25, 23, 27, 26]
          4 [21, 22, 24, 23, 25, 27, 26]
          5 [21, 22, 24, 23, 25, 27, 26]
          6 [21, 22, 24, 23, 25, 26, 27]
```

一旦第一個 pass 完成了，最大的值會放置在 list 的最上方（也就是 list 的最右側）；接下來即可進入演算法的第 2 個 pass。第 2 個 pass 的目標是要把 list 中第二大的值放到 list 第二高的位置。為了完成這個目標，演算法將會再次比較所有剩餘資料的相鄰元素，如果不符合該有的順序就交換它們的內容。第 2 個 pass 將會排除最高元素，因為該元素已在第 1 個 pass 時就被放在正確的位置上了，所以並不需要再次移動它。

在完成了第 2 個 pass 之後，演算法會持續執行第 3 個 pass 以及接下來的 pass，一直到 list 中所有資料均以遞增的順序排列為止。對於有 *N* 個元素的 list 來說，這個演算法需要 *N*-1 個 pass 才能夠完成排序作業。使用 Python 語言實作出的完整氣泡排序法程式碼如下所示：

8 譯註：list 是 Python 的保留字，實務上並不會使用 list 作為變數名稱，請讀者在實作此程式時以 lst 取代，本章以下的程式均同。

編註：本程式碼位置係依照原文書網站上的程式碼做調整。

```
In [5]: def BubbleSort(list):
        # Excahnge the elements to arrange in order
            lastElementIndex = len(list)-1
            for passNo in range(lastElementIndex,0,-1):
                for idx in range(passNo):
                    if list[idx]>list[idx+1]:
                        list[idx],list[idx+1]=list[idx+1],list[idx]
            return list
```

現在讓我們來研究一下氣泡排序演算法的效能。

氣泡排序法的效能分析

很容易可以看出，氣泡排序法包含了兩層迴圈：

- **外層迴圈**：此層迴圈叫做 **pass**。例如，第 1 個 pass 即為外部迴圈的第一遍迭代。
- **內層迴圈**：內層迴圈的工作就是把剩餘還未排序的元素，像氣泡一樣把其中的最大值推到 list 的右側。第 1 個 pass 需要 *N*-1 次比較，第 2 個 pass 需要 *N*-2 次比較，每一個 pass 之後都會將比較次數減 1。

因為此演算法需要兩層迴圈，因此最差情況下的時間複雜度是 $O(n^2)$。

插入排序法

插入排序法（insertion sort）的基本概念是在進行每一遍迭代時，把資料結構中的一個資料移出來，然後插入到它應該要放的正確位置上，這也就是為何稱它為插入排序演算法的原因。在第一遍迭代時，我們選取兩個資料點然後進行排序，接著，擴展我們的選擇，選取第三個資料點並依據它的值找出其該有的正確位置，此程序會持續地進行直到所有的資料點均已被移到它們的正確位置為止。整個處理的程序如下圖所示：

25	26	22	24	27	23	21	插入 25
25	26	22	24	27	23	21	插入 26
22	25	26	24	27	23	21	插入 22
22	24	25	26	27	23	21	插入 24
22	24	25	26	27	23	21	插入 27
22	23	24	25	26	27	21	插入 23
21	22	23	24	25	26	27	插入 21

插入排序法

利用 Python 編寫插入排序演法之程式碼如下所示：

```
def InsertionSort(list):
    for i in range(1, len(list)):
        j = i-1
        element_next = list[i]
        while (list[j] > element_next) and (j >= 0):
            list[j+1] = list[j]
            j=j-1
        list[j+1] = element_next
    return list
```

請留意主迴圈中，我們把整個 list 的所有內容執行了一遍。在每一遍迭代，兩個相鄰的元素分別以 `list[j]`（目前的元素）和 `list[i]`（下一個元素）表示。

如果 `list[j] > element_next` 和 `j >= 0` 均成立的情況下，我們會把目前的元素拿來和下一個元素進行比較。

以下利用此程式碼排序一個陣列[9]：

```
In [134]:  1 list = [25,26,22,24,27,23,21]

In [135]:  1 InsertionSort(list)
           2 print(list)

[21, 22, 23, 24, 25, 26, 27]
```

現在讓我們來研究一下插入排序演算法的效能。

從演算法的描述可以明顯看出，如果資料結構是排過序的，插入排序法的執行速度會非常快。事實上，如果此資料結構已排序好，插入排序演算法只需要線性時間，O(n)。最差的情況也就是，當內層迴圈中的每一個元素都需要在 list 中移動。假設內層迴圈定義為 i，最差情況的效能分析如下：

$$\omega(N)=\sum_{i=1}^{N-1} i=\frac{(N-1)N}{2}=\frac{N^2-N}{2}$$

$$\omega(N)\approx\frac{1}{2}N^2=O(N^2)$$

9 譯註：圖中的例子一樣不適合把 list 作為變數，請以 lst 取代。

一般而言，插入排序可以使用在小規模的資料結構。對於大規模的資料結構來說，因為它是二次方時間複雜度效能，所以並不建議使用[10]。

合併排序

目前為止我們已經說明了兩個排序演算法：氣泡排序和插入排序。在資料已有部分排序的情況下，這兩者的效能會較佳。本章介紹的第三種演算法是**合併排序演算法（merge sort algorithm）**，1940 年由 John von Neumann 先生所提出。此種演算法的先天特性是，不會因為輸入資料的順序而影響效能，如同 MapReduce 以及其他大數據演算法，它是基於分治法策略的一種排序方法。第 1 階段稱為分割（splitting），透過遞迴不斷把資料平均分割為兩部分，直到資料數目低於預設的臨界值（每組只剩下一筆資料）。第 2 階段稱為**合併（merging）**，將第 1 階段相鄰的資料不斷進行合併排序處理，直到獲得最終結果為止。本演算法的邏輯圖示如下：

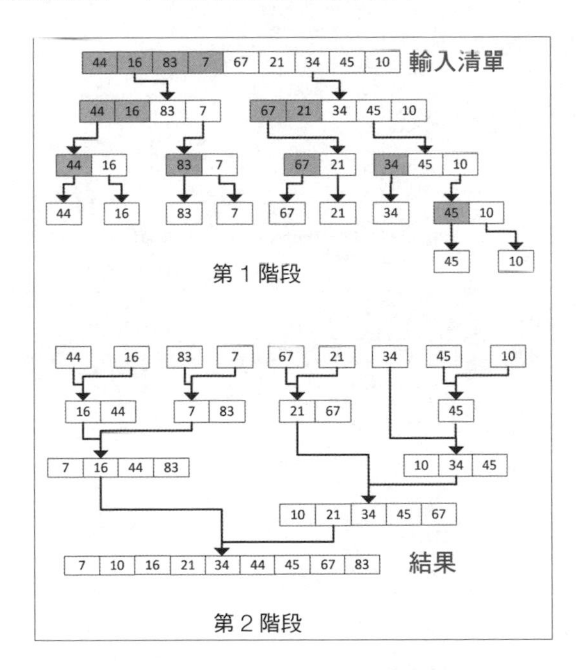

10 譯註：原文書此處所附的圖為誤植的內容，故予以刪除。

以下是合併排序演算法的虛擬碼：

```
mergeSort(list, start, end)
    if(start < end)
        midPoint = (end - start) / 2 + start
        mergeSort(list, start, midPoint)
        mergeSort(list, midPoint + 1, start)
        merge(list, start, midPoint, end)
```

如同上面所看到的，此演算法有以下三個步驟：

1. 把輸入的 list 分割成兩個相等的部分
2. 遞迴地分割，一直到每一個 list 的長度為 1
3. 接著，不斷地合併已排序的部分到 list 中，然後傳回此 list

MergeSort 實作的程式碼如下所示：

```
In [6]: def MergeSort(list):
            if len(list)>1:
                mid = len(list)//2 #splits list in half
                left = list[:mid]
                right = list[mid:]

                MergeSort(left) #repeats until length of each list is 1
                MergeSort(right)

                a = 0
                b = 0
                c = 0
                while a < len(left) and b < len(right):
                    if left[a] < right[b]:
                        list[c]=left[a]
                        a = a + 1
                    else:
                        list[c]=right[b]
                        b = b + 1
                    c = c + 1
                while a < len(left):
                    list[c]=left[a]
                    a = a + 1
                    c = c + 1

                while b < len(right):
                    list[c]=right[b]
                    b = b + 1
                    c = c + 1
            return list
```

當執行上述的 Python 程式碼之後，它所產生的結果如下所示：

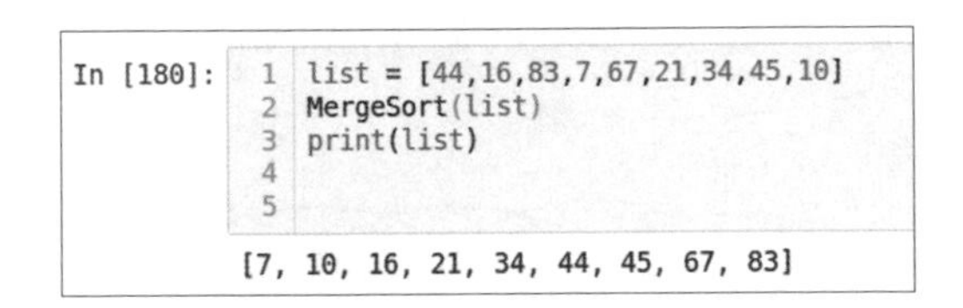

```
In [180]:  1 list = [44,16,83,7,67,21,34,45,10]
           2 MergeSort(list)
           3 print(list)
           4
           5
[7, 10, 16, 21, 34, 44, 45, 67, 83]
```

程式執行之後的結果 list 已經完成排序了。

謝爾排序

氣泡排序演算法比較相鄰的資料項目，只要不符合順序就交換它們的內容值。如果 list 是部分排序的話，氣泡排序法的效能會較好，若一個迴圈中沒有交換作業就會結束排序。

但是對於完全沒有任何順序的 list 而言，假設該 list 的數量是 N，氣泡排序法會為了要進行完整的排序作業而執行了全部的 N-1 次 pass。

Donald Shell 提出了謝爾排序法（Shell sort）並以他的名字來命名；他質疑選擇相鄰元素進行比較和交換的重要性。

現在，讓我們來瞭解這個概念。

在第 1 個 pass，不同於選擇相鄰的元素，我們使用固定距離的元素，最終排序是由一對資料點所組成的子串列，如下圖所示。第 2 個 pass，把包含 4 個資料點的子串列進行排序（請參考下圖）。接下來的 pass，每一個子串列的資料點數量持續增加，而子串列數量則持續減少，一直到全部只剩下一個子串列，所有資料點都在這個子串列中。至此，list 中的所有資料就已經完成排序了：

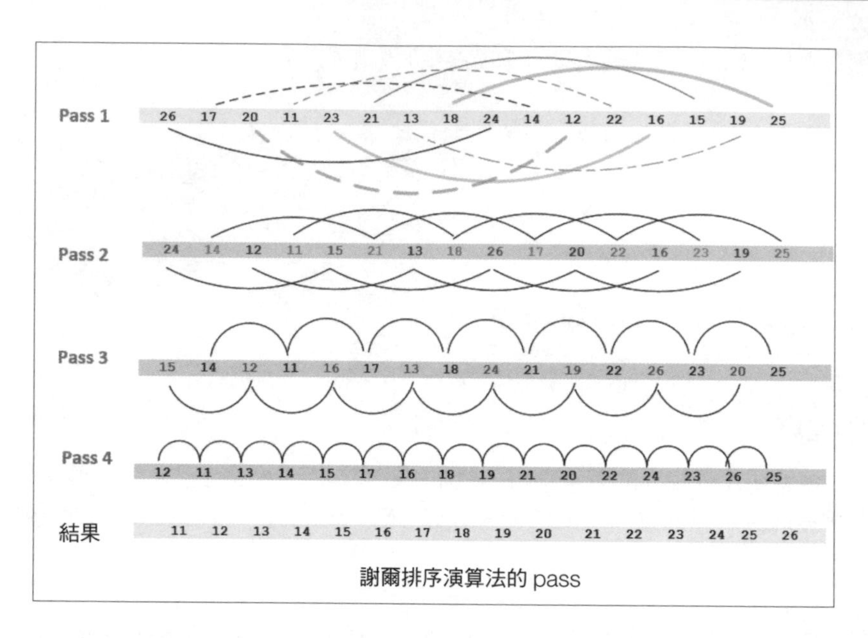

謝爾排序演算法的 pass

使用 Python 語言實作謝爾排序法，如下所示：

```
def ShellSort(list):
    distance = len(list) // 2
    while distance > 0:
        for i in range(distance, len(list)):
            temp = list[i]
            j = i
# 使用 distance 的子串列進行排序
            while j >= distance and list[j - distance] > temp:
                list[j] = list[j - distance]
                j = j-distance
            list[j] = temp
# 為下一個元素減少 distance
        distance = distance//2
    return list
```

上述的程式碼用於排序 list 中的資料，用法及執行結果如下：

```
In [119]:  1  list = [26,17,20,11,23,21,13,18,24,14,12,22,16,15,19,25]

In [120]:  1  shellSort(list)
           2  print(list)

           [11, 12, 13, 14, 15, 16, 17, 18, 19, 20, 21, 22, 23, 24, 25, 26]
```

上述的 `ShellSort` 函式執行之後，會把輸入的 list 內容進行排序。

謝爾排序的效能分析

謝爾排序法也不是針對大規模資料的演算法，它主要使用在中型資料集。大致上，list 多達 6,000 個元素時，它仍有不錯的效能，如果資料有部分排序，效能會更佳。在最佳情況下，如果 list 中的資料都已經排序過，它只需要 1 個 pass 就能驗證所有 N 個元素的順序性，其最佳效能即為 $O(N)$。

選擇排序

如同本章前文中所描述，氣泡排序法是最簡單的排序演算法。選擇排序法（selection sort）則是以氣泡排序法為基礎進行改良，試著將所有的資料交換動作最小化。它的設計方式是每一個 pass 只進行一次交換，而氣泡排序法則可能需要 N-1 次交換。氣泡排序法透過多次比較讓最大值推向最高位置（因此造成了 N-1 次的交換），而選擇排序法則是在每一個 pass 中去找出其中的最大值、把它搬移到最高位置。因此，在第 1 個 pass 中，最大值會放在最高位，第 2 個 pass 中，第二大的值會放在次高位，隨著演算法繼續執行，所有的值就會依次移到正確的位置上。最後一個值將會在第 $(N\text{-}1)^{th}$ pass 被移動。綜上所述，選擇排序法為了要排序 N 個項目，需要 N-1 個 pass：

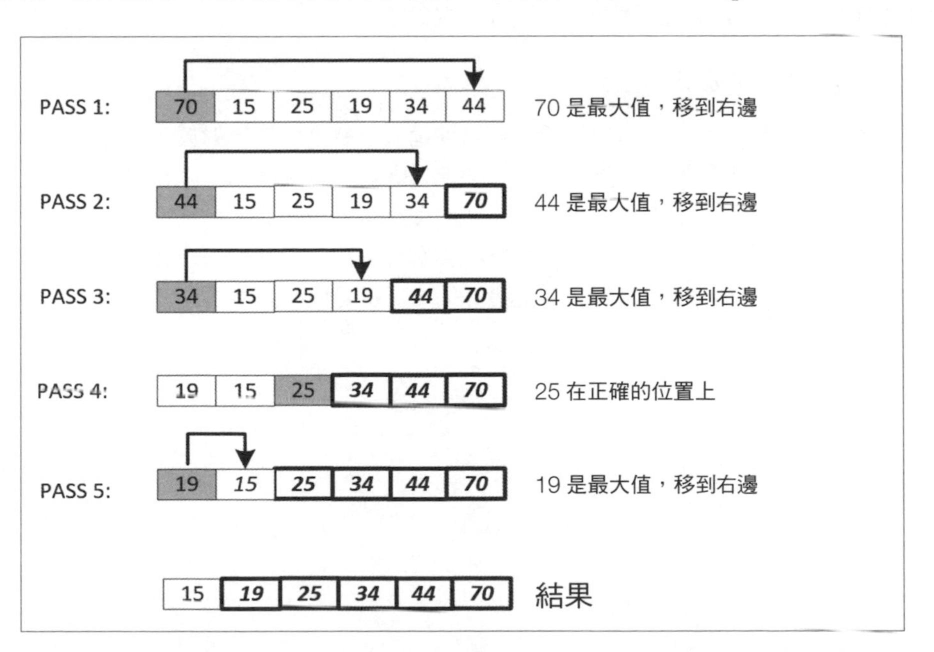

使用 Python 實作出的選擇排序法之程式碼如下：

```
def SelectionSort(list):
    for fill_slot in range(len(list) - 1, 0, -1):
        max_index = 0
        for location in range(1, fill_slot + 1):
            if list[location] > list[max_index]:
                max_index = location
        list[fill_slot],list[max_index] = list[max_index],list[fill_slot]
```

當選擇排序法執行之後，其輸出結果會像這樣：

```
In [202]:  1 list = [70,15,25,19,34,44]
           2 SelectionSort(list)
           3 print(list)

           [15, 19, 25, 34, 44, 70]
```

最終的輸出即為排序後的 list。

選擇排序法的效能分析

選擇排序法的最差效能是 $O(N^2)$。請留意，它的最差效能和氣泡排序法是類似的，同樣不適合用在大規模資料的排序上。然而，選擇排序法的設計比氣泡排序法好，而且平均效能也優於氣泡排序法，原因是它的交換次數少多了。

排序演算法的選用

選擇合適的排序法，要根據資料的規模與目前輸入資料之狀態。對於少量輸入且排序好的 list 而言，並不需要導入進階的演算法讓程式碼的複雜度增加，因為對於效能改善幅度不大。例如，我們不需要使用合併排序法處理小量的資料集，這種情況比較適合用氣泡排序法實作，也更容易理解。如果資料已經有部分排序，我們可以利用這個優勢使用插入排序法。至於大規模的資料，當然最好的方式就是使用合併排序法。

搜尋演算法的介紹

在複雜的資料結構中有效率地搜尋資料是最重要的功能之一。最簡單但比較沒效率的方法，就是把每一筆資料都搜尋一遍，但是如果資料量變大，我們就需要更複雜的演算法來找出想要的資料。

在本節中，我們將會說明以下幾種搜尋演算法：

- 線性搜尋
- 二分搜尋
- 插值搜尋

接下來就讓我們逐一詳細介紹這幾種搜尋演算法。

線性搜尋（Linear search）

搜尋資料最簡單的策略之一，就是單純地使用迴圈把所有資料都找過一遍。比對每一個資料點，如果找到匹配資料就離開迴圈並傳回結果，否則會一路找下去，直到所有資料都找完為止。線性搜尋法很明顯的缺點就是速度非常慢，因為要把所有的資料項目全部找完，不過優點是資料本身不需要像本章其他演算法一樣要求先經過排序。

以下是線性搜尋的程式碼：

```
def LinearSearch(list, item):
    index = 0
    found = False
# 試著去匹配每一個資料元素的值
    while index < len(list) and found is False:
        if list[index] == item:
            found = True
        else:
            index = index + 1
    return found
```

底下是前述程式碼執行之後的輸出結果：

```
1 list = [12, 33, 11, 99, 22, 55, 90]
2 print(LinearSearch(list, 12))
3 print(LinearSearch(list, 91))

True
False
```

此 `LinearSearch` 函式如果成功找到資料會傳回 `True`，否則會傳回 False。

線性搜尋的效能

如同我們之前所討論的，線性搜尋是以窮舉搜尋方式運算的簡單演算法，表現最差時的效能是 $O(N)$。

二分搜尋法

二分搜尋法（binary search）的前提是資料必須經過排序。此演算法使用迭代不斷把 list 一分為二、更新最低索引值和最高索引值以保持在待搜尋資料的範圍內，直到找到該數值為止：

```
def BinarySearch(list, item):
    first = 0
    last = len(list)-1
    found = False

    while first<=last and not found:
        midpoint = (first + last)//2
        if list[midpoint] == item:
            found = True
        else:
            if item < list[midpoint]:
                last = midpoint-1
            else:
                first = midpoint+1
    return found
```

輸出如下：

```
In [14]:  1 list = [12, 33, 11, 99, 22, 55, 90]
          2 sorted_list = BubbleSort(list)
          3 print(BinarySearch(list, 12))
          4 print(BinarySearch(list, 91))

          True
          False
```

當呼叫 `BinarySearch` 函式時，如果找到資料會傳回 `True`，否則會傳回 `False`。

二分搜尋法的效能

之所以稱為二分搜尋法，是因為在每一次迭代時都會把要尋找的資料 list 一分為二。如果資料是 *N* 的項目，則它最多需要 O(logN) 個重複步驟，表示此演算法需要 *O(logN)* 的執行時間。

插值搜尋

二分搜尋法的邏輯是基於資料的中間段落，而插值搜尋法（interpolation search）則比較複雜一些，它使用目標值去估算已排序陣列中元素的位置。我們用一個例子來說明：假設我們想要搜尋英文字典中的一個字，例如 *river*，我們會使用這個字的開頭字母 *r* 作為資訊進行插值計算。更通用的插值搜尋可以編寫成如下所示的程式碼：

```
def IntPolsearch(list,x ):
    idx0 = 0
    idxn = (len(list) - 1)
    found = False
    while idx0 <= idxn and x >= list[idx0] and x <= list[idxn]:
    # 尋找中間點 mid
        mid = idx0 +int(((float(idxn - idx0)/( list[idxn] -
              list[idx0])) * ( x - list[idx0])))
  # 把搜尋值拿來和中間點的值進行比較
        if list[mid] == x:
           found = True
           return found
        if list[mid] < x:
           idx0 = mid + 1
    return found
```

輸出如下所示：

```
In [16]:  1 list = [12, 33, 11, 99, 22, 55, 90]
          2 sorted_list = BubbleSort(list)
          3 print(IntPolsearch(list, 12))
          4 print(IntPolsearch(list,91))

True
False
```

請注意，在執行 `IntPolsearch` 之前，陣列中的資料必須是已排序的。

插值排序法的效能

如果資料分布不均勻的話，插值搜尋法的表現就會比較差，最差效能是 *O(N)*。但如果資料的分布比較接近均勻分布，則最佳效能會是 O(log(log N))。

實際應用

對現實世界中許多應用程式來說，就取得的資料庫進行有效而正確的搜尋，是一項至關重要的能力。根據你所選用的搜尋法，可能需要先排序資料，而選擇正確的排序和搜尋演算法，則要根據資料的類型及大小而定，這也包括你打算解決的問題本質。

讓我們試著用本章介紹的演算法解決某國移民部門新申請件與歷史資料配對的問題。當某人申請了入境簽證，系統會試著從現存歷史資料中搜尋符合的申請記錄，如果至少有一筆符合，系統接著會計算此人過去申請通過以及退件的次數。另一方面，如果沒有找到任何相符的資料，系統就會判定這個人是一個新申請者，並發給他一個新的識別碼。在歷史資料中搜尋、定位和識別出一個人員是該系統很重要的功能，而這個資訊之所以重要，是因為如果某人過去有拒發簽證的申請記錄，可能就會對這次的申請產生負面影響。換言之，如果他過去申請並且通過了，那麼就會大大增加此次申請核准的機會。

一般而言，歷史資料庫通常都會有上百萬筆記錄，因此需要一個設計良好的解決方案，讓系統可以在歷史資料中找出新申請者的紀錄。

假設資料庫的歷史資料表格像是以下這個樣子：

Personal ID	Application ID	First name	Surname	DOB	Decision	Decision date
45583	677862	John	Doe	2000-09-19	Approved	2018-08-07
54543	877653	Xman	Xsir	1970-03-10	Rejected	2018-06-07
34332	344565	Agro	Waka	1973-02-15	Rejected	2018-05-05
45583	677864	John	Doe	2000-09-19	Approved	2018-03-02
22331	344553	Kal	Sorts	1975-01-02	Approved	2018-04-15

在這張表格中，第一個欄位，`Personal ID`，代表每位申請人的歷史資料記錄都只有一筆不重複的 ID 編號。如果這個歷史資料庫有三千萬個申請人，那麼就有三千萬個不重複的 personal ID。每一個 personal ID 都能夠在這個資料庫系統中被辨識出來。

第二個欄位是 `Application ID`，每一個 application ID 都是用來識別出系統中的唯一申請件。一個人在過去可能會有超過一次申請，所以，表示在歷史資料中一個

personal ID 可能會有一個以上的 application ID。在上表中，John Doe 只有一個 personal ID，但是有兩個 application ID。

前面的表格只是展示出歷史資料集中的一些範例。假設歷史資料集中有大約一百萬筆記錄，包含了 10 年的申請人資料，平均大約每分鐘新增兩個申請人資料；對於每一個申請人而言，我們需要進行以下的作業：

- 為這個申請人本次的申請案件產生一個新的 application ID。
- 檢查在歷史資料庫中，是否有相同的申請人。
- 使用申請人的 personal ID 進行搜尋，如果在歷史資料中有找到此 personal ID，我們需要確定在這些歷史資料中該申請人被核准以及被拒絕的次數。
- 如果沒有找到任何資料，那麼就為這位申請者建立一個新的 personal ID。

假設一個新的人員進件，他的個人資料如下：

- `First Name: John`
- `Surname: Doe`
- `DOB: 2000-09-19`

現在，我們應該如何設計一個應用程式可以有效執行且低成本地搜尋？

其中一個在資料庫中搜尋新申請案件的策略可以使用以下方式來設計：

- 藉由 `DOB` 來排序歷史資料庫
- 每次當新申請者來送件，為這個申請者產生一個新的 application ID
- 在資料庫中擷取出與申請者符合的出生日期，作為主要搜尋
- 在所有匹配的記錄中，我們使用 first name 和 last name 進行第二次搜尋
- 如果找到，就把 `Personal ID` 參考到這個申請者，計算出核准和駁回的次數
- 如果找不到，就為這個申請者建立一個新的 personal ID

讓我們試著去選擇一個正確的演算法用來排序歷史資料庫。我們可以安全地排除氣泡排序法，因為資料量非常巨大；謝爾排序法可以有較佳的執行效能，但是只有當我們的資料是部分已排序的情況才適用。因此，合併排序法是對於這個歷史資料庫排序情境下的最佳選擇。

當新申請者進件時，我們需要在歷史資料庫中定位及找出這個人的資料。在資料是已經排序的情況下，插值搜尋或是二分搜尋都可以在此情境下使用。因為申請人的資料比較傾向於均勻分佈，我們可以根據每一個 DOB 安全地使用二分搜尋法。

一開始，我們根據 DOB 進行搜尋，它會傳回一組具有相同出生日期的申請人。接著，我們需要在這群相同生日的子集合中找出目標對象。因為我們已經成功地把要搜尋的對象減少到了一個小的子集合裡，任何的搜尋演算法，包括線性搜尋法[11]，在這裡都可以使用來搜尋申請人。請注意，在此我們已經簡化了第二次搜尋的問題。此外，如果找到一筆以上的記錄，也需要利用聚合搜尋的結果以計算核准和駁回的次數。

在實務情境中，每一個人都需要在第二次搜尋中使用一些模糊的搜尋演算法進行比對，因為姓名可能會有一點點拼法上的不同。此種搜尋需要使用某種距離演算法以實作出模糊搜尋，資料點間的距離如果在我們事先定義的臨界值以內的話，就會被視為是相同的資料。

11 譯註：原文誤植為 bubble sort(氣泡排序法)，在此應為線性搜尋法。

本章摘要

在本章中，我們介紹了一些排序及搜尋的演算法，也討論了不同排序和搜尋演算法的優點及缺點。我們以量化的方式說明這些演算法的效能，以及學習使用這些演算法的時機。

在下一章中，我們將會研究動態演算法。同時也會利用一個實際的例子去探討如何設計一個演算法，以及佩吉排名演算法（page ranking algorithm）的細節。最後，我們將會探討線性規劃演算法（linear programming algorithm）。

4

設計演算法

本章介紹多種演算法的核心設計概念。我們將會探討設計演算法之各種技術的優缺點，藉由瞭解這些概念，你將學會如何設計有效率的演算法。

本章從探討設計演算法時可以運用的不同選擇開始，接著討論找出我們嘗試要解決的特定問題特徵之重要性。接下來，將以著名的**旅行推銷員問題**（**traveling salesman problem, TSP**）為例，應用本章所介紹的不同設計技巧，再來會介紹線性規劃以及討論它的應用。最後，示範如何把線性規劃使用到實務問題上。

在讀完本章之後，你將能夠瞭解設計高效率演算法的基本概念。

本章將會討論到以下的概念：

- 設計演算法的各種方法
- 懂得為演算法選擇正確設計時應如何取捨
- 制定實務問題的最佳做法
- 解決實務上的最佳化問題

讓我們先來檢視設計演算法的基本概念。

設計演算法的基本概念介紹

根據 American Hertiage Dictionary 上的定義，所謂的演算法（algorithm）是：

> 「一個有限的明確指令集合，可以用來使一個給定的初始條件集合，依事先設定好的順序執行，以達到一個特定的目標，並具有一個可被識別的終止條件集合。」

設計一個演算法就是想辦法提出「一個有限的明確指令集合」，以最有效率的方式「達到一個特定目標」。對於一個複雜的實務問題，設計演算法是一項乏味的任務。要想出一個好的設計，首先需要完全瞭解我們所嘗試解決的問題。在找出方法（亦即設計演算法）之前，要先搞清楚要做的是什麼（亦即瞭解所有需求）。瞭解問題包括解決功能性（functional）以及非功能性（non-functional）的需求，它們分別如下：

- 功能性需求是正式地精準描述要解決的問題之輸入和輸出介面，以及與之相關的功能。功能性需求幫助我們瞭解資料處理、資料操作以及需要實作的計算，以便產生出結果。
- 非功能性需求是對於該演算法的一些期許，諸如它的性能以及安全方面的部分。

請注意，設計演算法是為了在給定的情況下，以最佳的方式解決功能性和非功能性需求，並留意執行此演算法時的可用資源集合。

為了想出一個能夠符合功能性和非功能性需求的解決方案，我們的設計應該要遵循以下的三個考量，這些考量在我們「**第 1 章 _ 演算法概述**」中曾經提到過：

- 考量 1：設計的演算法會產生我們預期的結果嗎？
- 考量 2：這是獲得這些結果的最佳方式嗎？
- 考量 3：當此演算法以較大規模的資料集運行，其效能的表現如何？

在本節中，我們將會逐一探討這些考量。

考量 1：設計的演算法會產生我們預期的結果嗎？

演算法是對於實務問題的數學解決方案。為了讓它有用，它應該要產生正確的結果。如何去驗證演算法的正確性不應該是在事後才想到，相反的，它應該是設計演算法的一部分。在制定如何驗證演算法的策略之前，我們應該要從以下兩方面來思考：

- **定義真值（truth）**：為了驗證演算法，我們需要知道給定輸入集之正確結果是什麼。在我們嘗試去解決的問題情境裡，這些正確的結果我們稱之為「truth」。「truth」很重要，在我們致力於迭代出更好的演算法時，它可以作為參考。
- **選擇指標（metric）**：我們也需要去思考關於如何量化與定義真值之間的偏差。選擇正確的指標將有助於我們正確地量化演算法的品質。

以機器學習演算法為例，我們可以使用現有的已標記資料作為 truth。選擇一個或多個指標，像是正確性（accuracy）、召回率（recall）、精確度（precision）等，用於量化演算法結果和 truth 之間的差異。需要注意的是，在某些情況下，正確的輸出並非單一值，而是被定義成一個給定輸入集的範圍。在致力於設計與開發演算法時，我們的目標是反覆地改進演算法，直到它符合需求所指定的範圍內為止。

考量 2：這是獲得這些結果的最佳方式嗎？

第二個考量點是關於找到以下問題的答案：

> 這是不是最佳的演算法，而且可以驗證這個問題沒有其他解決方案比我們的表現更佳？

乍看之下，這個問題似乎很容易回答。然而對某些類型的演算法而言，研究人員花了幾十年的時間仍然無法驗證演算法的特定解法，是否為最佳解法且沒有其他解決方案可以給出更好的結果。因此，重要的是要先瞭解我們的問題、它的需求，以及用來執行這個演算法的可用資源。我們需要接納以下的敘述：

> 我們是否應該尋求此問題的最佳解？尋找以及證明最佳解過於耗時又繁雜，不如試探出一個能夠運作的解決方案，可能才是我們最佳的選擇。

因此，最重要的是瞭解問題以及它的複雜度，這有助於評估所需要的資源。

在開始更進一步探討這個部分之前，先讓我們在這裡定義幾個術語：

- **多項式演算法（polynomial algorithm）**：如果一個演算法的時間複雜度是 $O(n^k)$，我們就把此演算法稱為多項式演算法，其中 k 是一個常數。
- **certificate**：經由一個迭代結束之後所產生的候選解決方案稱為 certificate。當我們持續反覆解決一個特定問題時，一般都會產生一系列的 certificate。如果解決方案持續收斂，那麼每次產生的 certificate 將會比前一個還要好。在某一個時間點，當 certificate 符合需求時，我們將會選取這個 certificate 作為最終解決方案。

在「**第 1 章 _ 演算法概述**」中，我們介紹了大 O 符號，它可以用來分析演算法的時間複雜度。在分析時間複雜度的部分，我們將會探討如下所示的不同時間長度：

- 演算法花在產生出可行解決方案的時間，稱為 certificate(tr)
- 用在驗證可行解決方案的時間，稱為 ts

特徵化問題的複雜度

多年來，研究界根據問題的複雜度將問題分成不同的類型。所以在我們嘗試去設計一個問題的解決方案之前，先試著去特徵化它是有其道理的。問題通常有三種類型：

- 類型 1：這類問題可以保證存在一個多項式演算法，來解決此問題
- 類型 2：這類的問題可以證明不能使用多項式演算法來解決
- 類型 3：這類的問題沒辦法找到多項式演算法來解決，但也無法證明多項式演算法不存在

讓我們來看看各種不同類型的問題：

- **non-deterministic polynomial (NP)**：如果一個問題被歸類為 NP 問題，必須滿足以下條件：
  - 保證有一個多項式演算法，可用於驗證候選解決方案（certificate）是否最佳。
- **polynominal (P)**：可將此類問題視為 NP 問題的子集合。除了要滿足 NP 問題的條件，P 類型的問題還需要符合以下條件：
  - 保證至少有一個多項式演算法可以用於解決此問題。

P 和 **NP** 的關係如下圖所示：

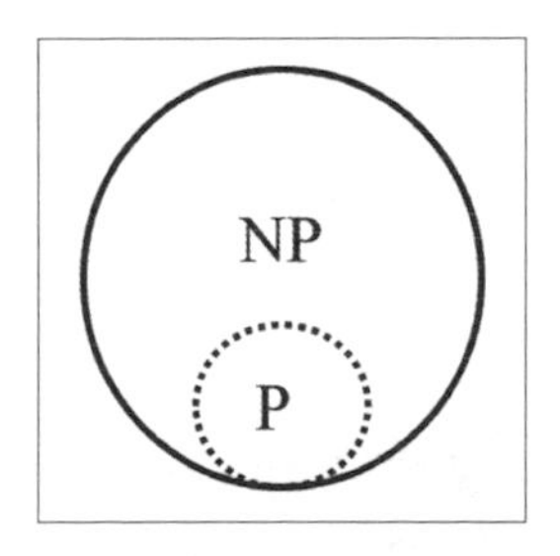

> **Note**
>
> 如果一個問題是 NP，那它是否也會是 P 呢？這是電腦科學領域的大哉問，至今未有標準答案。美國克雷數學研究所（Clay Mathematics Institute）提出的千禧年大獎提供了一百萬美元求解此問題，因為它在人工智慧、密碼學以及理論電腦科學領域都會造成重大的影響：
>
> 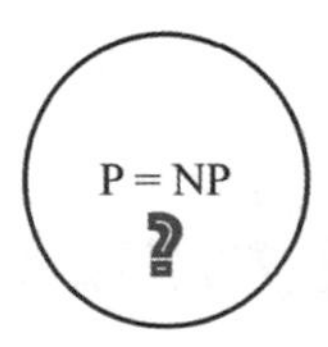
>

讓我們繼續列出各種類型的問題：

- **NP-complete**：NP-complete 類型包含所有 NP 問題中最難的問題，它需要符合以下兩個條件：
  - 沒有已知的多項式演算法可以產生出此問題的 certificate。
  - 有已知的多項式演算法可以驗證 certificate 是否為最佳。
- **NP-hard**：NP-hard 類型的問題至少和 NP 類型的問題一樣困難，但不需要歸在 NP 類別。

現在用一張圖表描繪不同類型問題之間的關係：

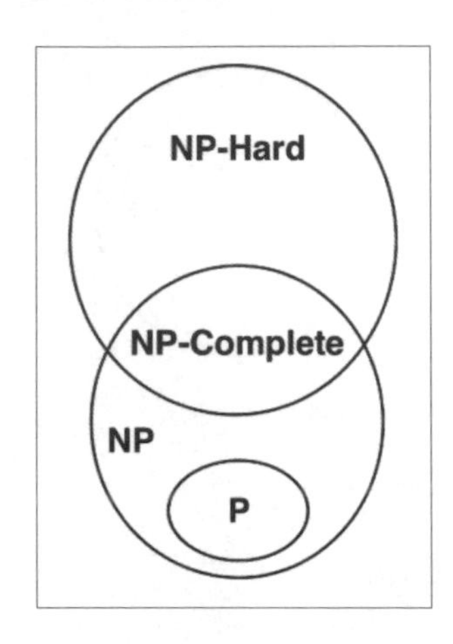

請留意，P=NP 是否成立還有待研究界證明，即便如此，還是有很大的可能 P ≠ NP。如果是那樣，NP-complete 問題並不存在多項式解法，前面的圖即是在這個假設基礎上所繪製的。

考量 3：此演算法運行在大規模的資料集上，其效能表現如何？

演算法使用事先定義好的程序處理資料以產生結果。通常，當資料大量增加時，就會花更多時間處理資料並計算出結果。「**大數據（big data）**」這個詞有時候用於概略地識別出對演算法及其運算基礎架構有挑戰性的資料集，也就是大（數量）、快（流動速度）、雜（類型多變）的資料集。設計良好的演算法應具有可擴充性，設計方式要隨時能夠高效運行，並運用可用的資源在合理時間範圍內產生正確的結果。面對大數據時，演算法的設計更加重要。量化一個演算法的可擴充性時，請記住兩個重點：

- **當輸入資料增加時，資源需求增加**：評估此種需求稱為空間複雜度分析（space complexity analysis）
- **當輸入資料增加時，執行時間增加**：評估此種情況稱為時間複雜度分析（ time complexity analysis）

我們處於一個資料爆炸的時代，大數據這個名詞已然成為主流，因為它象徵著現代演算法處理的資料規模及複雜性。

許多演算法在開發與測試階段只使用少量的資料樣本，然而設計演算法必須從可擴充性的角度去檢視演算法，尤其是當資料集的量增加時，更應該仔細分析（即測試或預測）它們對演算法效能產生何種影響。

瞭解演算法策略

設計良好的演算法會盡量將問題分割成較小的子問題，更有效率運用可用的資源。設計演算法有幾個不同的策略，以下列出三種做法，以及應用在演算法中的相關操作說明。

本節將介紹以下三種策略：

- 分治法（divide-and-conquer）策略
- 動態規劃（dynamic programming）策略
- 貪婪演算法（greedy algorithm）策略

瞭解分治法策略

策略之一是把較大的問題分割成可以獨立解決的小問題，再將這些小問題的解決方案合併起來產出原始問題的整體解決方案，此種方式即稱為**分治法策略**。

以數學型式來看，如果我們正在設計一個具有 n 個輸入的問題 P 之解決方案，它需要處理資料集 d，在此把它分割成 k 個子問題 P_1 到 P_k，每一個子問題將會處理資料集 d 的一部分。通常，我們會讓 P_1 到 P_k 處理 d_1 到 d_k。

讓我們來看一個實際的例子。

實例：把分治法應用到 Apache Spark

Apache Spark 是一個開源的框架，它使用分治法策略去解決複雜的分散式問題。它把問題分割成不同的子問題然後分別處理。我們用一個實例來示範這個過程：計算一個 list 中的字數。

假設我們有如下所示的文字 list：

```
wordsList = [python, java, ottawa, news, java, ottawa]
```

我們想計算這個 list 中每一個字出現的頻率，此時便可應用分治法有效解決這個問題。

分治法實作方式如下圖所示：

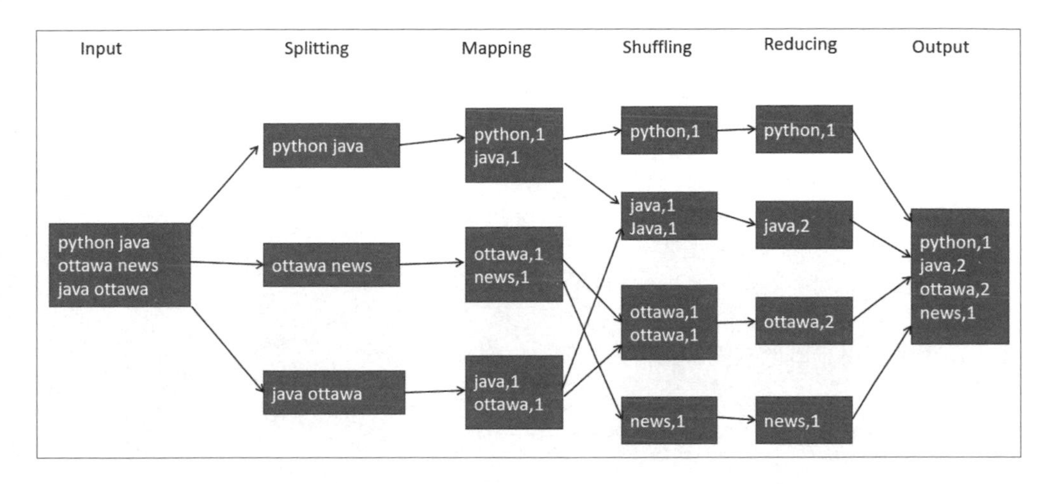

上圖展示了問題分成幾個階段：

1. **splitting（分割）**：輸入的資料被切割成可以獨立處理的幾個部分，這個階段稱為 splitting。在上圖中我們有 3 個 split。
2. **mapping（對應）**：可以在 split 中獨立執行的操作稱為 map。在上圖中，map 操作把 split 中的每一個字轉換成鍵 - 值對。因為有 3 個 split，所以在這個例子中就有三個獨立且平行運作的 mapper。
3. **shuffling（洗牌）**：Shuffling 是把相同鍵的資料放在一起的處理程序。相同鍵放在一起後，聚合函式就會計算它們的值。請留意，shuffling 是一個高效能的操作，因為被放在一起的相同鍵資料原本是分散在網路上的。
4. **reducing（合併）**：在相同鍵的資料值執行聚合函數的操作稱為 reducing。在上圖中，我們需要計算出每一個字出現的次數。

讓我們編寫程式碼來實作上述例子。為了示範分治法策略，需要一個分散式計算框架（distributed computing framework）。我們會在 Apache Spark 上執行 Python：

1. 首先，為了使用 Apache Spark，需要建立一個 Apache Spark 的執行期環境（runtime context）：

```
import findspark
findspark.init()
from pyspark.sql import SparkSession
```

```
spark = SparkSession.builder.master("local[*]").getOrCreate()
sc = spark.sparkContext
```

2. 現在，建立一個簡單的字詞 list。我們把這個 list 轉換成 Spark 的原生分散式資料結構，稱為 **resilient distributed dataset (RDD)**：

```
wordsList = ['python', 'java', 'ottawa', 'ottawa', 'java','news']
wordsRDD = sc.parallelize(wordsList, 4)
# 列出 wordsRDD 的型態
print (wordsRDD.collect())
```

3. 接著，使用 map 函式把字詞轉換成鍵 - 值對：

```
In [19]: wordPairs = wordsRDD.map(lambda w: (w, 1))
         print (wordPairs.collect())

         [('python', 1), ('java', 1), ('ottawa', 1), ('ottawa', 1), ('java', 1), ('news', 1)]
```

4. 使用 reduce 函式對資料進行聚合計算，然後取得最終結果：

```
In [20]: wordCountsCollected = wordPairs.reduceByKey(lambda x,y: x+y)
         print(wordCountsCollected.collect())

         [('python', 1), ('java', 2), ('ottawa', 2), ('news', 1)]
```

以上的程式示範了如何利用分治法策略計算字詞出現的次數。

> **Note**
> 現代的雲端計算架構，例如 Microsoft Azure、Amazon Web Services 以及 Google Cloud，背後都是直接或間接實作分治法以達到可彈性擴充的能力。

瞭解動態規劃策略

動態規劃是 1950 年代由 Richard Bellman 所提出的策略，目的是最佳化某些類型的演算法。它是基於一種智慧快取機制，試著重複利用已儲存的結果以減輕計算量，此種智慧快取機制稱為 **memorization**。

當我們嘗試解決可以分割成子問題的問題時，動態規劃可以產生很好的執行效益。這些子問題的計算有一部分是重複的，動態規劃的概念就是重複的計算只執行一次（通常這個步驟很耗時），然後將計算結果重複用在其他子問題上。此種策略可以藉由 memorization 來實現，它對於解決遞迴問題特別有用，因為遞迴可能會對相同的輸入重複執行。

瞭解貪婪演算法

在進一步探索之前，先讓我們定義兩個名詞：

- **演算的額外負擔（algorithmic overheads）**：尋求某個問題的最佳解，需要額外花時間。當尋求最佳解的問題愈複雜，找到最佳解的時間也會愈多，我們把這個額外的負擔表示為 Ω_i。
- **與最佳解的差異（delta from optimal）**：一個給定的最佳化問題，就會存在一個最佳解。通常我們會使用所選定的演算法反覆優化它的解法。一個特定問題，一定存在一個最佳解，我們稱之為 **optimal solution**。正如之前所討論的，根據試圖解決的問題類型，我們無法知道這個問題是否有最佳解，亦無法在有限時間內算出解法或者證明其為最佳解。假設最佳解已知是存在的，那麼在第 i^{th} 次迭代的現有解與最佳解之間的差異，就稱為 **delta from optimal**，用 Δ_i 符號來表示。

對於複雜的問題，我們有兩種可行的策略：

- **策略 1**：花費更多時間去搜尋最接近的解，使得 Δ_i 愈小愈好。
- **策略 2**：最小化演算法的額外負擔 Ω_i，使用臨時應變的方式找出一個可用的解即可。

貪婪演算法是基於策略 2 的方式，它不會花費太多力氣去尋求一個全域最佳解，而是選擇用最小化演算法額外負擔的方式來取代。

使用貪婪演算法是為多階段問題找到全域最佳解的快捷策略。透過選擇區域最佳解，取代檢驗此解是否為全域最佳的耗時作業。通常，除非我們非常幸運，否則貪婪演算法所找到的值並不會是全域最佳解。由於尋找全域最佳解是件相當耗時的工程，因此和分治法及動態規劃相較，貪婪演算法的執行速度較快。

貪婪演算法一般定義如下：

1. 假設有一個資料集，*D*。在此資料集中，我們選擇一個元素，*k*。
2. 假設候選的解，certificate 是 *S*。考慮把 *k* 加到 *S* 中。如果它可以被加入，那麼此解設為 *Union*(*S, e*)。e 即是我們為了收斂問題增加 K 元素後所造成之差異。
3. 重複這個步驟直到 *S* 已填滿或 *D* 已經全部用完。

實際的應用：解決 TSP

讓我們先來檢視 TSP 問題的定義。TSP 是在 1930 年代時被創造出的一個知名挑戰，它是一個 NP-hard 問題。為瞭解這個問題，首先，我們可以隨機產生一個旅程，它必須符合造訪所有城市的條件，但無需考慮最佳解。接下來我們可以迭代反覆改進解決方案，每一遍迭代所產生的旅程即為候選解（也稱為 certificate）。若要證明這個 certificate 是否為最佳解，執行時間將會呈指數遞增，因此我們改用不同的啟發式解法（heuristics-based solution）來產生旅程，雖不是最佳解，但也很接近了。

一個旅行中的銷售員需要拜訪指定城市清單上的每一個城市，才能夠完成工作：

INPUT	具有 n 個城市的 list（表示為 V），每兩座城市間的距離是 $d\ ij\ (1 \leq i, j \leq n)$
OUTPUT	每一個城市造訪一次然後回到原出發城市的最短路徑。

注意事項如下：

- list 中兩個城市間的距離是已知的，
- list 中每一個城市只能拜訪一次。

我們是否能夠為這個銷售員產生一個旅程計畫？是否可以找到一個最佳解，讓他得到最短的總旅程數？

我們用五個加拿大城市間的距離來示範 TSP 問題：

	Ottawa	Montreal	Kingston	Toronto	Sudbury
Ottawa	-	199	196	450	484
Montreal	199	-	287	542	680
Kingston	196	287	-	263	634
Toronto	450	542	263	-	400
Sudbury	484	680	634	400	-

請留意，我們的目標是找出從起始城市出發且最終返回該城市的旅程。例如，一個典型的旅程可以是 Ottawa–Sudbury–Montreal–Kingston–Toronto–Ottawa，它的總距離是 *484 + 680 + 287 + 263 + 450 = 2,164*。這會是此旅程的最短距離嗎？找出最短旅行距離的最佳解會是什麼呢？ 這個問題就留給讀者去思考計算看看。

使用暴力法策略

解決 TSP 問題的第一個解決方案是使用暴力法（brute-force）找出最短路徑，讓銷售員可以造訪每一個城市一次、最後回到出發城市。暴力法策略的作業程序如下：

1. 計算出所有可能的旅程。
2. 選擇其中一個距離最短的方案。

如果這個問題有 n 個城市，那麼就有 $(n-1)!$ 種可能的旅程，這表示五個城市會產生 $4!=24$ 個旅程，然後我們將從其中選出最短距離的那一個。很明顯地，這個方法只適用在沒有太多城市的情況。當城市的數量增加之後，暴力法策略會因為產生出的大量排列而變得不穩定。

讓我們來看看如何利用 Python 實作出暴力法策略。

首先請注意，旅程 {1, 2, 3} 代表從城市 1 到城市 2 再到城市 3 的旅程。旅程的全部距離就是涵蓋這些城市的總距離。假設城市間的距離已是最短距離（即歐幾里德距離 Euclidean distance）。

我們首先要定義三個工具函式：

- `distance_points`：計算兩點之間的絕對值距離。
- `distance_tour`：計算銷售員在給定旅程中必須涵蓋的總距離。
- `generate_cities`：使用亂數產生一組位於寬度 `500` 和高度 `300` 矩形內的 n 個城市集合。

請檢視以下的程式碼：

```
import random
from itertools import permutations
alltours = permutations

def distance_tour(aTour):
    return sum(distance_points(aTour[i - 1], aTour[i])
               for i in range(len(aTour)))

aCity = complex

def distance_points(first, second): return abs(first - second)

def generate_cities (number_of_cities):
    seed=111;width=500;height=300
    random.seed((number_of_cities, seed))
    return frozenset(aCity(random.randint(1, width), random.randint(1,
height)) for c in range(number_of_cities))
```

前面的程式碼中，利用 `itertools` 套件中的 `permutations` 函式實作 `alltours`。我們使用了複數表示距離，這代表了：

- 計算兩個城市 *a* 及 *b* 的距離，可以簡化為 `distance(a, b)`。
- 我們可以利用 `generate_cities(n)` 來建立 *n* 個城市。

現在讓我們定義一個函式，`brute_force`，用來產生這些城市的所有可能旅程。產生之後，它會選出其中最短的距離：

```
def brute_force(cities):
    "Generate all possible tours of the cities and choose the shortest
     tour."
    return shortest_tour(alltours(cities))

def shortest_tour(tours): return min(tours, key=distance_tour)
```

現在定義一些工具函式以協助我們畫出這些城市，它們分別是：

- visualize_tour：用來畫出指定旅程的所有城市與連結。此函式也會標示出旅程的起始城市。
- visualize_segment：被 visualize_tour 用於繪製每一段的城市和連結。

請檢視以下的程式碼：

```
%matplotlib inline
import matplotlib.pyplot as plt
def visualize_tour(tour, style='bo-'):
    if len(tour) > 1000: plt.figure(figsize=(15, 10))
    start = tour[0:1]
    visualize_segment(tour + start, style)
    visualize_segment(start, 'rD')
def visualize_segment (segment, style='bo-'):
    plt.plot([X(c) for c in segment], [Y(c) for c in segment], style,
clip_on=False)
    plt.axis('scaled')
    plt.axis('off')
def X(city): "X axis"; return city.real
def Y(city): "Y axis"; return city.imag
```

現在讓我們來實作出 tsp() 函式，步驟如下：

1. 根據演算法的內容以及需求的城市數目產生一個旅程
2. 計算執行演算法所需花費的時間
3. 繪製出圖表

當 tsp() 定義好之後，我們可以使用它來建立一個旅程：

```
[ ] from time import clock
    from collections import Counter
    def tsp(algorithm, cities):
        t0   = clock()
        tour = algorithm(cities)
        t1   = clock()
        assert Counter(tour) == Counter(cities) # Every city appears exactly once in tour
        visualize_tour(tour)
        print("{}: {} cities ⇒ tour length {:.0f} (in {:.3f} sec)".format(
              name(algorithm), len(tour), distance_tour(tour), t1 - t0))

    def name(algorithm): return algorithm.__name__.replace('_tsp', '')
```

```
[ ] tsp(brute_force, generate_cities(10))
```

```
brute_force: 10 cities ⇒ tour length 1218 (in 10.962 sec)
```

請留意，在此我們使用這個函式產生了 10 個城市的旅程。當 *n=10*，它將會產生 *(10-1)!=362,880* 個可能的排列。如果 *n* 增加，排列的數目就會急遽增加，暴力法將派不上用場。

使用貪婪演算法

如果我們使用貪婪演算法來解決 TSP，那麼在每一個步驟中，我們可以選擇一個看起來合理的城市造訪，而不是去找出一個能產生最佳整體路徑的城市。因此在選擇城市時，只要選擇最鄰近的城市，不用煩惱它是否能產生全域最佳路徑結果。

貪婪演算法的方法很簡單：

1. 選擇任一個城市作為起始點。
2. 在每一個步驟中，選擇最鄰近且未曾造訪過的城市作為下一個造訪點。
3. 重複第 2 個步驟。

讓我們定義一個叫做 greedy_algorithm 的函式，讓此函式實作出上述的邏輯：

```
def greedy_algorithm(cities, start=None):
    C = start or first(cities)
    tour = [C]
    unvisited = set(cities - {C})
    while unvisited:
        C = nearest_neighbor(C, unvisited)
        tour.append(C)
        unvisited.remove(C)
    return tour

def first(collection): return next(iter(collection))

def nearest_neighbor(A, cities):
    return min(cities, key=lambda C: distance_points(C, A))
```

現在讓我們利用 greedy_algorithm 來建立一個有 2,000 個城市的旅程：

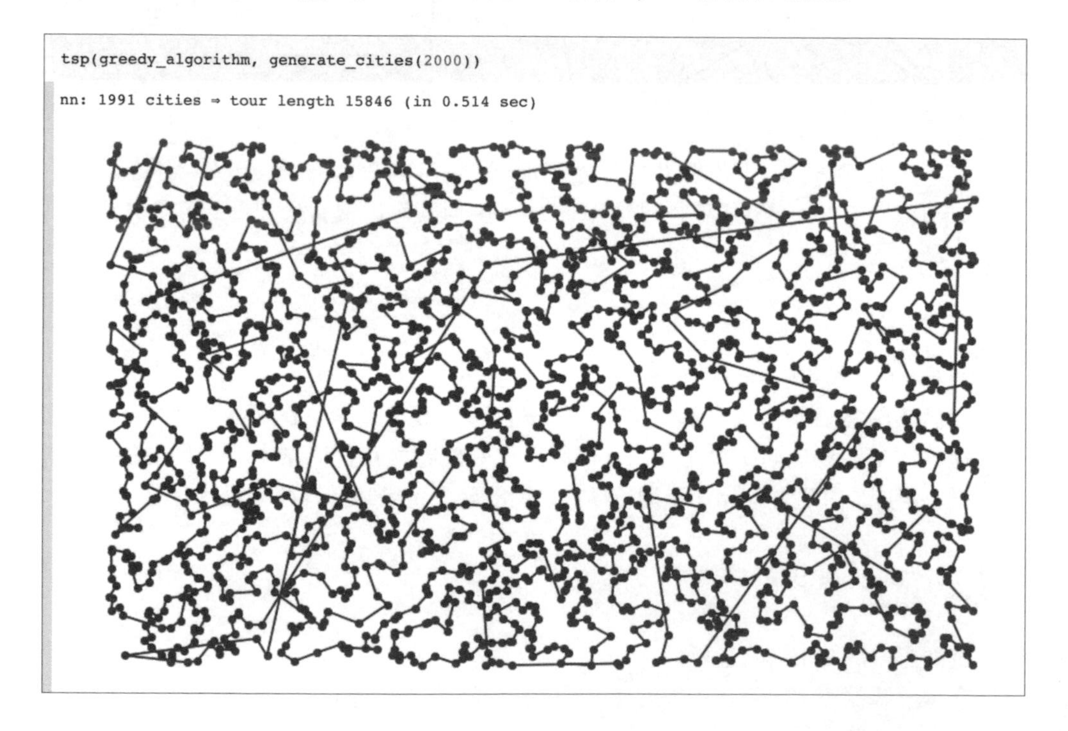

建立這個 2,000 個城市的旅程只花費了 0.514 秒。如果我們使用之前的暴力法，會產生 *(2000-1)!* 個排列，幾乎是無止盡的計算。

請注意，貪婪演算法是基於啟發式的方式，並沒有辦法證明它的解是最佳的。

現在，讓我們來看 PageRank 演算法的設計。

介紹 PageRank 演算法

讓我們來看看 PageRank 演算法，一個實用的例子，最初 Google 將它用於使用者查詢結果排名，它會產生一個數字，用來量化使用者執行的查詢環境中搜尋結果的重要性。此演算法是由兩位史丹佛大學博士生—— Larry Page 與 Sergey Brin 在 1990 年代末所設計的，他們後來創建了 Google。

> **Note**
> PageRank 演算法是以 Larry Page 命名，這是他與 Sergey Brin 在史丹佛大學唸書時一起創造的。

讓我們先來正式定義 PageRank 在一開始設計時打算要解決的問題。

問題定義

當使用者利用網路搜尋引擎輸入查詢時，通常會得到大量的結果。為了讓這些結果對使用者有用，透過一些標準將結果進行網頁排序是很重要的，而提供給用戶彙總後的排序結果，取決於使用的演算法所定義的標準。

實作 PageRank 演算法

PageRank 演算法最重要的部分是，找出最佳方式去計算查詢返回之結果頁面的重要性。該演算法透過從 `0` 到 `1` 的數值量化特定頁面的重要性，包含了以下兩個組件所傳回的資訊：

- **與使用者輸入之查詢有關的特定資訊**：在使用者輸入的查詢文本中，這個部分會評估它與網頁內容的關聯性，網頁的內容則與作者直接相關。
- **與使用者輸入之查詢無關的資訊**：這個部分嘗試依據每一個頁面中的連結、視圖以及鄰近內容量化它的重要性。然而，當網頁具有不同的特性時便難以計算，也很難開發出可以應用於跨網頁的共通標準。

為了使用 Python 實作出 PageRank 演算法，首先，匯入必須的程式庫是很重要的：

```
import numpy as np
import networkx as nx
```

```
import matplotlib.pyplot as plt
%matplotlib inline
```

為了進行示範，假設我們只要分析 5 個網頁，在此把這個頁面的集合稱為 myPages，把它們聚集在一起的網站則命名為 myWeb：

```
myWeb = nx.DiGraph()
myPages = range(1,5)
```

讓我們隨機地連結，以模擬出一個實際的網路：

```
connections = [(1,3),(2,1),(2,3),(3,1),(3,2),(3,4),(4,5),(5,1),(5,4)]
myWeb.add_nodes_from(myPages)
myWeb.add_edges_from(connections)
```

現在把這個網路畫出來：

```
pos=nx.shell_layout(myWeb)
nx.draw(myWeb, pos, arrows=True, with_labels=True)
plt.show()
```

它建立了此網路之視覺化圖形，如下所示：

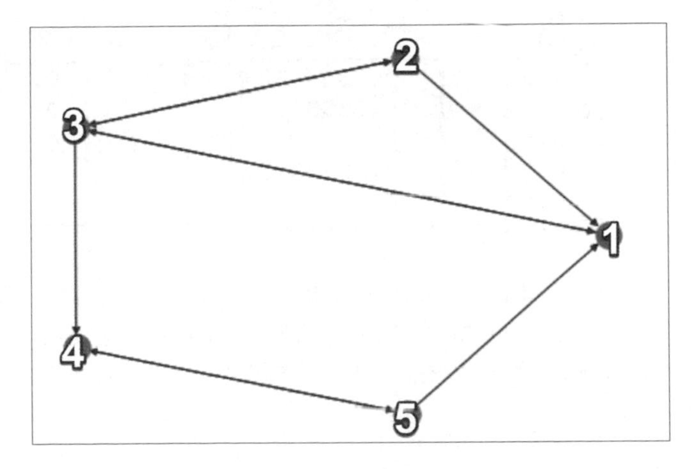

在 PageRank 演算法中，網頁的型態放在一個叫做 transition matrix（轉移矩陣）的矩陣中，演算法不斷地更新 transition matrix 以反應不斷變化的網頁狀態。Transition matrix 的大小是 n x n，其中 n 是節點的數量，矩陣中的數字則代表訪問者因為外部連結訪問該連結的機率。

在此例中，前面的網路圖顯示了我們所擁有的靜態網站。讓我們定義一個可以建立 transition matrix 的函式：

```
def createPageRank(aGraph):
  nodes_set = len(aGraph)
  M = nx.to_numpy_matrix(aGraph)
  outwards = np.squeeze(np.asarray(np.sum(M, axis=1)))
  prob_outwards = np.array(
   [1.0/count
    if count>0 else 0.0 for count in outwards])
  G = np.asarray(np.multiply(M.T, prob_outwards))
  p = np.ones(nodes_set) / float(nodes_set)
  if np.min(np.sum(G,axis=0)) < 1.0:
    print ('WARN: G is substochastic')
  return G, p
```

留意此函式會傳回 *G*，代表圖中的 transition matrix。

我們的圖產生出來的 transition matrix 如下：

```
[6] G, p = createPageRank(myWeb)
    print (G)
      1         2          3          4          5
    [[0.        0.5        0.33333333 0.         0.5       ]
     [0.        0.         0.33333333 0.         0.        ]
     [1.        0.5        0.         0.         0.        ]
     [0.        0.         0.33333333 0.         0.5       ]
     [0.        0.         0.         1.         0.        ]]
```

請留意，在我們的圖例中，transition matrix 為 *5 x 5* 的大小。每一欄對應圖中的每一個節點，例如，欄 **2** 是第 2 個節點，訪問者從節點 **2** 到節點 **1** 或節點 **3** 的機率是 0.5。注意圖中 transition matrix 的對角線都是 0，因為節點連出去的對象不會是自己；但在實際的網路中這是有可能的。

請留意，transition matrix 是一個稀疏矩陣，當節點的數量增加時，矩陣中大部分的值都是 0。

瞭解線性規劃（Linear programming）

線性規劃背後的基本演算法，是在 1940 年代由加州大學柏克萊分校的 George Dantzig 所開發出來的。Dantzig 在美國空軍部隊服務時，使用這個概念進行部隊調派與後勤支援規劃的實驗。二次世界大戰結束時，Dantzig 開始在五角大廈工作，他讓這個演算法發展為成熟的技術，並且命名為線性規劃，使用於軍事作戰規劃。

今日，人們用它來解決實務上的問題，這些問題基於某些限制條件，需最小化或最大化一個變數。此類型的一些問題如下所示：

- 由於資源有限，將汽車在維修廠中維修的時間最小化。
- 在分散式計算環境中分配可用資源以最小化回應次數。
- 根據公司內部資源進行最佳任務分派，以最大化公司的利潤。

制定線性規劃問題

使用線性規劃的條件如下：

- 我們應該能夠透過一組方程式公式化這個問題。
- 使用在這些方程式中的變數必須是線性的。

定義目標函式

請留意，前述三個例子的每一個目標都是最小化或最大化變數，這個目標以數學公式作為其他變數的線性函式，稱為目標函式（objective function）。線性規劃問題的目的是在保留指定的限制下，最大化或最小化目標函式。

指定限制條件

面對實務上的問題時，當我們試著最小化或最大化某些事物，有必要去正視某些限制條件。例如，當我們試著最小化修車時間，也需要考慮可用技工的人數有限。在線性方程式中指定每一個限制條件，也是公式化線性規劃問題的重點。

實際的應用——使用線性規劃進行產能規劃

讓我們來看一個實際的使用案例：使用線性規劃解決一個實務問題。假設有一家先進的工廠，生產製造兩種款式機器人，我們希望最大化它的獲益：

- **advanced model（進階型）(A)**：這一款機器人提供完整的功能。製造每一個進階型機器人可以獲利 $4,200 美元。
- **basic model（基本型）(B)**：這一款機器人只提供基本功能。製造每一個基本型機器人可以獲利 $2,800 美元。

生產一個機器人需要三種不同類型的工作人員，每一類工作人員生產一個機器人所花費的時間如下所示：

機器人種類	技術員	AI 專家	工程師
Robot A：進階型	3 天	4 天	4 天
Robot B：基本型	2 天	3 天	3 天

工廠以 30 天為一個週期。一位 AI 專家，週期中的 30 天均為可用的；兩位工程師，30 天中每人各需休息 8 天；因此，一個工程師在一個週期中只有 22 天可用。工廠只有一名技術員，30 天的週期中只能用 20 天。

以下的表格呈現了工廠每一類工作人員的相關數字：

	技術員	AI 專家	工程師
人數	1	1	2
在週期中可工作的天數	1 x 20 = 20 天	1 x 30 = 30 天	2 x 22 = 44 天

上述的內容可建模如下：

- 最大利潤 = 4200A + 2800B
- 以下為需要遵守的規定：
  - $A \geq 0$：進階型機器人生產的數量可以是 0 或更多。
  - $B \geq 0$：基本型機器人生產的數量可以是 0 或更多。

- 3A + 2B ≤ 20：技術員的可用性限制。
- 4A+3B ≤ 30：AI 專家的可用性限制。
- 4A+ 3B ≤ 44:：工程師的可用性限制。

首先，匯入 Python 的 `pulp` 套件實作線性規劃：

```
import pulp
```

然後，呼叫套件中的 `LpProblem` 函式，具體執行此問題類別。我們把這個執行命名為 `Profit maximizing problem`：

```
# 具體執行我們的問題類別
model = pulp.LpProblem("Profit maximising problem", pulp.LpMaximize)
```

然後，定義兩個線性變數，`A` 及 `B`。變數 `A` 代表進階型機器人的生產量，`B` 代表基本型機器人的生產量：

```
A = pulp.LpVariable('A', lowBound=0, cat='Integer')
B = pulp.LpVariable('B', lowBound=0, cat='Integer')
```

定義目標函式及限制條件，如下：

```
# 目標函式
model += 5000 * A + 2500 * B, "Profit"
# 限制
model += 3 * A + 2 * B <= 20
model += 4 * A + 3 * B <= 30
model += 4 * A + 3 * B <= 44
```

使用 `solve` 函式產生出解決方案：

```
# 求解我們的問題
model.solve()
pulp.LpStatus[model.status]
```

然後，印出 A、B 及目標函式的值，如下：

```
In [147]: # Print our decision variable values
          print (A.varValue)
          print (B.varValue)

          6.0
          1.0

In [148]: # Print our objective function value
          print (pulp.value(model.objective))

          32500.0
```

Note

線性規劃在生產製造工業中廣泛應用以找出產品的最佳生產量，並優化可用資源的運用。

至此，我們來到本章的末尾！讓我們總結一下學到的東西。

本章摘要

在本章，我們研究了許多設計演算法的方式，探討了如何選擇正確設計演算法以及做出取捨；接著說明制定實務問題的最佳做法，也進一步去瞭解如何解決實務的最佳化問題。從本章中學習到的內容，可以實作出一個設計良好的演算法。

下一章，將會聚焦在基於圖（graph）的演算法。我們會先研究表示圖形的各種方法，接著，將會探討在各種資料點周圍建立鄰近資料的技術，以便進行特定的調查。最後，學習在圖中搜尋資料的最佳化方式。

memo

5

圖演算法

有一種類型的計算問題適合使用圖（graph）來表示，此類問題可以利用**圖演算法（graph algorithm）**加以解決。例如，圖演算法能在以圖表示的資料中，有效率地搜尋指定的值。為了讓作業有效率，這些演算法首先需要探索圖的結構，並且找到一個正確的策略以沿著圖的邊去讀取存放在節點中的資料。因為圖演算法需要搜尋其中的值以進行作業，所以高效率搜尋策略即為設計高效率演算法的核心。對於一些複雜的、互相以有意義的方式連結的資料而言，圖演算法是搜尋其中資訊最有效的演算法之一。在現今這個大數據、社群媒體以及分散式資料盛行的時代，這些技術不只有用，而且愈加地重要。

在本章中，我們將從介紹圖演算法背後的基本概念開始，然後介紹網路分析理論的基礎，接著將探討可以被用來遍歷圖的一些技術。最後，透過一個案例分析，示範圖演算法如何使用於詐欺檢測上。

在本章，我們將會依序說明以下的概念：

- 表示圖的不同方式
- 介紹網路理論分析
- 瞭解圖遍歷
- 案例探討：詐欺偵測
- 在問題空間中用於建立一個近鄰關係的技術

讀完本章，你將對於什麼是圖以及如何操作圖有一個良好的理解，還能透過它們去表示彼此互連的資料結構，並從這些直接或間接連結的實體中理出資訊，同時瞭解如何使用它們去解決複雜的實務問題。

圖的表示

圖（graph）是一種使用點（vertex）和邊（edge）所表示的資料結構。圖表示成 `aGraph` = $(\mathcal{V}, \mathcal{E})$，其中 $\mathcal{V}$ 代表點的集合，而 $\mathcal{E}$ 則是邊的集合。請注意，`aGraph` 具有 $|\mathcal{V}|$ 個點以及 $|\mathcal{E}|$ 個邊。

一個點，$v \in \mathcal{V}$，代表真實世界中的一個物件，像是一個人、一台電腦、或是一個活動。一條邊，$e \in \mathcal{E}$，則用來連結網路中的兩個點：

$$e(v_1, v_2) \mid e \in \mathcal{E} \;\&\; v_i \in \mathcal{V}$$

上述方程式表示在一個圖中，所有的邊都屬於集合 $\mathcal{E}$，所有的點都屬於集合 $\mathcal{V}$。

一條邊連結兩個點，它代表的是兩個點之間的關係。例如，它可以表示以下這些關係：

- 人與人之間的友誼
- 在 LinkedIn 中的人連結到一位朋友
- 在一個叢集中兩個點之間的物理連線
- 一個人參加一個研討會議

在本章中，我們將使用 `networkx` 這個 Python 套件來表示圖。底下讓我們試著使用 Python 中的 `networkx` 套件建立一張簡單的圖。首先建立一個空的圖，`aGraph`，裡面沒有任何的點和邊：

```
import networkx as nx
G = nx.Graph()
```

以下的方式可以加入一個點：

```
G.add_node("Mike")
```

我們也可以使用 list 一次加入一個以上的點：

```
G.add_nodes_from(["Amine", "Wassim", "Nick"])
```

我們也可以為兩個已存在的點加入一條邊，如下所示：

```
G.add_edge("Mike", "Amine")
```

現在可以印出邊和點如下：

```
In [5]:  1 list(G.nodes)
Out[5]: ['Mike', 'Amine', 'Wassim', 'Nick']

In [6]:  1 list(G.edges)
Out[6]: [('Mike', 'Amine')]
```

請留意，當我們加入一條邊時，如果相關聯的點不存在的話，它也會把這些點加進去，如下所示：

```
G.add_edge("Amine","Imran")
```

當列出點的 list 時，即可觀察到以下的輸出：

```
In [9]:  1 list(G.edges)
Out[9]: [('Mike', 'Amine'), ('Amine', 'Imran')]
```

請注意，加入一條已經存在的邊，其要求會被自動忽略。建立邊的要求是否會被忽略，取決於我們所建立的圖，呈現什麼樣的類型。

圖的類型

圖可分類為四種，分別是：

- 無向圖 (undirected graph)
- 有向圖 (directed graph)
- 無向多邊圖 (undirected multigraph)
- 有向多邊圖 (directed multigraph)

讓我們逐一詳細說明。

無向圖

在大部分情況下，圖中節點之間的關係，可以視為無定向關係。它不可強加任何順位在此關係之中。這種邊稱之為**無向邊（undirected edge）**，由它們所建立的圖則稱為**無向圖（undirected graph）**。下圖即為無向圖的例子：

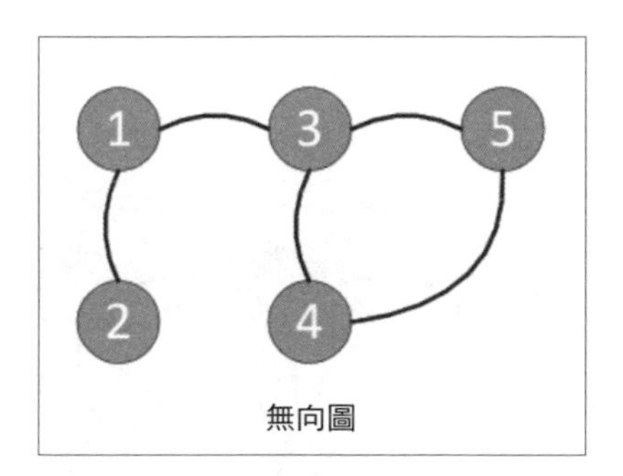

無向圖

列舉一些無定向關係的例子如下：

- Mike 和 Amine（Mike 和 Amine 彼此認識）
- 節點 **A** 和節點 **B** 相連結（這是一種點對點的連接）

有向圖

如果一張圖中，其節點之間的關係連接有方向性，那麼它稱之為**有向圖（directed graph）**。以下是有向圖的例子：

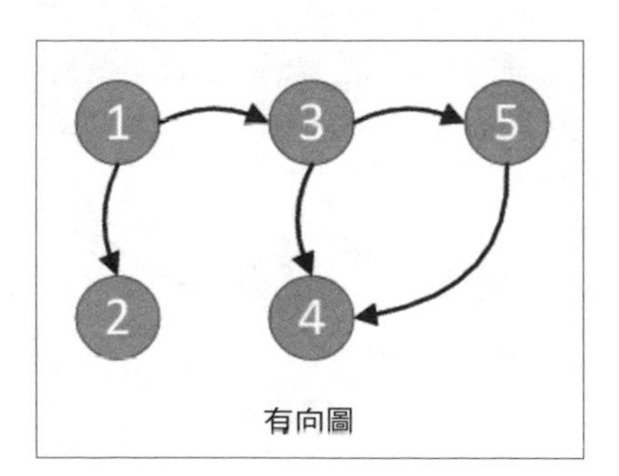

有向圖

列舉一些有向關係的例子如下：

- Mike 和他的房子（Mike 住在房子裡，但是房子並不住在 Mike 裡）
- Jonn 管理 Paul（John 是 Paul 的經理）

無向多邊圖（Undirected multigraph）

有時候，節點之間可能需要具有一種以上的關係型態，亦即在同樣的兩個節點間存在超過一條以上的邊。此類型的圖，在相同的節點中允許多條平行的邊連結，稱為**多邊圖**（**multigraph**）。我們必須明確地說明特定的圖是否為多邊圖。節點間的平行邊可以表示不同類型的關係。

底下是一個多邊圖的例子：

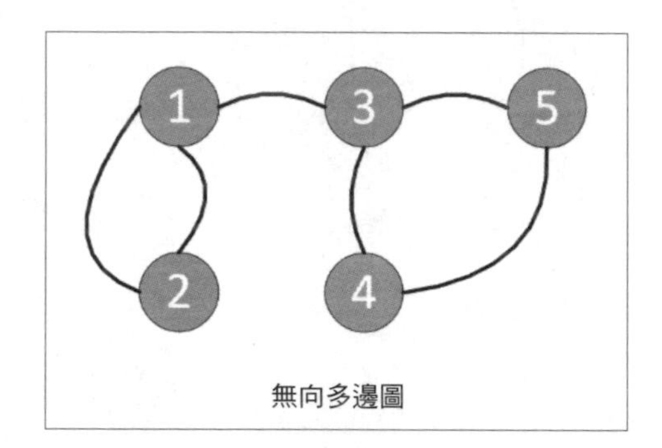

無向多邊圖

無向多邊圖關係的其中一個例子是 Mike 和 John 是同學，同時也是同事。

有向多邊圖（Directed multigraph）

如果在多邊圖的節點間之關係是有向的，即稱為**有向多邊圖**，如下所示：

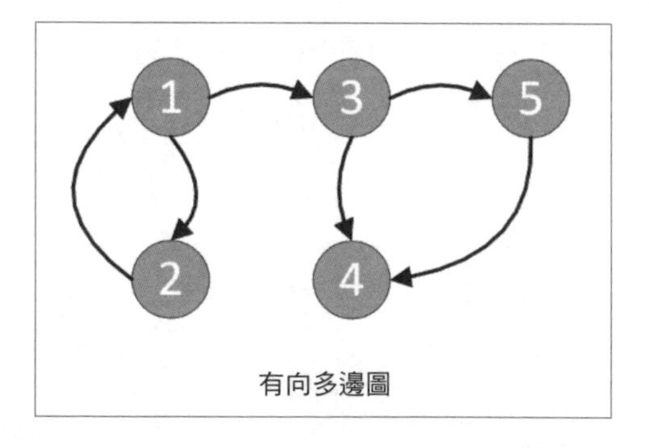

有向多邊圖

有向多邊圖的其中一個例子是 Mike 在辦公室向 John 進行報告，而 John 教導 Mike 學習 Python 程式語言。

特殊類型的邊

邊把圖中的點連接在一起，用於表示它們之間的關係。除了簡單的邊之外，它們還可以有以下所示的類型：

- **self-edge**：有時一個特定的點可以和自己有關係。例如，John 把錢從他的公司帳號轉到他自己的私人帳戶中。此種特別的關係會利用 self-directed 邊來表示。
- **hyperedge**：有時一個以上的點會被相同的邊連接在一起。用連接多個點來表示的關係，稱之為 hyperedge。例如，Mike、John 和 Sarah 在同一個專案中共事。

> **Note**
> 具有一個或以上的 hyperedge 的圖稱之為 **hypergraph**。

下圖是 self-edge 和 hyper-edge 的例子：

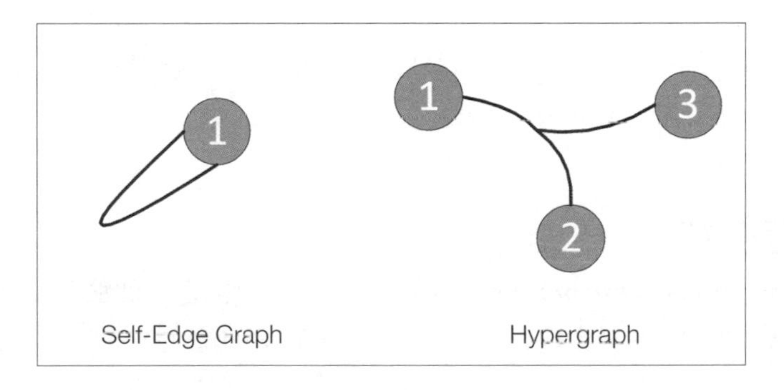

請留意，有些特定的圖可以具備一條以上的特殊類型邊，意味著此種特定的圖可以同時是 self-edge 以及 hyper-edge。

自我中心網路（Ego-centered network）

一個特定的點（m）的所有近鄰，可能有足夠的資訊可推導出該節點的結論性分析。ego-center，或稱為 egonet，就是基於這樣的概念。特定點 m 的 egonet 是由直接連結到 m 的所有節點，以及節點 m 本身所組成。節點 m 稱之為 **ego**，而只要一步就連接到它的近鄰則稱之為 **alter**。

特定節點 3 的 ego 網路如下所示：

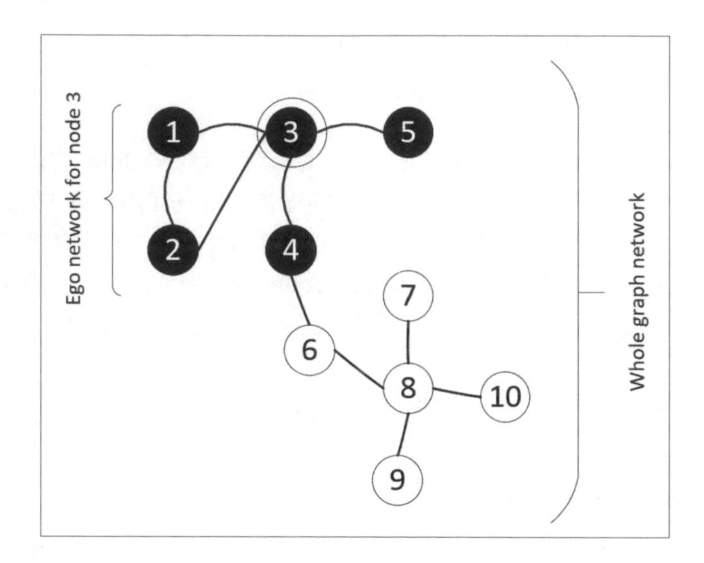

請留意，egonet 表示的是 1-degree 的鄰居。這個概念可以擴展到 n-degree 的鄰居，也就是要透過 n 步連結才能連到感興趣的點所組成之所有點。

社群網路分析

社群網路分析（social network analysis，SNA）是圖論裡一個很重要的應用。如果一個網路的圖分析中含有以下幾種特徵，即可視為社群網路分析：

- 圖中節點所表示的是人。
- 點之間的邊表示他們之間的社會關係，例如朋友、共同嗜好、親屬、性關係、厭惡對象等等。
- 我們透過圖的分析來回答業務問題，並帶有強烈的社會性觀點。

在進行 SNA 時要始終牢記，人們的行為會反映在 SNA 中。藉由在圖中對應人們的關係，SNA 讓我們得以洞悉人與人的互動，幫助我們瞭解他們的行為。

在每一個體周圍建立一個社群，然後根據該個體的社群關係分析其行為，可以產生一些有趣、有時是令人驚喜的發現。另外一種分析個體的方法是根據個人的工作職能進行分析，此種方式只能得到有限的見解。

因此，SNA 可以用在以下的情境：

- 瞭解在 Facebook、Twitter、LinkedIn 社群媒體平台上的使用者行為
- 瞭解詐欺行為
- 瞭解社會上的犯罪行為

> **Note**
> LinkedIn 貢獻了許多和 SNA 相關新技術的研究與開發。事實上，可以把 LinkedIn 想成是此領域演算法的先鋒。

社群網路分析固有的分散式和互連架構，使其成為圖論最具威力的使用案例之一。圖抽象化的另一種方法是將圖視為一個網路，並且應用專為網路設計的演算法。這整個過程稱之為網路分析理論（network analysis theory），我們接下來將詳細說明。

網路分析理論介紹

我們知道，互連的資料可以用網路來表示，在網路分析理論中，我們詳細研究並開發各種方法論，以探索分析網路中的資料。本節將說明網路分析理論中的一些重要面向。

首先，請留意網路中的頂點（vertex）是網路的基本單位，網路是這些頂點的互聯網，點與點間的連結代表著不同實體之間的關係。對於我們試圖解決的問題而言，量化網路裡一個點的有用性與重要性十分重要，有許多技術可以幫助我們量化其重要性。

先來看看網路分析理論中一些重要的概念。

瞭解最短路徑

所謂的路徑，指的是從起始節點到結束節點之間需要經過的一系列節點，而這些節點不能重複出現在這條路徑上。路徑（path）用來表示從選擇的起始點和結束點之間的路由，它會是點的集合，p，從起始點一直連到結束點。在集合 p 中，任何一點都不重複。

路徑的長度是透過組成的邊來計算。在所有可能性中，最小長度之路徑即為**最短路徑（shortest path）**。最短路徑的計算廣泛使用在圖論演算法上，但不一定直接算得出來。有不同的演算法可以找出起始節點和結束節點之間的最短路徑，其中最普遍使用的是 **Dijkstra's algorithm**。此法在 1950 年代晚期提出，用於計算圖的最短路徑，它也可以應用於全球定位系統（**global positioning system, GPS**）裝置，去計算來源地和目的地之間的最小距離；此外，它還運用在網路路由演算法中。

> **Note**
> Google 與 Apple 旗下的 Google Maps 和 Apple Maps 地圖程式，長年來一直互相爭奪最短路徑演算法的設計寶座，他們所面臨的挑戰是，要讓演算法在數秒鐘之內完成最短路徑計算。

在本章的後面，我們將討論**廣度優先搜尋（breadth-first search, BFS）**演算法，此演算法可以修改轉換成 Dijkstra 演算法。BFS 假設給定的圖中每一條路徑的遍歷成本是一樣的，然而對於 Dijkstra 演算法來說，遍歷成本可以不一樣，要應用這些資料才能把 BFS 轉換成 Dijkstra 演算法。

如前所述，Dijkstra 演算法是計算單一出發地最短路徑的演算法，如果想要解決所有最短路徑，那就需要使用 **Floyd-Warshall** 演算法。

鄰居節點的建立

建立感興趣節點周圍之相鄰節點，是圖演算法的關鍵策略，理論上是選取感興趣節點的直接連結點。其中一個建立鄰居的方法是選擇「k- 階」（k-order）策略，意思是選取在感興趣節點經由 k 步（*k*-hop）抵達的所有節點。

接下來讓我們來看看建立鄰居節點的各種規範。

三角形（Triangles）

在圖論中，找出彼此緊密相連的頂點，是分析的一個重要步驟。方法之一是識別出三角形，也就是網路中由 3 個直接相連的節點所組成的子圖。

讓我們來看一下詐欺偵測的使用案例，也就是在本章後面的案例研究。如果 1 個節點 *m* 的 egonet 由 3 個頂點所組成，則此 egonet 是一個三角形，頂點 *m* 將會是 ego，而另外兩個頂點 A 和 B 則是 alter。如果這兩個 alter 已知是詐欺案例，則我們可以毫無疑問地宣告頂點 *m* 也會是詐欺。如果只有其中一個 alter 涉及詐欺，我們就沒有確切的證據進行結論，需要對詐欺的證據做進一步的調查。

密度（Density）

讓我們先定義什麼是全連接網路。當一個圖中的每一個頂點都直接連結，此圖即稱為**全連接網路（fully connected network）**。

如果我們有一個全連接網路，*N*，此網路中邊的數目可以利用下列公式計算：

$$Edges_{total} = \binom{N}{2} = \frac{N(N-1)}{2}$$

現在，就是密度發揮作用的時候了。密度即為觀測的邊數除以邊的最大可能數，如果 $\mathbf{Edges_{Observed}}$ 是我們想要觀察的邊數，我們可以把密度 density 定義如下：

$$density = \frac{Edges_{observed}}{Edges_{total}}$$

請留意，一個三角形的網路密度是 1，這表示連接網路的最高可能值。

瞭解中心性質量測（Centrality measures）

有許多不同的測量方法可以幫助我們瞭解圖或子圖中一個特定頂點的中心性質。例如，它們可以計算某人在一個社群網路中的重要性，或是在城市中某一棟建築物的重要性。

以下用於量測中心性質的方法，也廣泛應用在圖分析中：

- degree
- betweenness
- closeness
- eigenvector

接下來逐一加以討論。

Degree

連接到某一個特定頂點的邊數，我們稱之為 **degree**，可以用來代表此頂點有多少連線，以及它在網路中傳播訊息速度的能力。

讓我們考慮 `aGraph` = $(\mathcal{V}, \mathcal{E})$，其中 $\mathcal{V}$ 代表的是頂點的集合，而 $\mathcal{E}$ 則表示所有邊的集合。因為 `aGraph` 有 $|\mathcal{V}|$ 個頂點以及 $|\mathcal{E}|$ 個邊，如果我們把節點的 degree 除以 ($|\mathcal{V}|$ -1)，則此稱為 **degree centrality**：

$$C_{DC_a} = \frac{deg(a)}{|\mathscr{V}| - 1}$$

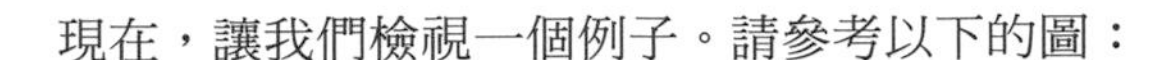
現在，讓我們檢視一個例子。請參考以下的圖：

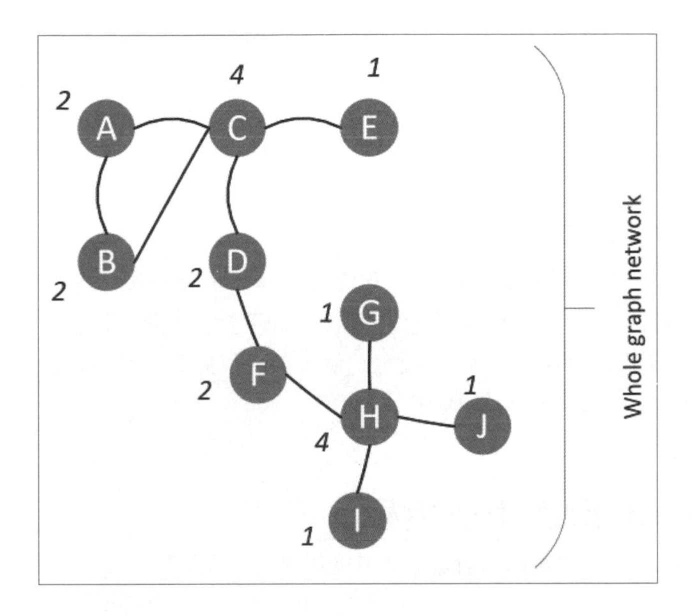

前面的例子中，由於頂點 **C** 的 degree 是 **4**，因此它的 degree centrality 可以計算如下：

$$C_{DC_c} = \frac{deg(c)}{|\mathscr{V}| - 1} = \frac{4}{10 - 1} = 0.44$$

Betweenness

Betweenness 是用於量測一個圖的 centrality。在社群媒體的環境中，它可以量化某一個人是某個通訊子群組成員的機率。對於電腦網路中兩個通訊的節點來說，當頂點發生錯誤時，betweenness 能量化其所造成之負面影響。

要計算一個 `aGraph` = $(\mathcal{V}, \mathcal{E})$ 中頂點 a 的 betweenness，請遵循以下步驟：

1. 計算在 `aGraph` 中的每一個頂點對之間的最短路徑，以 $n_{shortest_{Total}}$ 表示。
2. 許算通過頂點 a 的最短路徑 $n_{shortest_{Total}}$ 有多少，表示為 $n_{shortest_a}$ 。
3. 利用此式計算 betweenness：

$$C_{betweenness_a} = \frac{n_{shortest_a}}{n_{shortest_{Total}}}$$

Fairness and closeness

假設有一個圖，*g*。圖 *g* 中頂點 *a* 之 fairness，指的是從其他頂點到頂點 *a* 距離之總和。請注意，任一特定頂點的 centerality 則是量化該頂點與所有其他頂點的總距離。

和 fairness 相反的則是 closeness。

Eigenvector centrality

Eigenvector centrality 衡量圖中每一個頂點在網路中的重要性，並為它們提供分數，此分數用來指示某一個特定節點與其他重要節點的連接性。當 Google 建立 **PageRank 演算法**時，它為網路上的每一個網頁設定一個分數（以此表示其重要性），而這個想法即是從 eigenvector centrality 量測中所得來的。

使用 Python 計算中心指標

讓我們建立一個網路，然後試著計算它的中心指標。示範的程式碼區塊如下：

```
import networkx as nx
import matplotlib.pyplot as plt
vertices = range(1,10)
edges = [(7,2), (2,3), (7,4), (4,5), (7,3), (7,5), (1,6),(1,7),(2,8),(2,9)]
G = nx.Graph()
G.add_nodes_from(vertices)
G.add_edges_from(edges)
nx.draw(G, with_labels=True,node_color='y',node_size=800)
```

此段程式碼所產生的圖如下所示：

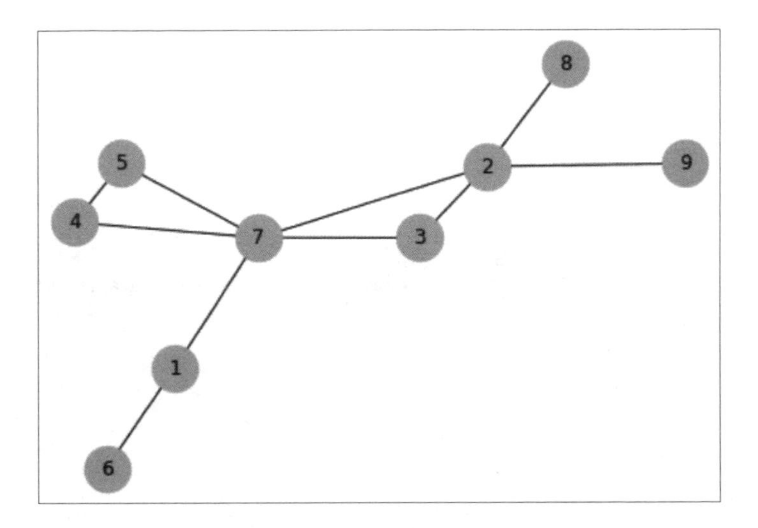

到目前為止，我們研究了中心性質的不同測量方式，現在我們用它們來計算上面的例子：

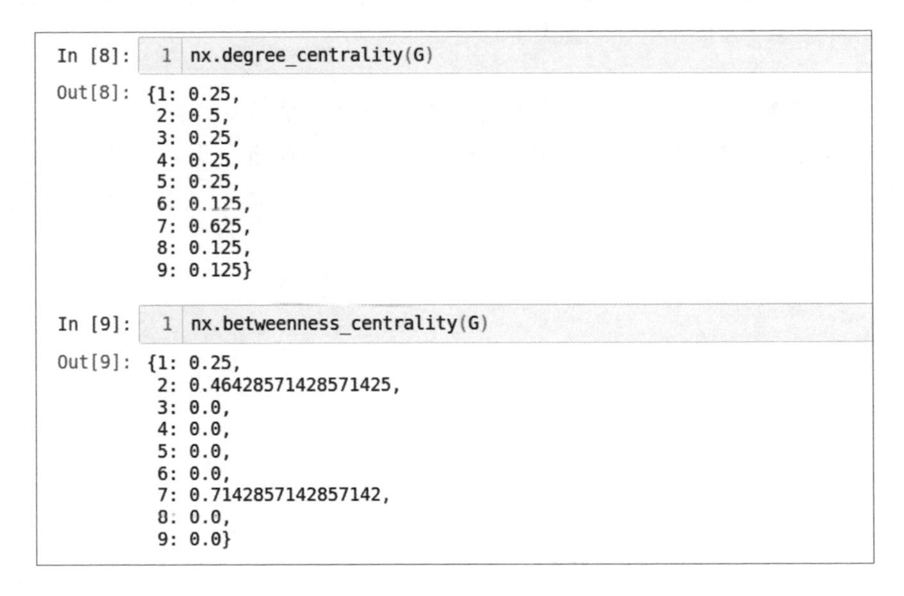

```
In [8]:  1  nx.degree_centrality(G)

Out[8]: {1: 0.25,
         2: 0.5,
         3: 0.25,
         4: 0.25,
         5: 0.25,
         6: 0.125,
         7: 0.625,
         8: 0.125,
         9: 0.125}

In [9]:  1  nx.betweenness_centrality(G)

Out[9]: {1: 0.25,
         2: 0.46428571428571425,
         3: 0.0,
         4: 0.0,
         5: 0.0,
         6: 0.0,
         7: 0.7142857142857142,
         8: 0.0,
         9: 0.0}
```

```
In [10]:  1  nx.closeness_centrality(G)

Out[10]: {1: 0.5,
          2: 0.6153846153846154,
          3: 0.5333333333333333,
          4: 0.47058823529411764,
          5: 0.47058823529411764,
          6: 0.34782608695652173,
          7: 0.7272727272727273,
          8: 0.4,
          9: 0.4}

In [11]:  1  centrality = nx.eigenvector_centrality(G)
          2  sorted((v, '{:0.2f}'.format(c)) for v, c in centrality.items())

Out[11]: [(1, '0.24'),
          (2, '0.45'),
          (3, '0.36'),
          (4, '0.32'),
          (5, '0.32'),
          (6, '0.08'),
          (7, '0.59'),
          (8, '0.16'),
          (9, '0.16')]
```

請留意，這些中心性質指標，應能給予圖或子圖中某個特定頂點的中心性數值。檢視此圖，標示為 7 的頂點似乎是居於最中心的位置，頂點 7 在四個中心性指標量測結果都擁有最高的數值，反映出它在此範圍中的重要性。

現在，讓我們深入探查如何從圖中擷取出資訊。圖是複雜的資料結構，有許多資訊儲存在頂點和邊之中。讓我們來看看在圖中有哪些有效巡查的策略，可以從中找出有效資訊用於回答問題。

瞭解圖的遍歷

要運用圖，就需要從中挖掘出有用資訊。圖遍歷（graph traversal）的定義為：有順序地訪問圖中每個頂點和邊的策略，並且所有的頂點和邊都只能訪問一次，不能重複。大致上來說，利用遍歷圖來搜尋資料有兩種方法：以廣度優先的方式進行稱為 **breadth-first search (BFS)**，以深度優先的方式進行稱為 **depth-first search (DFS)**，分別說明如下。

廣度優先搜尋（Breadth-first search）

當 aGraph 具備同層或同級的鄰居概念，使用 BFS 會有最好的效果。例如，把 LinkedIn 某人的連結關係表示為一張圖時，有所謂的第 1 級別的連結和第 2 級別的連結，我們直接轉譯為層（layer）。

BFS 演算法從一個根頂點開始，然後探索它的鄰居頂點。接著，移到它的鄰居階層再重複一次同樣的操作。

讓我們檢視一個 BFS 演算法。為了方便展示，先看下面這個無向圖：

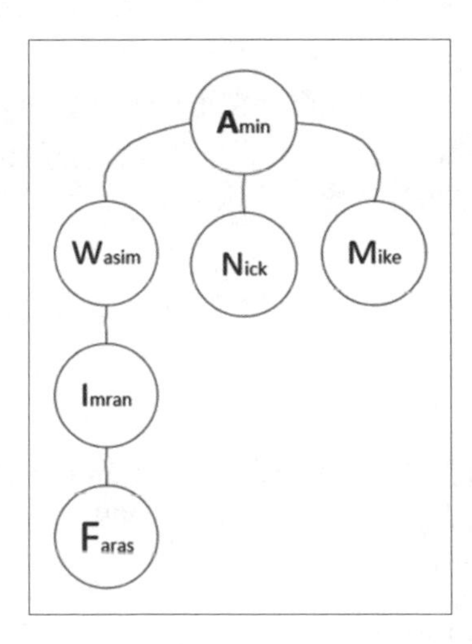

先計算每一個頂點的鄰居頂點，把它們儲存在一個 list 中，此 list 命名為 **adjacency list**。在 Python 中，我們可以使用字典資料結構儲存：

```
graph={ 'Amin'   : {'Wasim', 'Nick', 'Mike'},
        'Wasim' : {'Imran', 'Amin'},
        'Imran' : {'Wasim','Faras'},
        'Faras' : {'Imran'},
        'Mike'  : {'Amin'},
        'Nick'  : {'Amin'}}
```

為了在 Python 中實作，我們依下列步驟進行。

先說明初始化作業，然後是主迴圈的部分。

初始化

我們使用兩個資料結構：

- visited：它包含所有已經訪問過的頂點；一開始它的內容是空的。
- queue：它包含我們打算在下一個迭代中訪問的所有頂點。

主迴圈

接著將實作主迴圈的部分。這個迴圈會一直重複，直到 queue 中沒有任何元素為止。如果每一個 queue 中的節點都已經訪問過了，就接著訪問它的鄰居。
我們可以利用以下步驟在 Python 中實作主迴圈：

1. 首先，從 queue 中 pop 出第一個節點，然後把它作為此次迭代的目前節點。

```
node = queue.pop(0)
```

2. 接著，檢查此節點是否存在於 visited list 中，如果沒有的話，就把它加到 visited list，並使用 neighbours 作為它直接相連結的節點：

```
visited.append(node)
neighbours = graph[node]
```

3. 現在，我們把節點的 neighbours 都加到 queue 中：

```
for neighbour in neighbours:
    queue.append(neighbour)
```

4. 當主迴圈完成之後，把 `visited` 這個資料結構回傳，它裡面放的就是所有已經訪問過的節點。
5. 完成的程式碼，包括初始化和主迴圈的部分，如下所示；

```
def bfs(graph, start):
    visited = []
    queue = [start]

    while queue:
        node = queue.pop(0)
        if node not in visited:
            visited.append(node)
            neighbours = graph[node]
            for neighbour in neighbours:
                queue.append(neighbour)
    return visited
```

讓我們來看看使用 BFS 定義的圖之完整搜尋模式。訪問所有節點的搜尋模式，如下方圖表所示；在執行時，我們可以觀察到這個模式不斷維持以下兩種資料結構：

- **Visited**：包含所有已經訪問過的節點。
- **Queue**:：包含所有還沒訪問過的節點。

以下是此演算法的作業流程：

1. 從第一個節點開始，這也是第 1 層唯一的節點，**Amin**。
2. 接著，演算法移到第 2 層，逐一訪問了所有 3 個節點：**Wasim**、**Nick** 及 **Mike**。
3. 之後，演算法繼續移到第 3 層和第 4 層，分別各只有 1 個節點：**Imran** 以及 **Faras**。

一旦所有的節點都被訪問過之後，這些節點都會放到 **visited** 資料結構中，然後終止執行迭代：

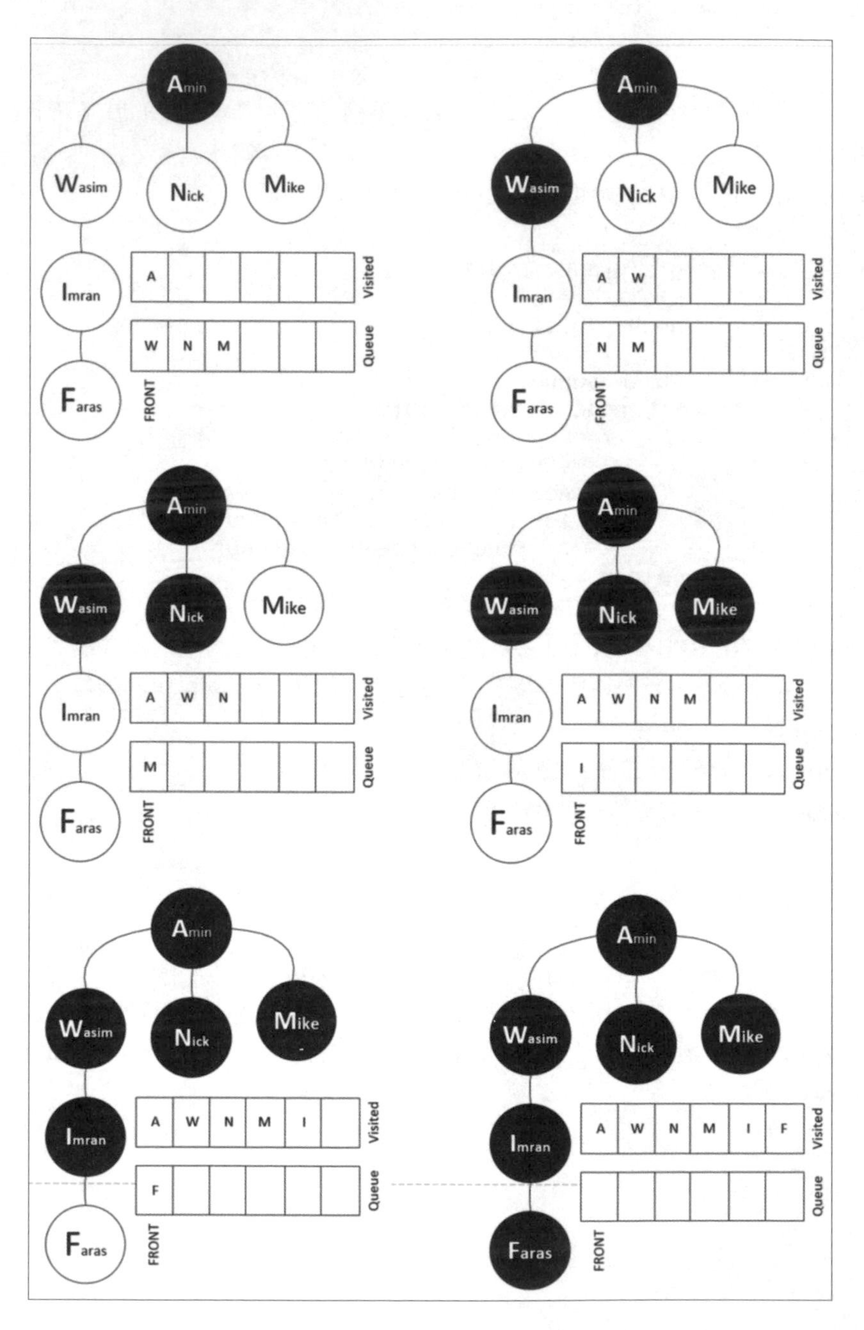

現在可以執行 BFS，試著從圖中找到一個特定人員。從我們指定的資料中進行搜尋，可以觀察到以下的結果：

```
In [97]: bfs(graph,'Amin')
Out[97]: ['Amin', 'Wasim', 'Nick', 'Mike', 'Imran', 'Faras']
```

現在，讓我們來看看深度優先搜尋演算法。

深度優先搜尋（Depth-first search）

在圖資料搜尋中，DFS 是有別於 BFS 的另一種選擇。和 BFS 不同的地方在於，從根頂點出發之後，DFS 演算法會深入搜尋每一條路徑直到最底層，一旦成功到達路徑的最底層，此路徑的所有節點均會標示為已訪問；搜尋完一條路徑後，演算法會回到出發點，此時如果發現另外一條與根節點連接的路徑還沒訪問過，便會移到此路徑重複相同的作業程序。演算法會一直移到新的分支，直到連接根節點的所有分支均已訪問過為止。

需要注意的地方是，圖有可能會有循環的情形。如前所述，我們使用一個 Boolean 旗標追踪已經處理過的頂點，以避免重複執行。

為了實作 DFS，我們將利用堆疊資料結構，**「第 2 章 _ 演算法裡的資料結構」**曾經詳細介紹。請記得，堆疊的基礎是**後進先出（LIFO）**，和使用於 BFS 的 queue 不同，queue 使用的是**先進先出（FIFO）**原則。

以下是使用在 DFS 中的程式碼：

```
def dfs(graph, start, visited=None):
    if visited is None:
        visited = set()
    visited.add(start)
    print(start)
    for next in graph[start] - visited:
        dfs(graph, next, visited)
    return visited
```

讓我們再次使用前面定義過的程式碼來測試 `dfs` 函式：

```
graph={ 'Amin' : {'Wasim', 'Nick', 'Mike'},
        'Wasim' : {'Imran', 'Amin'},
        'Imran' : {'Wasim','Faras'},
        'Faras' : {'Imran'},
        'Mike'  :{'Amin'},
        'Nick'  :{'Amin'}}
```

如果我們執行了此演算法，它的輸出看起來會像這樣：

```
Out[94]: {'Amin', 'Faras', 'Imran', 'Mike', 'Nick', 'Wasim'}
```

來看一下使用 DFS 方法在圖的遍歷搜尋模式：

1. 迭代從最上層的節點 **Amin** 開始。
2. 接著，移到第 2 層 **Wasim**。從這個地方開始，演算法持續往下一層前進，直到抵達最後一層為止，也就是 **Imran** 和 **Fares** 這兩個節點。
3. 在搜尋完第一條路徑之後，演算法回到根節點的位置，然後移往第 2 層去訪問 **Nick** 和 **Mike**。

DFS 遍歷的模式如下圖所示：

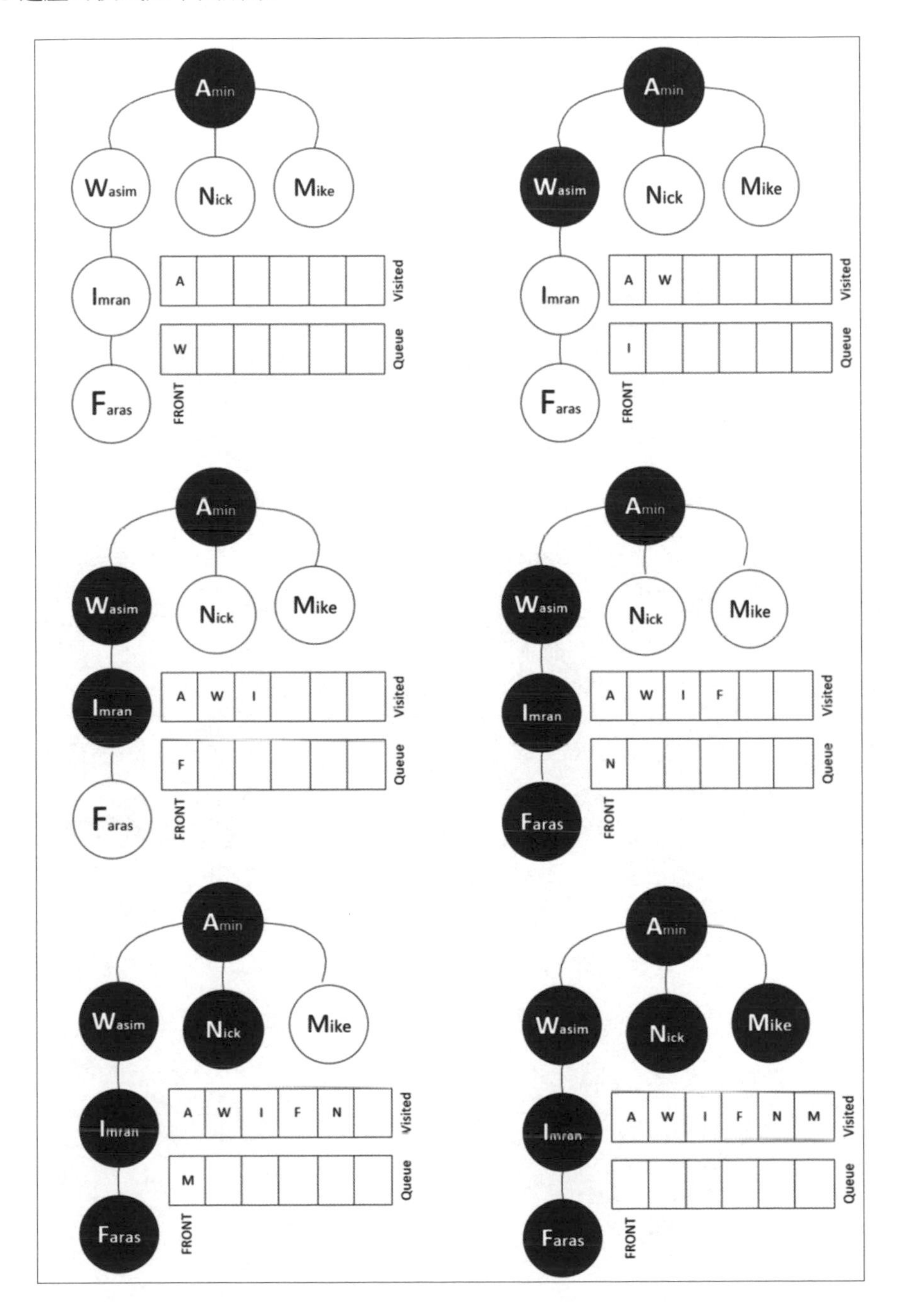

Note

請留意，DFS 也可以用於樹結構．

現在讓我們來看一個案例研究，它說明了本章到目前為止討論過的概念，以及如何將這些概念應用在實務問題上。

案例研究：詐欺分析

讓我們來看看如何使用 SNA 偵測詐欺行為。人類是群居性動物，因此人類行為容易受周圍的人影響。**同質性（homophily）**一詞的創造，代表著社交網路對一個人的影響力。延伸這個概念，**同質性網路（homophilic network）**是因為共同因素而彼此相關聯的一群人；例如：出身同鄉、有共同嗜好、隸屬同社團或同一所大學，或是其他因素的結合。

如果想要分析一個同質性網路中的詐欺行為，我們可以利用在該網路中被調查者與其他人之間的關係，這些人涉及詐欺的風險已經仔細計算過。基於雙方關係而標記某人，有時候也稱為 **guilt by association（因關聯而有罪）**。

要瞭解這個過程，先來看一個簡單的例子。為此，我們使用一個有 9 個頂點和 8 個邊的網路來說明。在這個網路中，4 個頂點已知是詐欺的案例，標記為 **fraud(F)**；剩下的 5 個人沒有詐欺相關歷史，因此將他們分類為 **non-fraud(NF)**。

我們依據下列步驟編寫程式碼以產生這張圖：

1. 首先，匯入需要的套件：

```
import networkx as nx
import matplotlib.pyplot as plt
```

2. 定義 `vertices` 和 `edges` 的資料結構：

```
vertices = range(1,10)
edges= [(7,2), (2,3), (7,4), (4,5), (7,3), (7,5),
(1,6),(1,7),(2,8),(2,9)]
```

3. 初始化這張圖：

```
G = nx.Graph()
```

4. 現在，把圖畫出來：

```
G.add_nodes_from(vertices)
G.add_edges_from(edges)
pos=nx.spring_layout(G)
```

5. 定義 NF 的節點：

```
nx.draw_networkx_nodes( G,pos,
                        nodelist=[1,4,3,8,9],
                        with_labels=True,
                        node_color='g',
                        node_size=1300)
```

6. 建立已知涉及詐欺的節點：

```
nx.draw_networkx_nodes(G,pos,
                        nodelist=[2,5,6,7],
                        with_labels=True,
                        node_color='r',
                        node_size=1300)
```

7. 建立這些節點的標籤：

```
nx.draw_networkx_edges(G,pos,edges,width=3,alpha=0.5,edge_color='b'
) labels={} labels[1]=r'1 NF' labels[2]=r'2 F' labels[3]=r'3 NF'
labels[4]=r'4 NF' labels[5]=r'5 F' labels[6]=r'6 F' labels[7]=r'7
F' labels[8]=r'8 NF' labels[9]=r'9 NF'
nx.draw_networkx_labels(G,pos,labels,font_size=16)
```

上述的程式碼執行之後，就會看到下方的圖：

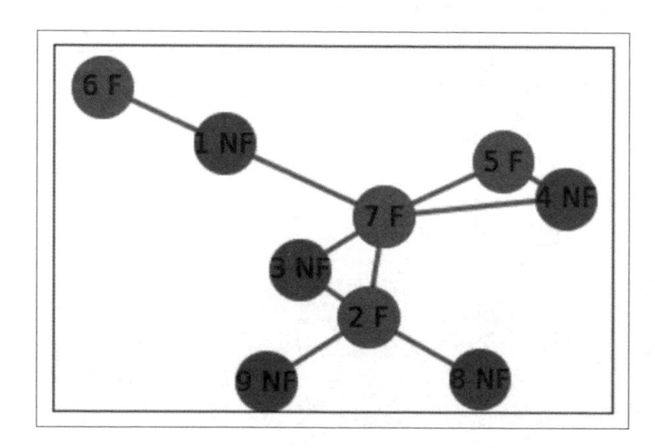

請注意，經過詳細的分析，我們已將每一個節點分為圖或非圖。假設我們要加一個叫做 q 的頂點到網路中，如下圖所示，但沒有關於此人的背景資訊，也不知道此人是否涉及詐欺；我們想根據此人所連結的社群網路成員來界定他是 **NF** 或 **F**：

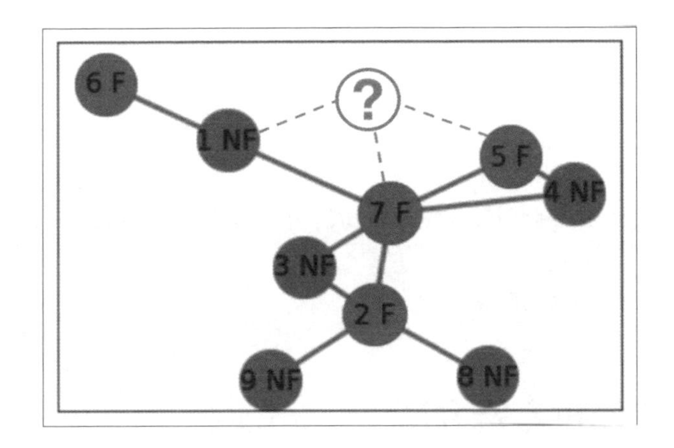

我們設計了兩種方法，把標示為節點 q 的新人分為 **F** 或是 **NF**：

- 使用簡易法：不透過 centrality metric 和與詐欺型態相關的額外資訊。
- 使用瞭望塔方法：一種先進技術，使用計算現存節點的 centrality metric，同時運用詐欺型態的額外資訊。

接下來將詳細討論這兩種方法。

進行簡易的詐欺分析

簡易的詐欺分析技術是根據一個假設：在網路中，一個人的行為會受到他所連結的人影響，也就是說，兩個頂點如果彼此連接，有類似行為的可能性將會更高。

基於這樣的假設，我們設計了一個簡單的技巧。如果想要找到節點 a 屬於 F 的機率，把此機率表示為 $P(F/q)$，計算方式如下：

$$P(F|q) = \frac{1}{degree_q} \sum_{n_j \in Neighborhood_n | class(n_j)=F} w(n, n_j) DOS_{normalized_j}$$

把這個公式套用到前面的圖表，其中 $Neighborhood_n$ 表示頂點 n 的鄰居，而 $w(n, nj)$ 代表在 n 和 nj 之間的連結權重並以 $degree_q$ 表示節點 q 的 degree。機率即可計算如下：

$$P(F|q) = \frac{1+1}{3} = \frac{2}{3} = .67$$

根據這樣的分析，此人涉及詐欺的可能性為 67%。我們需要設定一個臨界值，如果此臨界值為 30%，那麼，因為此人的機率值超過臨界值，毫無疑問可以將他標示為 F。

請注意，每當網路中有一個新節點加入時，需要重複執行此處理程序。

現在，讓我們來看進階版的詐欺分析方法。

瞭望塔詐欺分析方法介紹

在前面的小節中，簡易詐欺分析技巧有以下兩種限制：

- 它並沒有評估社群網路中每一個頂點的重要性。連接到涉及詐欺的中心和連接到遠端的個體，可能代表不同程度的關係。
- 在現存網路中將某人標記為已知詐欺案例時，我們並未考慮犯罪的嚴重性。

瞭望塔詐欺分析方法可以解決上述的兩種限制。首先，讓我們來看看幾個概念。

負面結果評分

如果一個人已知涉及詐欺，我們就說這個人和一個負面結果有關。並不是每一個負面結果都是同等嚴重；冒用他人身分，和企圖使用一張過期的 $20 元禮品卡，前者的負面結果評分嚴重多了。此創新方法即能有效區分出輕重程度。

分數介於 1 到 10，我們把一些負面結果先進行評分如下：

負面結果	負面結果分數
冒用身分	10
涉及信用卡竊盜	8
假支票詐騙	7

負面結果	負面結果分數
犯罪前科	6
沒有記錄	0

請注意，這些分數的產生是依據我們的詐欺案例分析及歷史資料的影響。

懷疑程度

懷疑程度（degree of suspicion, DOS）用於量化我們對某人是否涉及詐欺的懷疑程度。如果 DOS 值是 0，表示這個人是低風險的；DOS 值是 9 的人，就表示他是高風險對象。

歷史資料的分析顯示，職業詐欺犯在他的社交網路中佔有重要地位。要納入此點，首先要計算在我們網路中所有頂點的 4 個 centrality metric，然後，我們採取這些頂點的平均值，用它來解釋網路中特定人士的重要性。

如果與頂點相關的人涉及詐欺，我們使用前面表格中預先定義的數值來計算此人的負面結果分數並進行說明，這樣做是為了使犯罪的嚴重程度反映在每個 DOS 的數值中。

最後，我們把 centrality metric 和負面結果分數相乘以得到 DOS 的值。把網路中的 DOS 最大值除以所有的 DOS 以進行正規化。

讓我們來計算前面網路中 9 個節點之 DOS：

	Node 1	Node 2	Node 3	Node 4	Node 5	Node 6	Node 7	Node 8	Node 9
Degree of centrality	0.25	0.5	0.25	0.25	0.25	0.13	0.63	0.13	0.13
Betweenness	0.25	0.47	0	0	0	0	0.71	0	0
Closeness	0.5	0.61	0.53	0.47	0.47	0.34	0.72	0.4	0.4
Eigenvector	0.24	0.45	0.36	0.32	0.32	0.08	0.59	0.16	0.16
centrality Metrics 的平均值	0.31	0.51	0.29	0.26	0.26	0.14	0.66	0.17	0.17
負面結果分數 Negative outcome score	0	6	0	0	7	8	10	0	0
DOS	0	3	0	0	1.82	1.1	6.625	0	0
正規化的 DOS	0	0.47	0	0	0.27	0.17	1	0	0

每一個節點和它們正規化後的 DOS，呈現如下：

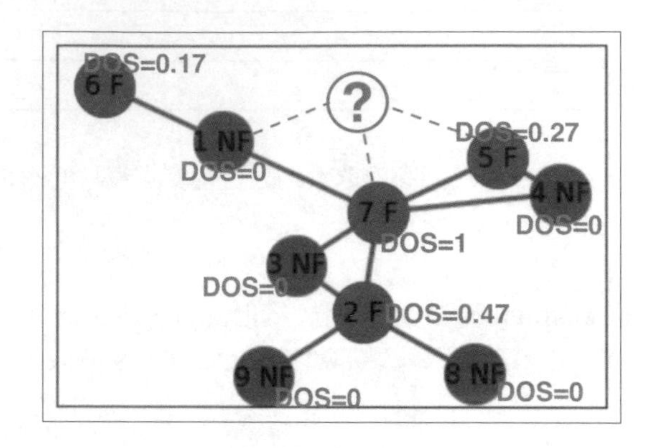

為了計算新加入節點之 DOS，我們將使用以下的公式：

$$DOS_k = \frac{1}{degree_k} \sum_{n_j \in Neighborhood_n} w(n, n_j) DOS_{normalized_j}$$

使用相關值計算出的 DOS 值如下：

$$DOS_k = \frac{(0 + 1 + 0.27)}{3} = 0.42$$

如此即可指出系統中增加的新節點之相關詐欺風險。在 0 到 1 的數值間，此人的 DOS 值是 0.42。我們可以為 DOS 建立不同的風險分類，如下所示：

DOS 的值	風險分類
DOS = 0	無風險
0<DOS<=0.10	低風險
0.10<DOS<=0.3	中風險
DOS>0.3	高風險

基於這些條件，可以看出新加入的人屬於高風險，需要加上標記。

通常，進行此類分析時不涉及時間維度，但是有些進階的技術會去觀察隨著時間而成長的圖，這使得研究人員能夠觀察網路發展過程中頂點之間的關係。雖然這種對圖的時間序列分析會使問題的複雜性增加很多倍，但它可以讓我們更深入了解詐欺證據，這是其他方式無法提供的。

本章摘要

在本章中，我們學習了以圖為基礎的演算法。閱讀本章之後，我希望讀者應該能夠使用不同的技巧展示、搜尋、處理以圖表示的資料。我們也研究了計算兩個頂點間最短距離的技巧，並且在問題空間中建立鄰居，此知識可以幫助我們使用圖論去解決詐欺偵測這一類的問題。

下一章的重點，會放在多種非監督式機器學習演算法上。本章所討論的許多使用案例技巧強化了非監督學習演算法的能力，下一章將會更詳細討論這些技巧；在資料集中找出詐欺證據，就是這些使用案例中的一個例子。

Section 2

機器學習演算法

本書的第 2 篇將會詳細說明各種不同的機器學習演算法，像是非監督式機器學習以及傳統的監督式學習演算法，也會介紹用於自然語言處理的演算法，最後以推薦引擎作為本篇結尾。這些章節包括如下：

6

非監督式機器學習演算法

本章介紹非監督式機器學習演算法。我們從非監督式學習技巧的簡介開始，接著學習兩種分群演算法：k-means 分群以及階層式（hierarchical）分群演算法；在分群之後檢視適合處理大量輸入變數的降維（dimensionality reduction）演算法，然後示範如何將非監督式學習應用在異常檢測上。最後，我們會探討其中一種最重要的非監督式學習技術——關聯規則探勘（association rule mining），也會說明從關聯規則探勘中得到的模式（pattern）如何表示每筆交易不同資料元素之間有趣的關係，這個結果可以協助我們進行相關的資料驅動決策。

在本章末尾，讀者應該可以瞭解非監督式學習如何解決實務問題，也能理解目前使用在非監督式學習上的基本演算法及方法論。

本章將涵蓋以下的主題：

- 非監督式學習（unsupervised learning）
- 分群演算法（ clustering algorithm）
- 降維（dimensionality reduction）
- 異常偵測演算法（anomaly detection algorithm）
- 關聯規則探勘（association rules mining）

認識非監督式學習

非監督式學習的最簡單定義是發掘非結構性資料的內在關聯模式，利用這些關聯模式，將非結構性資料轉換成結構性資料的處理過程。如果資料不是隨機產生，那麼在多維度問題空間中，這些資料元素勢必存在著某些共通模式，非監督式學習演算法的作用是發掘這些模式，並使用它們來為資料集找出潛在結構。其概念如下圖所示：

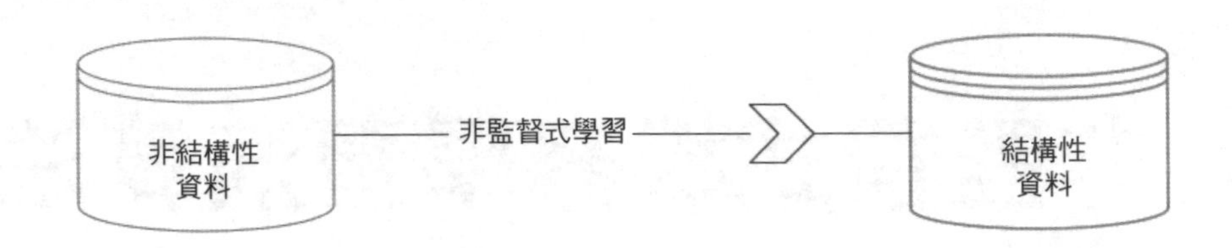

請注意，非監督式學習是從現存的模式中發現新特徵為資料加入結構。

資料探勘生命週期中的非監督式學習

要瞭解非監督式學習的角色，必須先探討資料探勘過程的整體生命週期。資料探勘過程的生命週期可以透過不同的方法論分成幾個獨立階段，這些階段稱為 phase。現今有兩種廣泛使用的方法用來表示資料探勘生命週期：

- **CRISP-DM（cross-industry standard process for data mining，跨行業資料探勘標準流程）**生命週期
- **SEMMA（sample, explore, modify, model, access，取樣、探索、修改、建模、存取）**資料探勘程序

CRISP-DM 是一個由許多公司所組成的資料探勘聯盟所開發的，這些公司包括克萊斯勒及 **SPSS（Statistical Package for Social Science）**；SEMMA 則是由 **SAS（Statistical Analysis System）**所提出的。先來看看 CRISP-DM，試著去瞭解非監督式學習在這個生命週期中的位置。請注意，SEMMA 在它的生命週期中也有相似的 phase。

如果我們檢視 CRISP-DM 的生命週期，可以看出它是由六個不同 phase 所組成，如下圖所示：

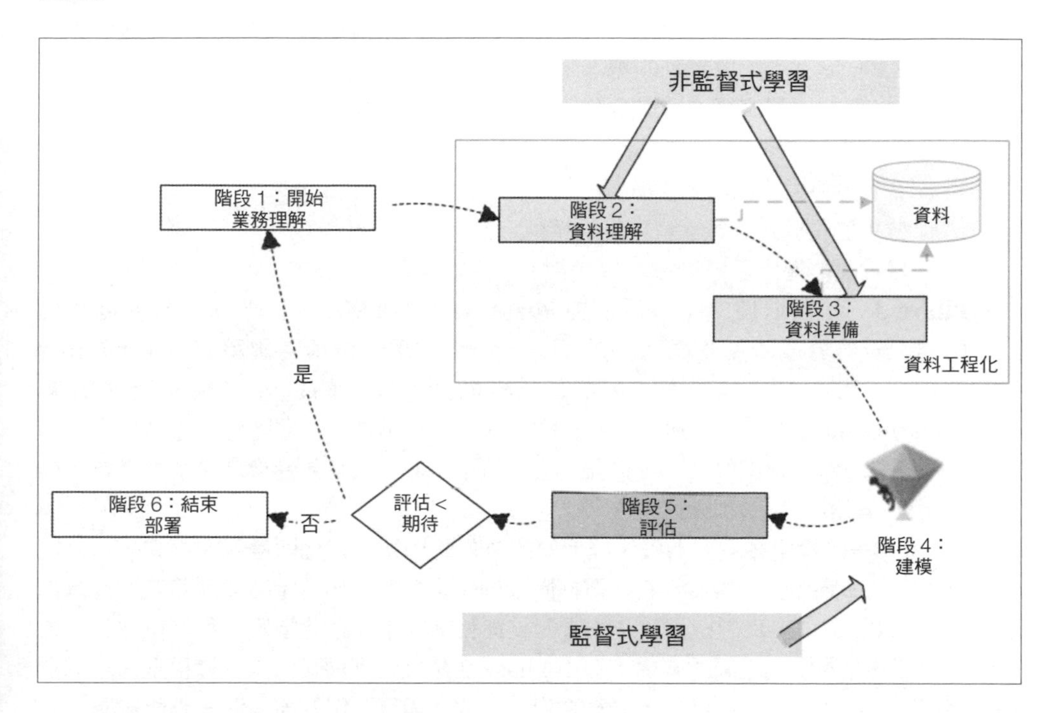

讓我們逐一來說明每一個 phase：

- **Phase 1—業務理解**：從業務的觀點，為了完全理解問題而進行的需求收集。定義問題的範圍並依據**機器學習（Machine Learning, ML）**所需進行重新描述，是本階段重要的作業程序。例如，對於一個二元分類問題，有時候可以使用一個核准（approve）或拒絕（reject）的假設來表達需求。本階段也需要記錄對於機器學習模型的期望，這些期望會使用在 Phase 4 的訓練中，例如，對於一個分類問題而言，我們需要記錄模型實際部署時可接受的最低正確率。

> **Note**
>
> 有一點需要注意的是，CRISP-DM 生命週期的 Phase 1 是關於業務的理解，重點在於什麼是必須完成的，而不是該如何完成。

- **Phase 2—資料理解**：此階段是瞭解資料探勘中的可用資料，因此，我們將找出待解問題可用的資料集。在辨識出這些資料集之後，需要瞭解資料的品質以及它們的結構，找出資料中可以挖掘出來的模式，引導我們做出重要的描述分析。我們也將根據在 Phase 1 中所收集到的需求，嘗試去找出可以作為標籤（或目標變數）的特徵。非監督式學習演算法可以扮演達成此階段目標的強力角色，它可以使用在以下的目的：
  - 在資料集中找出關聯模式
  - 分析這些模式以瞭解資料集的結構
  - 找出或推導出目標變數
- **Phase 3—資料準備**：此階段是為 Phase 4 的訓練 ML 模型準備資料。可用的已標記資料分成兩個不同大小的部分，較大的那一份稱為**訓練資料（training data）**，用在接下來的 Phase 4 中訓練模型；較小的那一份稱為**測試資料（testing data）**，用在 Phase 5 的模型評估。在本階段，非監督式機器學習演算法可以當作資料準備的工具，例如，它們可以將非結構資料轉換為結構性資料，提供額外的維度來協助訓練模型。
- **Phase 4—建模**：在這個階段，我們使用監督式學習公式化所發現的模式，希望能夠在此備妥演算法所需的資料。這個階段同時也會識別出特定特徵並將它們作為標籤。在 Phase 3，我們把資料分割成測試集和訓練集；在此階段，我們以數學公式表示感興趣的模式之間的關係，藉由 Phase 3 建立的訓練資料去訓練模型來達成這個目標。如同前面所提到的，最後產出之公式會因為選用的演算法而有所差異。
- **Phase 5—評估**：此階段是利用 Phase 3 所產生的測試資料來測試新訓練好的模型。如果評估的結果符合在 Phase 1 中所設定的期待，則我們需要回到 Phase 1 再重複一遍前面的所有階段，如前面的圖中所示。
- **Phase 6—部署**：如果評估符合或超出我們在 Phase 5 中所描述的期待，訓練好的模型即可部署上線，並開始產出我們在 Phase 1 所定義問題的解決方案。

> **Note**
> CRISP-DM 生命週期的 Phase 2（資料理解）和 Phase 3（資料準備）是為了訓練模型所做的資料理解和準備，這些階段包含了資料處理程序，有些組織會雇用專家負責這個資料工程階段。

顯然地，為問題建議一個解決方案，是一個完全由資料驅動的過程，我們可以應用監督和非監督式機器學習的組合，公式化可行的解決方案。本章會著墨在解決方案的非監督式學習部分。

> **Note**
> 資料工程包括 Phase 2 和 Phase 3，它們是機器學習最耗費時間的部分，在一個傳統的 ML 專案中，甚至可能會佔用到大約 70% 的時間和資源。非監督式學習演算法在資料工程中扮演著重要的角色。

以下的小節將進一步說明非監督式演算法的相關細節。

非監督式學習目前的研究趨勢

多年來，機器學習演算法的研究大多聚焦在監督式學習技術，由於這項技術可以直接用於推論，因此時間、成本及準確性的好處相對容易測量。非監督式機器學習演算法的能力直到最近才受到認可，由於非監督式學習不需要指引，因此較少依賴於假設，並且可以將各維度空間的資料匯整分析並找出可能的解決方法，即使較難控制其範圍和處理要求，但它卻有更大的潛力去發掘隱藏的模式。研究人員甚至還致力於將非監督機器學習技術與監督式學習技術相結合，以設計嶄新的強大演算法。

實際的例子

目前，非監督式學習用來深入瞭解資料並找出更多的資料結構，例如用於市場區隔、詐欺偵測、超市購物籃分析（將在本章後面加以討論）。讓我們來看一些例子。

語音分類

非監督式學習可以用於分類語音檔案中不同人的聲音，基於每一個人的聲音都有其獨特性，利用此特性找出潛在的可分辨語音模式。這些模式可以作為語音辨識基礎，例如，Google 使用這項技術在 Google Home 裝置上，訓練它們分辨出不同人所發出的語音。一旦訓練完成，Google Home 可以針對每一個使用者提供個人化的回應。

再舉一個例子，假設我們有一段三個人交談半小時的語音記錄，可以使用非監督式學習演算法在這個資料集中識別出各個人的語音。請注意，透過非監督式學習，我們會在給定的非結構性資料中加上結構。此結構是在問題空間中附加可用的維度，讓我們可以利用它們來獲取有用的資訊，為選用的機器學習演算法備妥資料。下圖展示了非監督式學習如何應用於語音辨識中：

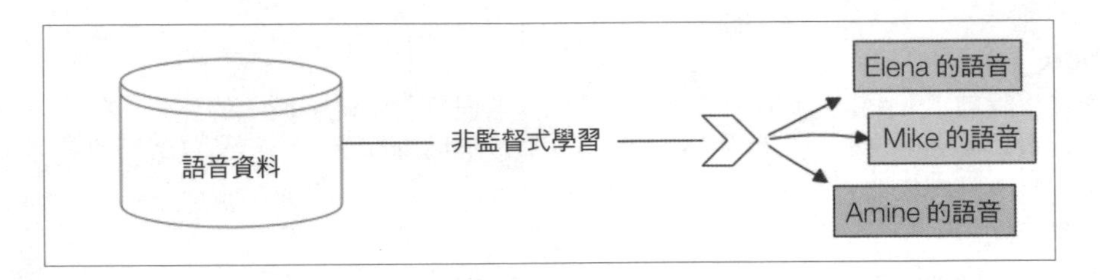

請留意，在此例中，非監督式學習建議我們加入一個具有三種分層的新特徵。

文件分類

非監督式機器學習演算法也可以應用在非結構性文字資料的儲存庫中。舉例，如果我們有一個由 PDF 文件所組成的資料集，可以使用非監督式學習進行以下作業：

- 在資料集中發掘不同的主題
- 把每一個 PDF 文件連結到其中一個主題

非監督式學習在文件分類上的使用方式如下圖所示。這是另外一個把更多結構加到非結構性資料上的例子：

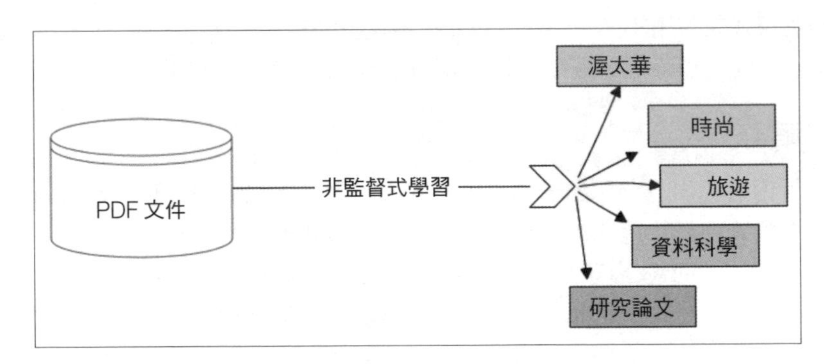

圖 6.4：利用非監督式學習進行文件分類

請留意在此例中，非監督式學習建議我們加入一個具有五種分層的新特徵。

瞭解分群演算法

運用非監督式學習，其中一個最簡單也最具威力的技術，是透過分群演算法將相似的模式組合在同一群，以瞭解待解問題相關資料之特定面向。分群演算法會尋找資料項目中原有的群組，這些群組並未基於任何目標或假設，而是使用非監督式學習技術進行分類。

透過找尋問題空間中不同資料點之間的相似性，分群演算法便能建立分組，然而，決定資料點之間相似性的最佳方法，會因為問題不同而有所差異，也需視我們的問題性質去判斷應該使用何種方法。讓我們來看看可用於計算不同資料點之間相似性的各種方法。

量化相似度

分群演算法建立的分組，其可靠性是根據以下假設：我們可以準確地量化問題空間中不同資料點之間的相似性或接近程度，這是透過使用各種距離測量來完成的。以下是三種量化相似性最常使用的方法：

- 歐幾里德距離（Euclidean distance）測量
- 曼哈頓距離（Manhattan distance）測量
- 餘弦距離（Cosine distance）測量

讓我們詳細說明這些距離測量。

歐幾里德距離

不同點之間的距離可以用來量化兩個資料點之間的相似程度，此方式大量使用在非監督式機器學習技術中，例如分群。歐幾里德距離（Euclidean distance）是最常用且最簡單的距離計算方式，它可以在多維度空間中計算兩個資料點之間的最短距離。例如，我們來研究一個二維空間中的兩個資料點，**A(1, 1)** 及 **B(4, 4)**，如下圖所示：

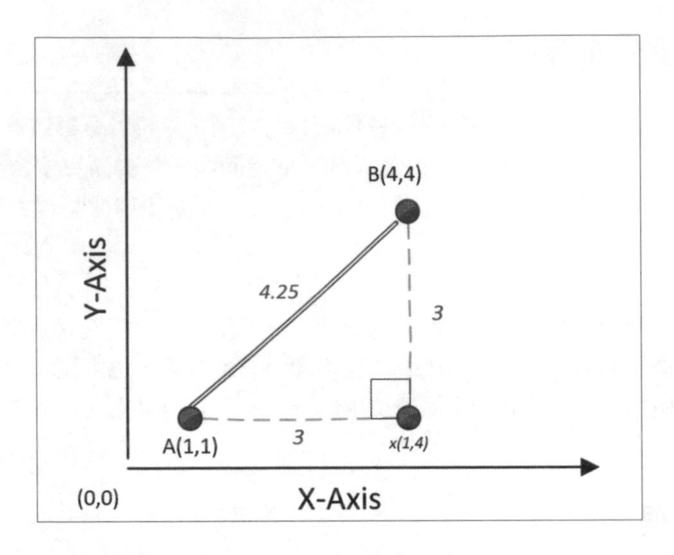

要計算 **A** 和 **B** 之間的距離——也就是 *d(A, B)*，我們可以使用以下的畢氏定理公式：

$$d(A,B) = \sqrt{(a_2 - b_2)^2 + (a_1 - b_1)^2} = \sqrt{(4-1)^2 + (4-1)^2} = \sqrt{9+9} = 4.25$$

請注意，這是在二維問題空間中的計算。對於一個 *n* 維問題空間，我們可以使用以下的公式計算 **A** 和 **B** 的距離：

$$d(A,B) = \sqrt{\sum_{i=1}^{n}(a_i - b_i)^2}$$

曼哈頓距離

在許多情境下，使用歐幾里德距離計算出的最短距離，並不能真實表達出兩點之間的相似度或接近程度；例如，如果兩個資料點代表地圖上的兩個位置，使用地面交通工具如汽車或計程車從點 A 到點 B 之間的實際距離，要比利用歐幾里德距離所計算的距離還遠。遇到這種情形，我們就使用曼哈頓距離（Manhattan distance）來計算，這種方法標示了兩點之間最長的路徑，較能真實反映出兩點之間的接近程度，亦即在一座繁忙城市中，從某地出發前往目的地的實際行駛距離。曼哈頓距離和歐幾里德距離的比較，請參考下面這張圖：

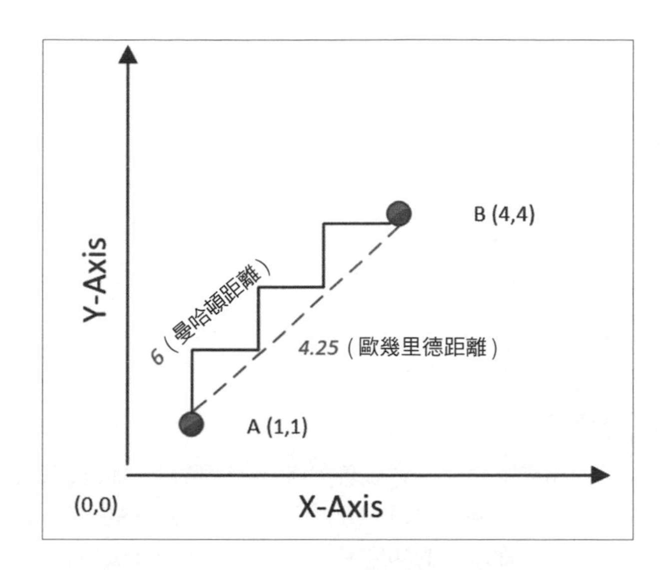

請注意，曼哈頓距離總是等於或大於相對應的歐幾里德距離。

餘弦距離

歐幾里德距離和曼哈頓距離在高維度空間中的執行效能不太好。在高維度問題空間中，餘弦距離（cosine distant）比較能正確反映多維度問題空間中兩個資料點的接近程度。計算連接到同一個參考點的兩個資料點所形成的餘弦角度，就能算出餘弦距離，如果資料點是接近的，那麼這個角度會很小，和它們的維度沒有關係；換句話說，如果它們距離很遠的話，餘弦角度就會很大：

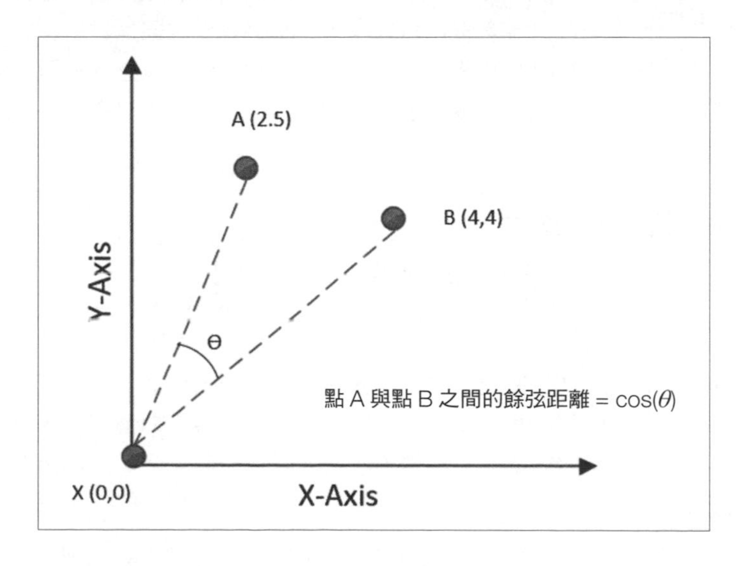

> **Note**
> 文字資料大部分都可以視為高維度空間，因為餘弦距離量測在高維度空間中非常好用，因此這種量測方式很適合用於文字資料。

請注意，在前面的圖中，在 **A(2,5)** 和 **B(4,4)** 之間的餘弦角度是餘弦距離。這些點之間的參考點是原點，也就是 **X(0,0)**，但在真實的應用場域中，問題空間的任一個點都可以作為資料參考點，不一定要是原點。

K-means 分群演算法

k-means 分群演算法的命名來自於它會試著去建立 *k* 個群組，並計算每一個群的平均值來找出資料的中心點。雖然是相對簡單的分群方法，但因為它具有可擴充性以及執行速度快，所以還是很受歡迎。從演算的角度來看，k-means 分群使用的是迭代的邏輯，不斷地移動群組的中心點，直到它能夠反映出代表該組的中心點為止。

需要注意的重點是，k-means 演算法缺少分群必備的一個基本功能。這個功能是，給予資料集之後，k-means 演算法無法判斷最適合的分群數量。最適合的分群數量，*k*，需視指定資料集的原始群組數量而定；忽略群組數背後的邏輯，是為了保有演算法的簡單性，並最大化其執行效能。此種精簡設計讓 k-means 適合用於較大的資料集，但前提是會透過外部的機制來計算 *k*。決定 *k* 的最佳方式則是與我們試圖解決的問題有關。在某些例子中，*k* 是由分群問題的文意直接設定的；例如，如果想要把一個資料科學班級的學生分成兩群，其中一群是具有資料科學能力，而另外一群則是具有程式設計能力，此種情況下的 *k* 就是 2。然而在某些問題中，*k* 的值可能不是那麼地明顯；碰到這樣的例子，可以使用不斷重複的試誤法或是啟發式的演算法來估計給定資料集中最適合的群組數目是多少。

k-means 分群法的邏輯

此小節說明 k-means 分群演算法的邏輯，讓我們逐一檢視。

初始化

為了進行分群，k-means 使用距離測量方法去找出兩點間的近似性或接近程度。在使用 k-means 演算法之前，需要選用最合適的距離測量方法；預設的情況下，會使用歐幾里德距離計算。此外，如果資料集中有離群值，需要設定一個規範以辨別出離群值，並把它們排除到資料集之外。

k-means 演算法的步驟

k-means 演算法所包含的步驟如下所示：

Step 1	選擇群組的數目， k。
Step 2	在所有的資料點中隨機選取 k 個點作為群組的中心。
Step 3	根據所選擇的距離測量方法，不斷重複計算問題空間中每一個資料點到 k 個群組中心點的距離。這個步驟可能會很耗時，視乎資料集的大小。例如，如果資料集每一個群有 10,000 個點，且 k=3 的話，表示有 30,000 個距離需要計算。
Step 4	指定問題空間中的每一個點到距離最近的群組中心。
Step 5	現在，在我們的問題空間中，每一個點都有一個指定的群組中心了。但還沒結束，因為初始的中心點是以隨機的方式選取的，因此需要檢驗目前使用隨機選取的點是否真的是每一個群組的中心。透過計算 k 群的組成資料點之平均值來重新計算群組中心，此步驟就是 k-means 名稱的由來。
Step 6	如果 Step 5 中的群組中心有所變化，表示我們需要重新計算每一個資料點的群組指定工作。為此，我們將回到 Step 3，重複這個密集計算的步驟。如果群組中心沒有移動，或是已經到達了預設的停止條件（例如最多迭代次數），就結束此演算法。

下圖展示了在一個二維問題空間中執行 k-means 演算法的結果：

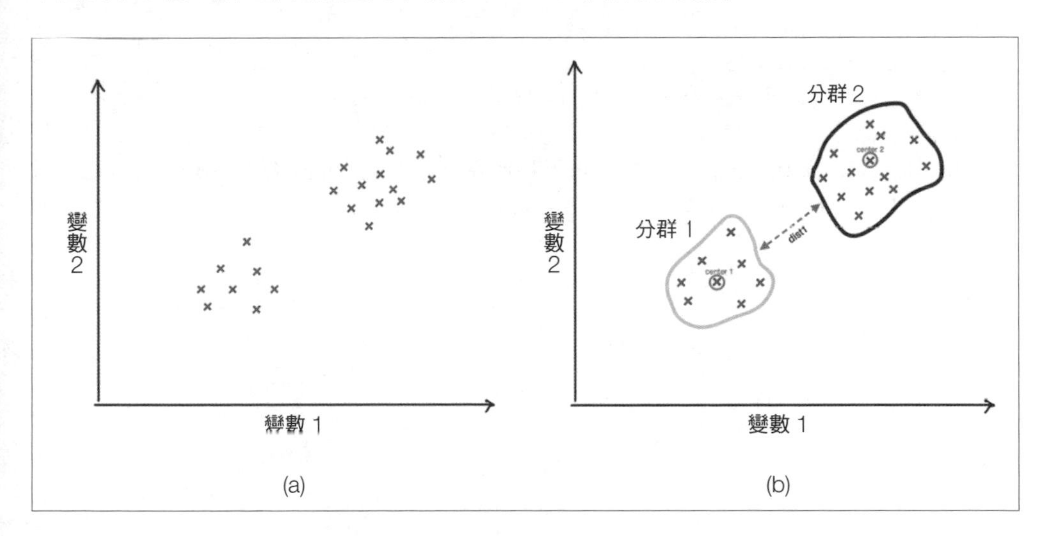

(a) 分群前的資料點；(b) 在執行 k-means 分群演算法後的分群結果

請留意，在這個例子中，執行 k-means 之後的分群結果具有良好的差異性。

停止條件

對於 k-means 演算法而言，預設的停止條件是在 Step 5 沒有任何群組的中心改變時。但是，就像許多其他的演算法，k-means 可能會花上非常多的時間才能得到收斂，尤其是在處理高維度問題空間的大量資料時。與其等待演算法自行收斂，我們也可以明確定義如下所示的停止條件：

- 指定最大可執行時間：
  - **Stop condition**：$t>t_{max}$，其中 t 是目前執行的時間，而 t_{max} 是我們在演算法中所設定的最大可執行時間。
- 指定最多迭代次數：
  - **Stop condition**：*if* $m>m_{max}$，其中 m 是目前迭代的次數，而 m_{max} 則是我們在演算法中所設定的最多可迭代之次數。

k-means 演算法程式設計

讓我們來看如何利用 Python 編寫 k-means 演算法程式：

1. 首先，匯入我們在編寫 k-means 演算法所需要的套件。請注意，我們匯入的是 `sklearn` 套件中的 k-means 分群模組：

```
from sklearn import cluster
import pandas as pd
import numpy as np
```

2. 為了展示 k-means 分群演算法，先讓我們在二維問題空間中建立 20 個資料點，這些資料點在後面即可用於 k-means 分群的計算：

```
dataset = pd.DataFrame({
    'x': [11, 21, 28, 17, 29, 33, 24, 45, 45, 52, 51, 52, 55, 53, 
55, 61, 62, 70, 72, 10],
    'y': [39, 36, 30, 52, 53, 46, 55, 59, 63, 70, 66, 63, 58, 23, 
14, 8, 18, 7, 24, 10]
})
```

3. 設定我們想要分群的數目 2 ($k = 2$)，然後利用呼叫 `fit` 函式為資料集建立群組：

```
myKmeans = cluster.KMeans(n_clusters=2)
myKmeans.fit(dataset)
```

4. 建立一個變數 `centroid`，利用此陣列變數記錄群組的中心點位置。在我們的例子中，因為 $k = 2$，所以此陣列的大小是 2。另外，我們還要建立一個名為 `label` 的變數，它代表在這兩個群組中每一個點被指定的群組標籤。因為共有 20 個資料點，因此 label 陣列的大小為 20：

```
centroids = myKmeans.cluster_centers_
labels = myKmeans.labels_
```

5. 現在可以印出 `centroids` 和 `labels` 這兩個陣列的內容，如下：

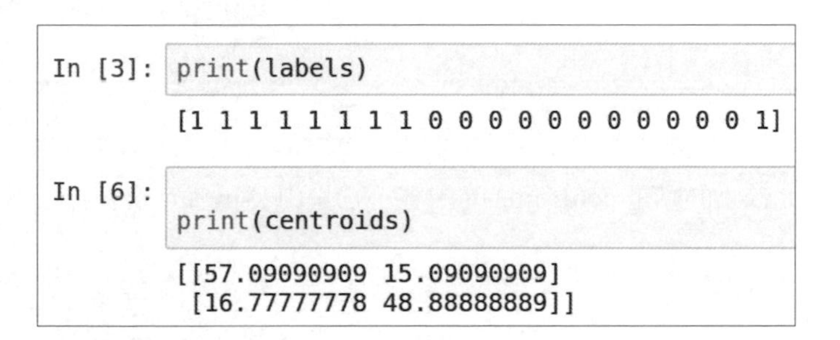

```
In [3]: print(labels)

        [1 1 1 1 1 1 1 1 0 0 0 0 0 0 0 0 0 0 0 1]

In [6]: print(centroids)

        [[57.09090909 15.09090909]
         [16.77777778 48.88888889]]
```

請注意，第一個陣列中顯示的是每一個資料點被指定的群組標籤，而第二個陣列的內容則是兩個群組的中心點座標：

6. 接著來看看如何利用 `matplotlib` 把這兩個群組的樣態呈現出來[12]：

12 譯註：程式中的 centers 應改為 centroids。

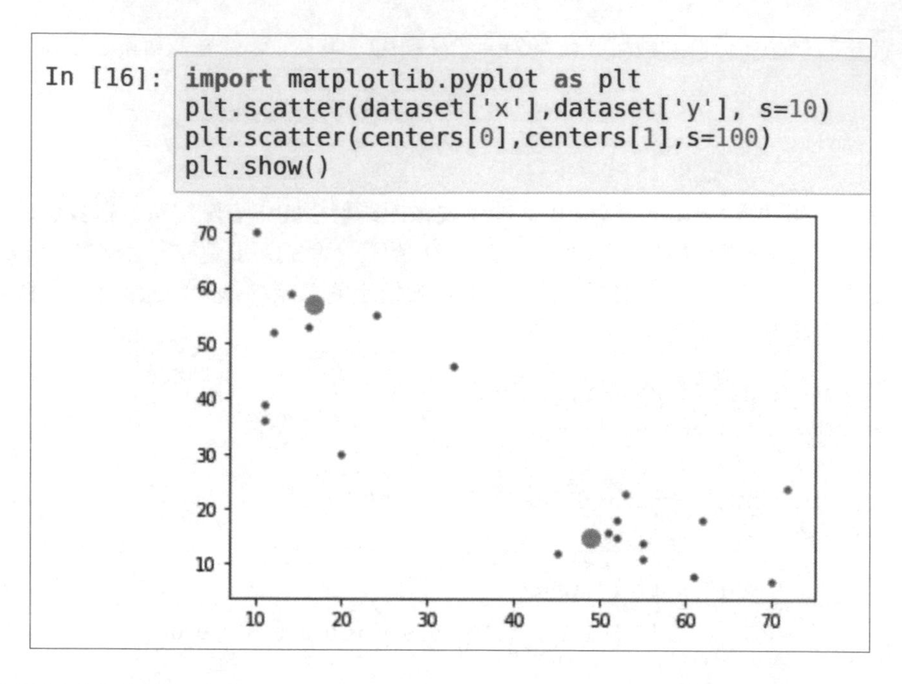

請留意在圖中比較大的點是 centroids 的內容，它是由 k-means 演算法所計算出來的中心點位置。

k-means 分群法的限制

k-means 演算法是為了簡單及快速而設計的，因為它的設計意圖就是要保有簡單性，所以也連帶產生了一些限制：

- k-means 分群法最大的限制是，它的初始分群數目需要事先決定。
- 初始的分群中心點是隨機決定的，這表示每一次執行演算法，可能會產生出些微不同的群組。
- 每一個資料點只能夠指定到其中一個群組。
- k-means 分群法易受離群值影響。

階層式分群法（Hierarchical clustering）

k-means 分群法使用的是由上而下的方式，因為我們從最重要的資料點，也就是群組的中心點，開始執行此演算法。另一種分群方式則是反過來，由下方開始執行演算法；在此文意中，下方的意思代表的是問題空間中的每一個資料點。這種方式是把相似的資料點歸為一群，由下往上逐漸向群組中心移動，此即為階層式分群演算法，我們將在本節進行說明。

階層式分群法的步驟

以下為階層式分群法的執行步驟：

1. 在問題空間中為每一個資料點建立個別的群組。如果我們的問題空間中有 100 個資料點，那麼一開始就會有 100 個群組。
2. 把最相近彼此的資料點分為一組。
3. 檢查停止條件。如果還未滿足停止條件，則重複步驟 2。

完成分群的結構稱為**樹狀圖（dendrogram）**。

在樹狀圖中，垂直線條的高度決定了兩個項目之間的相似程度，如下圖中所示：

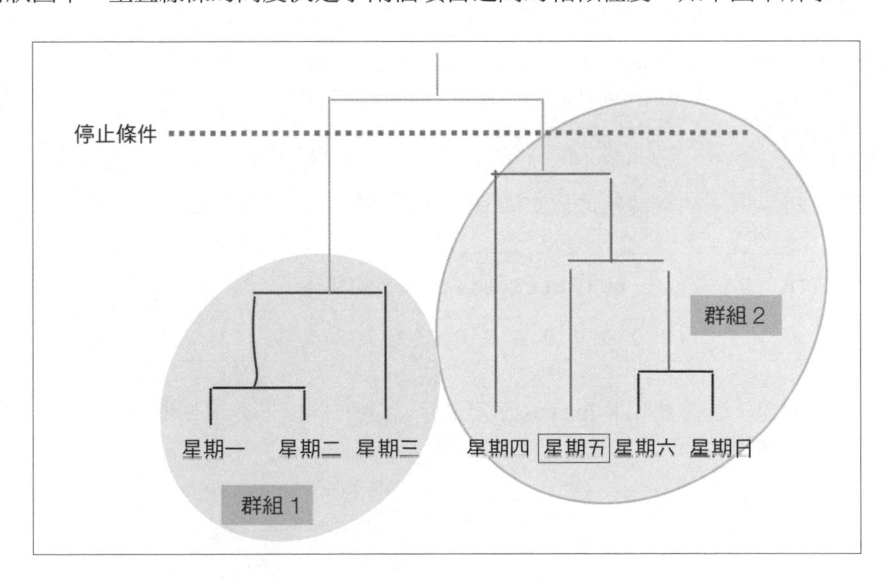

請留意，上圖中的那條虛線即為我們設定的停止條件。

階層式分群演算法程式設計

現在讓我們來學習如何在 Python 中設計階層式演算法：

1. 首先從 sklearn.cluster 程式庫中匯入 AgglomerativeClustering，接著也同時匯入 pandas 和 numpy 套件：

```
from sklearn.cluster import AgglomerativeClustering
import pandas as pd
import numpy as np
```

2. 接著在二維問題空間中建立 20 個資料點：

```
dataset = pd.DataFrame({
    'x': [11, 21, 28, 17, 29, 33, 24, 45, 45, 52, 51, 52, 55, 53,
55, 61, 62, 70, 72, 10],
    'y': [39, 36, 30, 52, 53, 46, 55, 59, 63, 70, 66, 63, 58, 23,
14, 8, 18, 7, 24, 10]
})
```

3. 然後指定需要的超參數建立一個階層式群組，再使用 fit_predict 函式開始執行這個演算法：

```
cluster = AgglomerativeClustering(n_clusters=2,
affinity='euclidean', linkage='ward')
cluster.fit_predict(dataset)
```

4. 現在，可以檢視演算法執行後所建立的兩個群組中每一個點之標記情形：

```
In [3]:  1 print(cluster.labels_)

[0 0 0 0 0 0 0 0 1 1 1 1 1 1 1 1 1 1 1 0]
```

你可以發現，階層式和 k-means 演算法所設定的群組是非常相似的。

驗證群組

高品質分群的目標是每一個資料點所歸屬的群必須是有所差異的，這暗示了以下的事實：

- 同一個群中的資料點要盡可能地相似。
- 不同群的資料點差異愈大愈好。

透過視覺化呈現分群樣態，我們可以用直覺反應評估分類的結果，但是數學方法才能夠量化分類的品質，輪廓分析就是其中一種量化技術，它會比較 k-means 演算法建立的分群結果之緊密和分散程度。輪廓所繪製的圖，顯示了某特定群中每一個點與其他群中的點之接近程度。每個集群是以 [-0, 1] 範圍的數字來標示，下方表格列出了這些數字範圍所代表的意義：

範圍	**意義**	**說明**
0.71–1.0	極佳	此範圍的值表示透過 k-means 分群法所產生的群組彼此間有相當的差異性。
0.51–0.70	合理	此範圍的值表示透過 k-means 分群法所產生的群組彼此間有可以接受的差異性。
0.26–0.50	脆弱的	此範圍的值表示透過 k-means 分群法產生了群組，但是群組之間的品質無法被信賴。
<0.25	沒有發現任何群組	使用的參數和資料並沒辦法透過 k-means 分群法建立出群組。

請注意，在問題空間中的每一個群組均會得到一個分割分數。

分群的應用

分群法是當我們需要在資料集中找出彼此之間的基本模式時使用的。

在政府機構的使用案例中，分群法可以用在如下所列出的情境：

- 犯罪熱區分析
- 人口社會分析

在市場研究中，分群可以使用在如下所列的場合：

- 市場區隔
- 針對性的廣告
- 客戶分類

主成分分析（Principal component analysis, PCA）也是使用於一般性的探索資料，以及從即時資料中移除雜訊的技術，像是股票市場交易。

降維

資料中的每一個特徵都是相對應於問題空間中的一個維度，最小化特徵值的數量可以讓問題變得比較簡單，此種方式稱為降維（dimensionality reduction）。降維可以透過以下兩種方式來完成：

- **特徵選取（feature selection）**：在待解問題領域空間中找出重要的特徵集合。
- **特徵聚合（feature aggregation）**：使用以下的演算法把兩個或多個特徵結合起來以達到降維的目的：
    - **主成分分析（PCA）**：一種線性的非監督式機器學習演算法
    - **線性判別分析（Linear discriminant analysis，LDA）**：一種線性的監督式機器學習演算法
    - **核心主成分分析（Kernel principal component analysis）**：一種非線性的演算法

現在讓我們更深入探討降維演算法中一個頗受歡迎的演算法，也就是 PCA。

主成分分析

PCA 是一個非監督式的機器學習技巧，它藉由線性轉換的方式減少維度。在以下的圖形中我們可以看到兩個主要的成分，PC1 與 PC2，呈現在資料點分布的形狀上。PC1 和 PC2 可以再透過適當的係數來概述這些資料點：

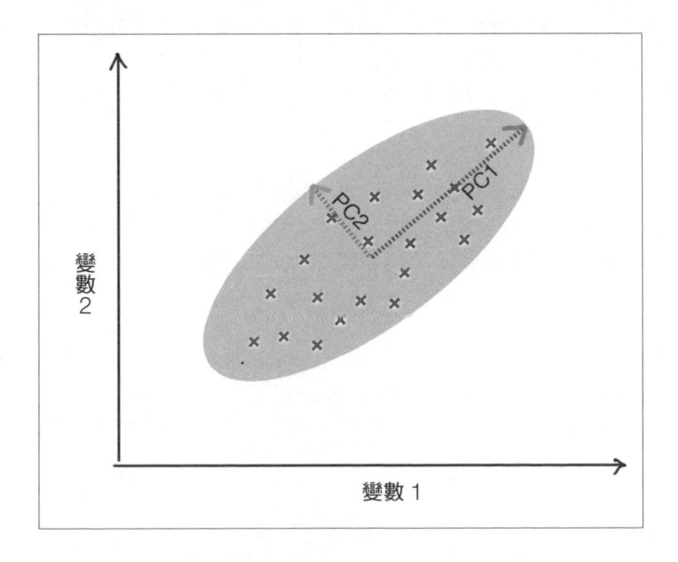

請參考以下的程式碼：

```
from sklearn.decomposition import PCA
iris = pd.read_csv('iris.csv')
X = iris.drop('Species', axis=1)
pca = PCA(n_components=4)
pca.fit(X)
```

現在，讓我們印出 PCA 模型的係數：

```
In [36]: print(pd.DataFrame(pca.components_,columns=X.columns))
```

	Sepal.Length	Sepal.Width	Petal.Length	Petal.Width	
0	0.361387	-0.084523	0.856671	0.358289	Coefficients for PC1
1	0.656589	0.730161	-0.173373	-0.075481	Coefficients for PC2
2	-0.582030	0.597911	0.076236	0.545831	Coefficients for PC3
3	-0.315487	0.319723	0.479839	-0.753657	Coefficients for PC4

請注意，原本的 DataFrame 有 4 個特徵，`Sepal.Length`、`Sepal.Width`、`Petal.Length` 和 `Petal.Width`。DataFrame 指定了 4 個主要成分的係數：PC1、PC2、PC3、PC4——例如：第 1 列指定了 PC1 的係數，它可以取代原始的 4 個變數。

根據這些係數，我們可以計算輸入的 DataFrame X 的 PCA 主要成分：

```
pca_df=(pd.DataFrame(pca.components_,columns=X.columns))

# 使用產生的係數計算 PC1
X['PC1'] = X['Sepal.Length']* pca_df['Sepal.Length'][0] + X['Sepal.Width']*
pca_df['Sepal.Width'][0]+ X['Petal.Length']*
pca_df['Petal.Length'][0]+X['Petal.Width']* pca_df['Petal.Width'][0]

# 計算 PC2
X['PC2'] = X['Sepal.Length']* pca_df['Sepal.Length'][1] + X['Sepal.Width']*
pca_df['Sepal.Width'][1]+ X['Petal.Length']*
pca_df['Petal.Length'][1]+X['Petal.Width']* pca_df['Petal.Width'][1]

# 計算 PC3
X['PC3'] = X['Sepal.Length']* pca_df['Sepal.Length'][2] + X['Sepal.Width']*
pca_df['Sepal.Width'][2]+ X['Petal.Length']*
pca_df['Petal.Length'][2]+X['Petal.Width']* pca_df['Petal.Width'][2]
```

```
# 計算 PC4
X['PC4'] = X['Sepal.Length']* pca_df['Sepal.Length'][3] + X['Sepal.Width']*
pca_df['Sepal.Width'][3]+ X['Petal.Length']*
pca_df['Petal.Length'][3]+X['Petal.Width']* pca_df['Petal.Width'][3]
```

現在可以列出計算 PCA 成分後的 X 如下：

	Sepal.Length	Sepal.Width	Petal.Length	Petal.Width	PC1	PC2	PC3	PC4
0	5.1	3.5	1.4	0.2	2.818240	5.646350	-0.659768	0.031089
1	4.9	3.0	1.4	0.2	2.788223	5.149951	-0.842317	-0.065675
2	4.7	3.2	1.3	0.2	2.613375	5.182003	-0.613952	0.013383
3	4.6	3.1	1.5	0.2	2.757022	5.008654	-0.600293	0.108928
4	5.0	3.6	1.4	0.2	2.773649	5.653707	-0.541773	0.094610
...	...	...	...	...	...	...	...	...
145	6.7	3.0	5.2	2.3	7.446475	5.514485	-0.454028	-0.392844
146	6.3	2.5	5.0	1.9	7.029532	4.951636	-0.753751	-0.221016
147	6.5	3.0	5.2	2.0	7.266711	5.405811	-0.501371	-0.103650
148	6.2	3.4	5.4	2.3	7.403307	5.443581	0.091399	-0.011244
149	5.9	3.0	5.1	1.8	6.892554	5.044292	-0.268943	0.188390

接著列出 variance ratio 並試著去理解使用 PCA 的影響：

```
In [37]: print(pca.explained_variance_ratio_)
         [0.92461872 0.05306648 0.01710261 0.00521218]
```

variance ratio 代表了：

- 如果選擇 PC1 去取代原本的 4 個特徵，則將可以捕捉到原有變數 92.4%[13] 的變異性。如此一來結果就是近似性的，而非 100% 與原有 4 個特徵有相同的變異程度。
- 如果我們同時選用 PC1 和 PC2 去取代 4 個特徵，則會額外增加原始變數 5.3% 的變異程度。

13 譯註：原文 92.3% 應為 92.4%。

- 如果我們同時使用 PC1、PC2 和 PC3 取代原有 4 個特徵，則還會再額外增加 1.7%[14] 的變異程度。
- 如果我們把所有 4 個主成分都拿來取代 4 個特徵，則會捕捉到原始變數 100% 的（92.4+5.3+1.7+0.52）[15] 變異程度。但是把 4 個主成分都拿來取代原有的 4 個特徵並沒有意義，因為這樣並沒有減少任何的維度。

PCA 的限制

以下是 PCA 的一些限制：

- PCA 只能使用在連續變數，與分類變數無關。
- 當進行聚合時，PCA 近似於成分變數，它在精確度上有所妥協，才得以簡化維度的問題。在使用 PCA 之前，必須謹慎考量該做出何種取捨。

14 譯註：原文 0.017% 應為 1.7%。

15 譯註：此處各變數應為上文更正後的 92.4+5.3+1.7+0.5，才會得到加總 100% 的變異。

關聯規則探勘

特定資料集裡的模式（pattern）是有待我們發掘、瞭解及探勘的寶藏，因其中蘊含著豐富資料。有一類演算法嘗試聚焦在給定資料集的模式分析，其中一個較受歡迎的演算法稱為**關聯規則探勘（association rules mining）**，它提供下列三種能力：

- 衡量模式頻率的能力
- 建立模式間因果關係（*cause*-and-*effect*）的能力
- 藉由比較模式隨機猜測的正確性來量化模式可用性之能力

使用範例

當我們試著調查一個資料集裡不同變數之間的因果關係時，可以使用關聯規則探勘方法。它可以幫助我們回答下列的問題：

- 濕度、雲層和溫度，哪一個值可能會導致明天下雨？
- 哪種類型的保險索賠可能是詐欺行為？
- 何種藥物的組合可能導致患者的併發症？

市場購物籃分析

本書會在「**第 8 章 _ 類神經網路演算法**」中討論推薦引擎。購物籃分析（basket analysis）是學習推薦比較簡單的一種方法。在購物籃分析中，我們的資料只包含同時購買品項的相關資訊，不包含使用者的任何資訊，也沒有使用者的喜好品項。請注意，和評分資料比較起來，此種資料相對更容易取得。

舉個例子，當我們在沃爾瑪超市購物時所產生的資料，不需要使用到特別技術就能取得。經過一段時間的收集之後，這些資料就稱為**交易資料（transnational data）**。當關聯規則分析應用在便利商店、超市及連鎖速食店的購物車交易資料集時，稱為**市場購物籃分析（market basket analysis）**，它測量一組商品被同時購買的條件機率，可以幫助我們回答以下的問題：

- 商品在貨架上的最佳位置為何？
- 這些商品應該如何呈現在超市的行銷目錄上？
- 根據使用者購買模式，何種商品才是應該被推薦的？

因為購物籃分析可以評估商品彼此之間的關係，所以經常使用在量販店的零售上，像是超市、便利商店、藥局、連鎖速食店。購物籃分析的優點是，其結果不言自明，不需要加以解釋，意味著很容易被商業使用者理解。

讓我們來檢視一家典型的超市。在超市中所有不重複的品項以一個集合，$\pi = \{item_1, item_2, ..., item_m\}$ 來表示，亦即，如果此超市販售 500 種商品品項，則π的大小就會是 500。

人們會從這家店中購買商品，每次某人購買了一件商品並在櫃台結帳後，該商品就會被加到此交易的項目集合中，該集合稱為項目集（itemset）。在給定的一段時間內，所有的交易被合併在一起，並以△來表示，其中$\Delta = \{t_1, t_2, ..., t_n\}$。

讓我們來檢視以下這筆簡單的資料，由四個交易所組成，這些交易摘要如下表所示：

t1	Wickets, pads
t2	Bat, wickets, pads, helmet
t3	Helmet, ball
t4	Bat, pads, helmet

讓我們更詳細地查看這個資料：

$\pi = \{bat, wickets, pads, helmet, ball\}$，它代表這個商店中所有不重複的商品品項。

讓我們考慮其中一筆交易，在△中的 t3。請注意，在 t3 中購買的項目可以表示為 $itemset_{t3} = \{helmet, ball\}$，表示這名顧客購買了兩樣商品，因為 itemset 中有兩件商品，所以 $itemset_{t5}$ 的大小就是 2。

關聯規則

關聯規則以數學式表示不同交易中項目之間的關係。它藉由調查兩個項目集中的關係來完成，$X \Rightarrow Y$，其中 $X \subset \pi$，$Y \subset \pi$。此外，X 和 Y 是不重複的項目集，也就是說 $X \cap Y = \varnothing$。

一條關聯規則可以透過以下的形式來表示：

{helmet,balls} ⇒ {bike}

在此，{helmet,ball} 是 X，而 {ball} 則是 Y。

規則的類型

執行關聯規則分析演算法，一般而言，交易資料集會產生大量的規則，但大部分的規則是沒有用的。為了在當中找出有用的部分，要把它們分成三種類別：

- trivial
- inexplicable
- actionable

以下分別詳細說明這三類規則。

Trivial 規則

在產生出來的大量規則中，大多只是相關企業常識，並沒有用處，這些規則稱為 trivial（沒有用處的）規則。就算這些規則具有高信心度，它們還是派不上用場，也無法使用在任何以資料為導向的決策上，因此我們可以安心地忽略這些 trivial 規則。

以下是一些 trivial 規則的例子：

- 任何想要從高層建築物跳下的人都很可能會死掉。
- 認真工作可以在測驗中得到較高的分數。
- 當氣溫降低時，電暖器的銷量就會提升。
- 在高速公路上超速行駛，會導致較高的車禍事故機率。

Inexplicable 規則

執行關聯規則分析演算法所產生的規則中，那些沒有明顯解釋的規則是最棘手的。請注意，可以幫助我們發掘並瞭解一個新模式的規則，才是有用的規則，最終會產出某種行動方案。但如果不是，我們就無法解釋為何事件 X 可以導致事件 Y，此即為 inexplicable（無法解釋的）規則，因為它只是一個數學公式，平白探索了兩個事件之間不相關且獨立的無意義關聯。

以下是一些 inexplicable 規則的例子：

- 穿著紅色襯衫的人測驗時的表現比較好。
- 綠色的自行車比較容易遭竊。
- 買醃菜的人最終也會購買尿布。

Actionable 規則

actionable（可行動的）規則才是我們要找尋的黃金規則。它們可以被商業所理解，進而產生有用的見解。當我們向熟悉商業模式的受眾展示時，這個規則可以幫我們發掘事件可能的原因，例如，actionable 規則可以根據目前的購買模式，建議特定商品最佳的擺放上架位置，也可以建議哪些品項放在一起會產生最高的銷售機會，因為使用者習慣同時購買商品。

以下是 actionable 規則的一些例子以及相關聯的行動：

- **規則 1**：向使用者的社群媒體帳號顯示廣告，會提高銷售可能性。
  actionable item：建議產品廣告的替代方案。
- **規則 2**：建立更多的價格點會增加銷售的可能性。
  actionable item：廣告促銷一個特價商品，但提高另一個商品的價格。

排序規則

關聯規則以下列三種方式加以評量：

- 品項的 support（出現頻率）
- confidence（信心度）
- lift

讓我們進一步檢視它們。

支持度（Support）

support 的評量是一個數字，它可以量化我們所關注的資料集樣式之出現頻率。首先計算我們感興趣的樣式出現次數，然後把它除以所有交易的總數。

讓我們檢視一個特定 $itemset_a$ 的公式，如下所示：

$$numItemset_a = Number\ of\ transactions\ that\ contain\ itemset_a$$

$$num_{total} = Total\ number\ of\ transactions$$

$$support(itemset_a) = \frac{numItemset_a}{num_{total}}$$

Note

如果只看 support，我們可以瞭解一個樣式的發生機率很低。低的 support 意味著我們所搜尋的是一個少見的事件。

例 如， 如 果 $itemset_a = \{helmet, ball\}$ 在 六 個 交 易 中 出 現 了 兩 次， 則 它 的 $\text{support}(\text{itemset}_a) = 2/6 = 0.33$。

信心度（Confidence）

confidence 是一個數字，藉由計算條件機率，量化左邊 (X) 和右邊 (Y) 的結合強度。它計算在事件 X 發生的情況下，事件 X 會導向事件 Y 的機率。

以數學型式來看，考慮規則 $X \Rightarrow Y$。

此規則的 confidence 表示為 confidence($X \Rightarrow Y$)，而它是以下列方式計算的：

$$confidence(X \Rightarrow Y) = \frac{support(X \cup Y)}{support(X)}$$

讓我們來看一個例子。考慮以下的規則：

$$\{\text{helmet, ball}\} \Rightarrow \{\text{wickets}\}$$

此規則的 confidence 可以使用下列公式計算：

$$confidence(helmet, ball \Rightarrow wickets) = \frac{support(helmet, ball \cup wickets)}{support(helmet, ball)} = \frac{\frac{1}{6}}{\frac{2}{6}} = 0.5$$

這表示，如果某人已經在籃子裡放了 {helmet, balls}，則有 0.5 或是 50% 的機率，他也會把 wicket 放到籃子裡。

Lift

另外一個用來評估規則品質的方式是計算它的 lift。我們將此規則跟只假設等式右側結果相比較，lift 會傳回一個數字，用來量化該規則預測結果的改善程度。如果 X 和 Y 的品項集是獨立的，則 lift 可以使用以下的公式來計算：

$$Lift(X \Rightarrow Y) = \frac{support(X \cup Y)}{support(X) \times support(Y)}$$

關聯分析的演算法

在本節中，我們將會探討下列可以用於關聯分析的兩種演算法：

- **apriori 演算法**：Agrawal, R. 和 Srikant 在 1994 所提出的方法。
- **FP-growth 演算法**： Han 等人在 2001 所提出的改良建議。

讓我們分別來看這兩個演算法。

Apriori 演算法

apriori 演算法是一個迭代以及多階段的演算法，用於產生關聯規則，它是基於一種叫做 generation-and-test（產生並測試）的方法。

在執行 apriori 演算法之前，我們需要定義兩個變數：$support_{threshold}$ 及 $confidence_{threshold}$。

此演算法是由以下兩個階段所組成：

- **candidate-generation（候選產生）階段**： 此階段會產生候選的品項集，包含了所有高於 $support_{threshold}$ 的品項集。
- **filter（過濾）階段**：此階段會把那些低於預期 $confidence_{threshold}$ 的品項集過濾掉。

在完成過濾之後，剩下來的規則就是我們要的答案。

apriori 演算法的限制

apriori 演算法的主要瓶頸是階段 1 中候選規則的產生，例如，π = {$item_1$, $item_2$, ... , $item_m$ } 會產生 2^m 個可能的品項集，因為它的多階段設計，一開始先產生這些品項集，然後再努力去找出頻繁出現的品項集。此限制是一個巨大的效能瓶頸，讓 apriori 演算法無法用在較大的品項集上。

FP-growth 演算法

frequent pattern growth (FP-growth) 是 apriori 演算法的改良版本，一開始會顯示頻繁交易的 FP-tree（頻繁模式樹），此樹是一種有序樹。此演算法由以下兩個步驟所組成：

- 建立 FP-tree
- 探勘頻繁模式

接下來讓我們分別檢視這兩個步驟。

建立 FP-tree

參考下表所示的交易資料。在此先以稀疏矩陣表示：

ID	Bat	Wickets	Pads	Helmet	Ball
1	0	1	1	0	0
2	1	1	1	1	0
3	0	0	0	1	1
4	1	0	1	1	0

現在來計算每一個品項的頻率，然後把它們依照頻率進行降冪排序：

項目	頻率
pads	3
helmet	3
bat	2
wicket	2
ball	1

現在，讓我們依據頻率重新排列以交易為基礎的資料如下：

ID	**原始的品項**	**重新排序後的品項**
t1	Wickets, pads	Pads, wickets
t2	Bat, wickets, pads, helmet	Helmet, pads, wickets, bat
t3	Helmet, ball	Helmet, ball
t4	Bat, pads, helmet	Helmet, pads, bat

為了建立 FP-tree，讓我們從 FP-tree 的第一個分支開始。FP-tree 一開始是以一個 **Null** 作為樹根。要建立這個樹，我們可以把每一個項目表示為一個節點，如以下圖表所示（在此圖中展示的為 t_1）。要注意，每一個節點的標籤就是該項目的名稱，並把它的頻率加到冒號後面。此外，也要注意到，**pads** 這個項目的頻率是 1：

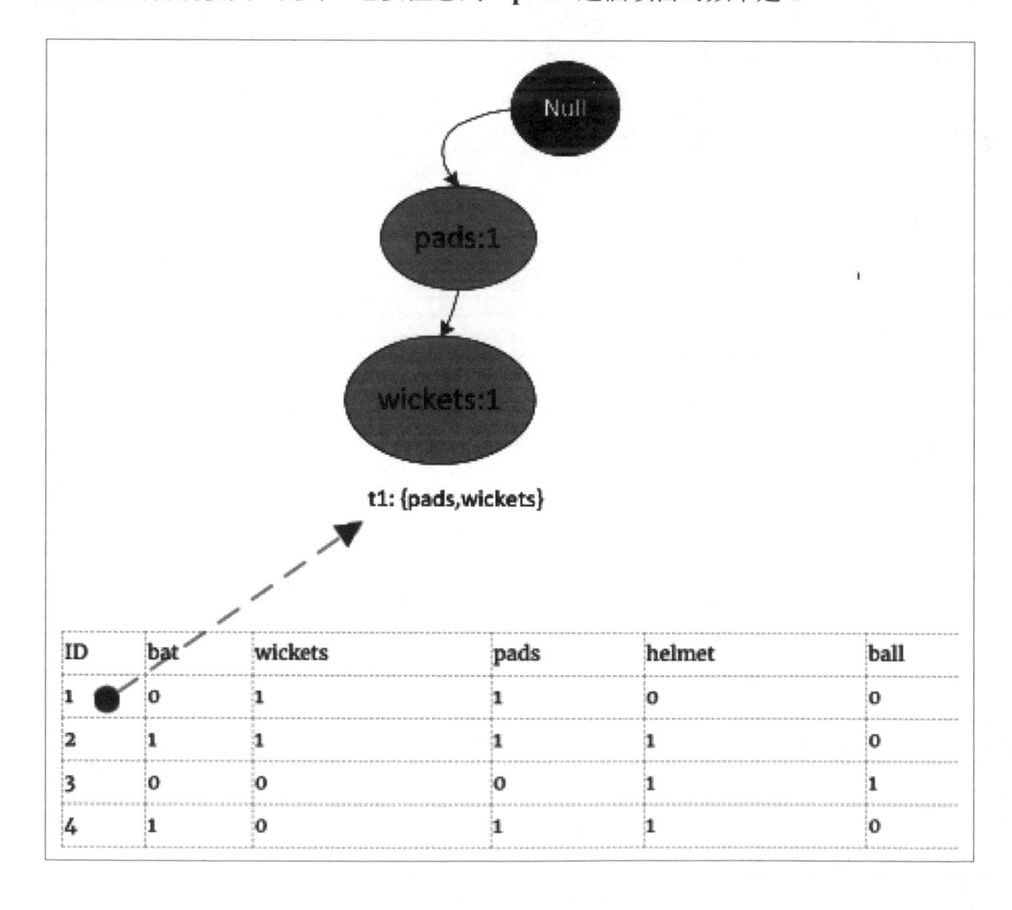

ID	bat	wickets	pads	helmet	ball
1	0	1	1	0	0
2	1	1	1	1	0
3	0	0	0	1	1
4	1	0	1	1	0

我們使用相同的模式畫出四筆交易，其結果就是一個完整的 FP-tree。此 FP-tree 有四個葉節點，每一個代表與四個交易資訊相關的品項集。請注意，我們需要計算每一個品項的頻率，且在使用多次時需要增加它──例如，當把 t_3[16] 加到 FP-tree 時，helmet 的頻率會加到 2。相同的，當加入 t_4 時，它要再加到 3。最後得到的結果如下圖所示：

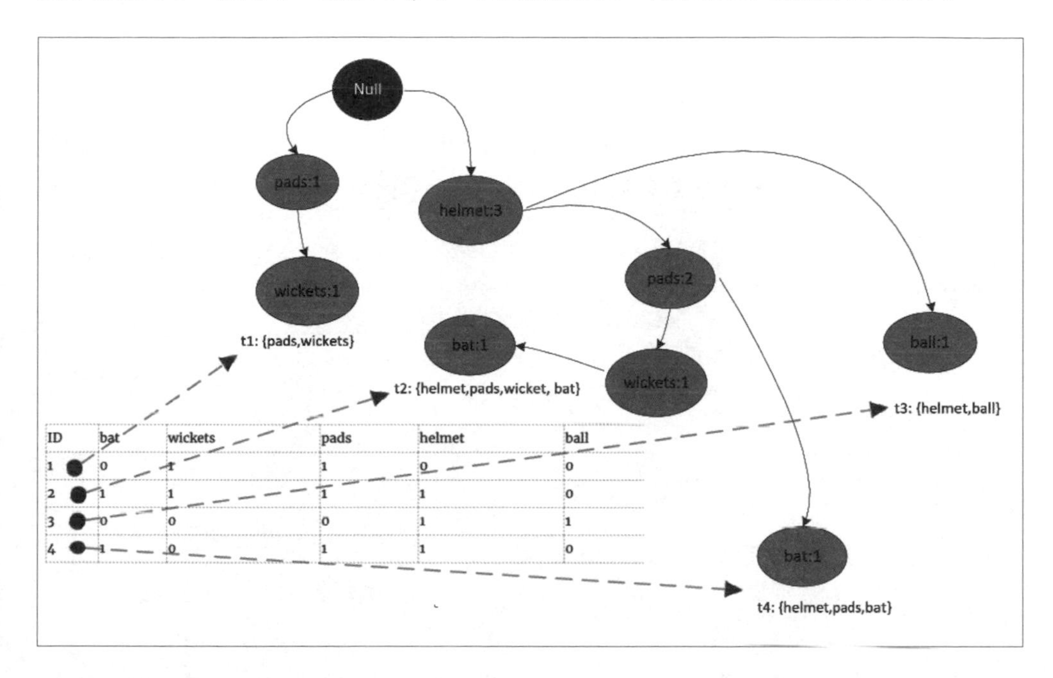

請注意，前面產生的 FP-tree 是一個有序樹。

頻繁模式探勘

FP-growth 樹的第二個步驟是從 FP-tree 中找出頻繁模式。建立一個有序樹的目的，是為了創建一個高效的資料結構，輕易地搜尋出資料中的頻繁模式。

我們從葉節點（也就是終端節點）開始，然後往上移動──例如，從其中一個葉節點 bat 項目開始。接著，計算 **bat** 的條件模式基礎。條件模式基礎的計算，是透過指定從葉項目節點到頂點的所有路徑得到的。**bat** 的條件模式基礎如下所示：

Wicket: 1	Pads: 1	Helmet: 1
Pad: 1	Helmet: 1	

16 編註：此處應為 t_3，故將原文 t_2 更正為 t_3。

bat 的頻繁模式如下所示：

$$\{wicket, pads, helmet\} : bat$$

$$\{pad,helmet\} : bat$$

用於 FP-growth 的程式碼

讓我們來看看如何在 Python 語言中使用 FP-growth 演算法產生關聯規則。我們將會使用 `pyfpgrowth` 套件來執行。如果之前沒有使用過 `pyfpgrowth`，請先利用以下的指令進行安裝：

```
!pip install pyfpgrowth
```

為了實作此演算法，我們需要匯入以下這些套件：

```
import pandas as pd
import numpy as np
import pyfpgrowth as fp
```

現在，可以把資料建立成 `transactionSet` 的型態：

```
dict1 = {
 'id':[0,1,2,3],
 'items':[["wickets","pads"],
 ["bat","wickets","pads","helmet"],
 ["helmet","pad"],
 ["bat","pads","helmet"]]

}
transactionSet = pd.DataFrame(dict1)
```

一旦輸入資料建立完成，就會產生模式，它們是根據於傳遞到 `find_frequent_patterns()` 中的參數而產生的。請注意，傳到此函式中的第二個參數是最小支持度，在此例為 1：

```
patterns = fp.find_frequent_patterns(transactionSet['items'],1)
```

然後就會產生出模式。現在，我們要把模式列印出來。這些模式列出品項的組合與它們的支持度：

```
In [39]: patterns

Out[39]: {('pad',): 1,
          ('helmet', 'pad'): 1,
          ('wickets',): 2,
          ('pads', 'wickets'): 2,
          ('bat', 'wickets'): 1,
          ('helmet', 'wickets'): 1,
          ('bat', 'pads', 'wickets'): 1,
          ('helmet', 'pads', 'wickets'): 1,
          ('bat', 'helmet', 'wickets'): 1,
          ('bat', 'helmet', 'pads', 'wickets'): 1,
          ('bat',): 2,
          ('bat', 'helmet'): 2,
          ('bat', 'pads'): 2,
          ('bat', 'helmet', 'pads'): 2,
          ('pads',): 3,
          ('helmet',): 3,
          ('helmet', 'pads'): 2}
```

現在讓我們產生出規則如下：

```
In [22]: rules = fp.generate_association_rules(patterns,0.3)
         rules

Out[22]: {('helmet',): (('pads',), 0.6666666666666666),
          ('pad',): (('helmet',), 1.0),
          ('pads',): (('helmet',), 0.6666666666666666),
          ('wickets',): (('bat', 'helmet', 'pads'), 0.5),
          ('bat',): (('helmet', 'pads'), 1.0),
          ('bat', 'pads'): (('helmet',), 1.0),
          ('bat', 'wickets'): (('helmet', 'pads'), 1.0),
          ('pads', 'wickets'): (('bat', 'helmet'), 0.5),
          ('helmet', 'pads'): (('bat',), 1.0),
          ('helmet', 'wickets'): (('bat', 'pads'), 1.0),
          ('bat', 'helmet'): (('pads',), 1.0),
          ('bat', 'helmet', 'pads'): (('wickets',), 0.5),
          ('bat', 'helmet', 'wickets'): (('pads',), 1.0),
          ('bat', 'pads', 'wickets'): (('helmet',), 1.0),
          ('helmet', 'pads', 'wickets'): (('bat',), 1.0)}
```

每一個規則都有左邊和右邊兩個部分，它們是以冒號（:）作為分隔。它也提供了輸入資料集中每一條規則的支持度。

實際應用：相似推文分群

非監督式機器學習演算法也可以應用在即時分類相似的推特推文，它們會以下列方式來執行：

- **步驟 1—主題建模**：從給定的推文中發掘各種主題
- **步驟 2—分群**：把每一個推文連結到已發掘的主題

非監督式學習的使用方式如下圖所示：

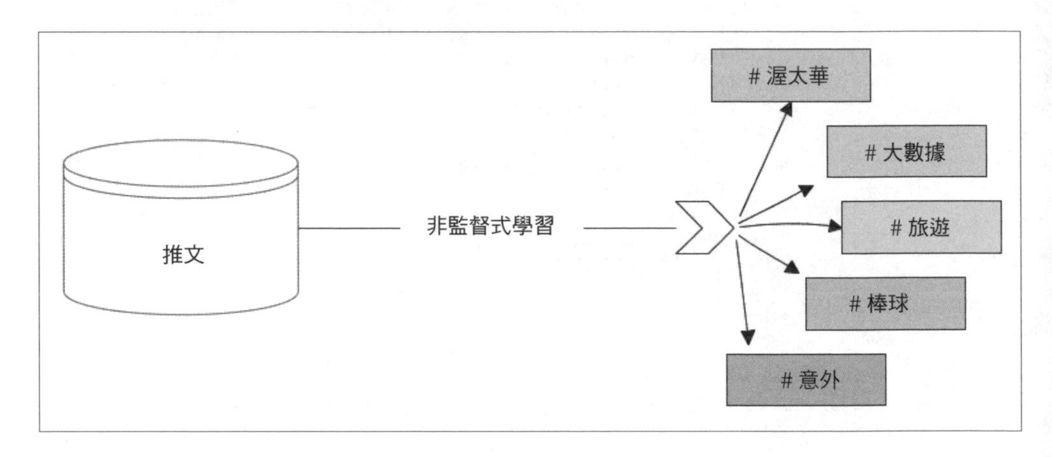

Note
請注意，在此例中，需要把輸入的資料進行即時處理。

讓我們逐一檢視以下的步驟。

主題建模

主題建模是在一組文件中發掘概念的程序，它可以用於區分文件。在推文的上下文中，它可以找出最合適的主題，將推文進行分類。Latent Dirichlet Allocation（隱含狄利克雷分布）是用在主題建模中相當受歡迎的演算法。由於每一則推文最多只有短短 144 個字元，而且通常都跟某個特定主題有關，是故我們可以為主題建模寫一個較簡單的演算法，此演算法的執行程序如下所述：

1. 句元化推文。
2. 預處理資料。移除停用詞、數字、符號，並進行詞幹提取。
3. 為推文建立一個 Term-Document-Matrix（字詞 - 文件矩陣，TDM)，選出特殊推文中出現頻率最高的前兩百個單詞。
4. 選出直接或間接代表一個概念或主題的前 10 個單詞。例如，Fashion、New York、Programming、Accident 等。這 10 個單詞現在是我們成功發現的主題，且將成為這些貼文的分群中心。

現在讓我們移到下一個步驟，也就是分群。

分群

一旦找到了一些主題，就選擇它們作為群組的中心，然後，我們可以執行 k-means 分群演算法，把每一則貼文指定到其中一個群組中心。

以上這個實用的範例說明了如何將一組推文集中到已發現的主題中。

Anomaly-detection 異常偵測演算法

anomaly（異常）在字典上的定義是「不同、不正常、奇特或是不易分類的事物」。它是偏離一般規則的，在資料科學的上下文中，anomaly 是一個偏離預期模式很多的資料點，而發現這些資料點的技巧，就稱為異常偵測技巧。

現在，讓我們來看一些異常偵測演算法的應用：

- 信用卡詐欺
- 在**核磁共振造影**（**magnetic resonance imaging**，**MRI**）掃描中找出惡性腫瘤
- 預防叢集中的故障
- 冒名頂替應考行為
- 高速公路上的意外事故

在接下來的段落，我們將看到各種異常偵測技巧。

使用分群方法

分群演算法像是 k-means，它的方法是把類似的資料點分在同一組；在此種情況下，可以定義一個臨界值，任何一個超過臨界值的點都會被歸類為異常點。不過，這個方法也有一個缺點，k-means 建立分群時可能會因為異常的資料點而產生偏差，進而影響到其可用性和正確性。

使用以密度為基礎的異常偵測

以密度為基礎（density-based）的方法，即嘗試找出密集的近鄰，可以藉由 **k-nearest neighbors (KNN)** 演算法來達成。若資料點與已發現的密集近鄰距離很遠，就會標記為異常值。

使用支援向量機

支援向量機（**Support Vector Machine, SVM**）演算法可以用於學習找出資料點的邊界，任一個超出已發現邊界之外的點，都會被視為異常值。

本章摘要

在本章中，我們檢視了許多不同的非監督式機器學習技巧，也看到降低待解問題維度適用於哪些情況，並透過幾種不同的方法去執行它。我們還研究了非監督式機器學習技巧得以應用的實際例子，包括市場購物籃分析以及異常偵測。

下一章，我們會檢視幾種不同的監督式學習技巧，從線性迴歸開始，然後探討更加複雜的監督式機器學習技巧，像是決策樹演算法、SVM 及 XGBoast，也會研究樸素貝氏（naïve Bayes）演算法——它特別適合用於非結構性文字資料。

memo

7

傳統監督式學習演算法

本章將聚焦於監督式機器學習演算法，它們是現代演算法中最重要的類型之一。監督式學習演算法的特性是訓練模型時對於標籤資料的使用。在本書中，監督式學習演算法會分成兩章的內容來加以呈現。本章我們將會說明除了類神經網路以外所有傳統的監督式機器學習演算法，下一章則是關於實作使用類神經網路的監督式機器學習演算法。事實上，這個領域有許多部分目前正在發展中。類神經網路是一個全面性的話題，值得在本書獨立成一章來加以說明。

因此，本章是監督式機器學習演算法兩部分當中的第一部分。首先，我們將介紹監督式學習演算法的基礎概念，接著我們將展示監督式機器模型的兩種類型——分類器（classifier）和迴歸器（regressor）。為了能夠展示分類器的能力，我們將先提出一個實務上的問題作為挑戰，並展示用來解決問題的六種分類演算法；然後，我們將聚焦在迴歸演算法，先展示一個待迴歸器解決的相似問題，接著，將展示三個迴歸演算法，並使用它們去解決問題。最後，將會比較這些結果以幫助我們去總結在本章所展示的概念。

本章整體目標是讓你瞭解不同類型的非監督式機器學習技術，以及認識對於某些特定問題最適合的監督式機器學習技術是什麼。

以下是本章將加以討論的概念：

- 瞭解監督式機器學習
- 瞭解分類演算法
- 評估分類器效能的方法
- 瞭解迴歸演算法
- 評估迴歸演算法效能的方法

讓我們從探討監督式機器學習背後的概念開始吧！

瞭解監督式機器學習

機器學習聚焦在使用資料驅動的方式去建立一個自動化的系統，此系統可以在有人或無人監督的情況下幫助我們做出決策。為了建立這些自動化的系統，機器學習使用一組演算法以及方法論去發掘資料中重複的樣式並公式化。在機器學習中最受歡迎且最具威力的方法論之一，是監督式機器學習方法。在監督式機器學習中，演算法會被賦予一組輸入，稱之為**特徵**（feature），以及它們所相對應的輸出，稱之為**目標變數**（target variable）。監督式機器學習演算法利用一組給定的資料集來訓練出一個模型，以便捕捉特徵與目標變數之間，以數學公式表達的複雜關係。訓練後的模型即是用於預測的基本工具。

所謂預測就是透過已訓練模型，針對一組陌生特徵產生目標變數的行為。

> **Note**
> 監督式學習從既存資料中學習的能力，和人們從經驗中學習的方式類似。監督式學習的學習能力是使用人類大腦其中一種特性，並開啟一扇門，使決策的威力與智慧帶到機器的領域之中。它是開啟這扇門的基本方式。

讓我們來看一個例子，假設我們想要使用監督式機器學習技術去訓練模型，使其能對電子郵件進行分類，把電子郵件分成合法的（稱為 **legit**）以及不想要的（稱為 **spam**）兩種。首先，為了要能夠順利進行，我們需要從過去的郵件找出一些例子，使得機器可以從這些郵件當中，學習哪些電子郵件的內容需要分類為垃圾郵件（spam）。此種以文字資料為主的學習工作是一個複雜的過程，但它可以透過其中一種監督式機器學習演算法來加以實現。有一些監督式機器學習演算法的樣本可以用於訓練此模型，例如決策樹以及樸素貝氏分類器，這些我們將在本章的後面加以探討。

公式化監督式機器學習

在我們更深入探討監督式機器學習演算法的細節之前，讓我們先定義一些基本的監督式機器學習的術語：

術語	解釋
Target variable（目標變數）	目標變數就是我們想要用模型去預測的變數。監督式機器學習模型只能有一個目標變數。

術語	解釋
Label（標籤）	如果我們想要預測的目標變數是一個分類變數（category variable），它就稱之為標籤。
Features（特徵）	用於預測標籤的輸入變數之集合即稱為特徵。
Feature engineering（特徵工程）	轉換特徵的形式讓它們可以被所選用的監督式機器學習演算法所使用，此作業稱為特徵工程。
Feature vector（特徵向量）	在提供輸入給監督式機器學習演算法之前，所有的特徵需要組合在一個資料結構中，此即為特徵向量。
Historical data（歷史資料）	過去的資料用於公式化目標變數和特徵之間的關係，這些資料即稱為歷史資料。歷史資料會附帶一些樣本。
Training/testing data（訓練 / 測試資料）	帶有樣本的歷史資料被分割成兩個部分——比較大的那份資料稱為訓練資料，比較小的則稱為測試資料。
Model（模型）	模式的數學公式，最能捕捉到目標變數和特徵之間的關係。
Training（訓練）	使用訓練資料去建立一個模型。
Testing（測試）	使用測試資料去評估已訓練模型之品質。
Prediction（預測）	使用模型去預測目標變數。

Note

一個已訓練的監督式機器學習模型，能夠根據特徵來評估目標變數，藉以進行預測。

讓我們介紹在本章討論機器學習技術時，會使用的符號：

變數	代表的意義
y	實際的標籤
$\acute{y}$	預測的標籤
d	全部樣本數
b	訓練樣本數
c	測試樣本數

現在， 讓我們來看看實際上這些名詞是如何組合成公式的。

正如我們先前所說，特徵向量是把所有特徵都儲存在其中的資料結構。

如果特徵的數量是 n，而訓練樣本的數量是 b，那麼 `X_train` 代表訓練特徵向量，每一個樣本在特徵向量中都是其中的一列。

就訓練資料集而言，特徵向量是以 `X_train` 表示。如果在訓練資料集中有 b 個樣本，那麼 `X_train` 就會有 b 列。如果在訓練資料集中有 n 個變數，就會有 n 欄。因此，訓練資料集的維度將是 n x b，如下圖所示：

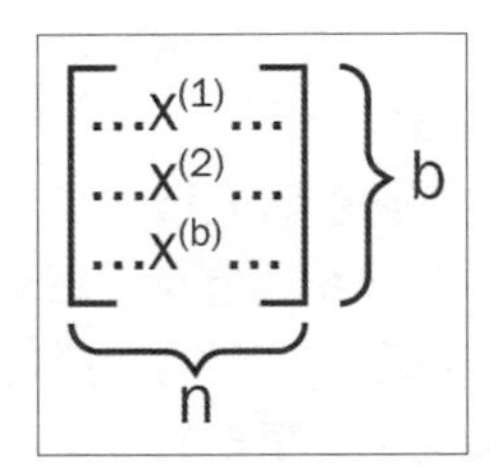

現在，讓我們假設有 b 個訓練樣本，以及 c 個測試樣本。一個特定的訓練樣本表示如 (X, y)。

我們使用上標字來表示訓練集的某個特定訓練樣本。

因此，我們的標籤資料集就可以表示成 $D = \{(X^{(1)},y^{(1)}), (X^{(2)},y^{(2)}), ..., (X^{(d)},y^{(d)})\}$。

把它分成兩個部分—— D_{train} 與 D_{test}。

因此，訓練集就可以表示成 $D_{train} = \{(X^{(1)},y^{(1)}), (X^{(2)},y^{(2)}), ..., (X^{(b)},y^{(b)})\}$。

訓練一個模型的目標是希望對於任一個在訓練集中的第 i^{th} 樣本而言，目標值的預測值應該要愈接近在樣本中的實際值愈好。也就是說，$\acute{y}(i) \approx y(i)$；其中 $1 \leqq i \leqq b$。

因此，我們的測試集合可以表示為 $D_{test} = \{(X^{(1)},y^{(1)}), (X^{(2)},y^{(2)}), ..., (X^{(c)},y^{(c)})\}$
目標變數的值利用向量 Y 的表示如下：

$$Y = \{y^{(1)}, y^{(2)}, ..., y^{(m)}\}$$

瞭解賦能條件

監督式機器學習是仰賴演算法的能力，利用樣本去訓練模型，它需要滿足一些特定賦能條件（enabling condition）才能夠執行。這些賦能條件如下：

- **足夠多的樣本數**：監督式機器學習演算法需要有足夠多的樣本用於訓練模型。
- **歷史資料中的模式**：用來訓練模型的樣本中必須要有模式可供訓練。我們所感興趣的事件發生之可能性應該取決於模式、趨勢以及事件的組合。如果沒有這些，所處理的隨機資料是不足以用來訓練模型的。
- **有效的假設**：當我們使用樣本訓練監督式機器學習模型時，我們期待套用在這些樣本的假設在未來仍然是有效的。讓我們來看一個實際的例子：如果我們想要為政府訓練一個模型，它可以預測核發學生簽證的可能性；必須瞭解的是，當模型用於預測時，法律和政策是沒有改變的。如果新的政策或法律在訓練模型之後才執行，那麼這個模型就需要依據新的資訊重新加以訓練。

分類器和迴歸器的差別

在機器學習模型中，目標變數可以是一個分類變數或是連續變數。目標變數的型態決定了監督式機器學習模型的型態。基本上，監督式機器學習有兩種型態：

- **分類器（classifier）**：如果目標變數是一個分類變數，機器學習模型即稱為分類器。分類器可以回答下列幾種類型的問題：
  - 此異常組織增生是惡性腫瘤嗎？
  - 根據目前的天氣狀況，明天會下雨嗎？
  - 根據特定申請人的個人資料，他的抵押貸款申請應予核准嗎？
- **迴歸器（regressor）**：如果目標變數是連續變數，我們就是在訓練一個迴歸器。迴歸器可以回答這些類型的問題：
  - 根據目前的天氣狀況，明天雨量會是多少？
  - 根據所提供的物件特色，該房屋定價應該是多少？

讓我們更深入探討分類器和迴歸器。

瞭解分類演算法

在監督式機器學習中，如果目標變數是分類變數，就將此模型歸類為分類器：

- 目標變數稱為 **label（標籤）**。
- 歷史資料稱為 **labeled data（已標籤資料）**。
- 需要預測 label 的產出資料，稱為 **unlabeled data（未標籤資料）**。

> **Note**
> 使用已訓練模型把未標籤的資料加上正確的標籤，是分類演算法最強大的能力。分類器可以對未標籤資料進行預測分類，來回答企業感興趣的問題。

在示範如何實作分類演算法之前，我們會先說明一個用來挑戰分類器的企業問題，然後使用六個不同的演算法回答相同的問題，藉此比較它們的方法論、執行方法及效能。

分類器挑戰

先指出一個常見的問題，將此問題當作挑戰，來測試六種不同的分類演算法；本章中，我們將這個問題稱為分類器挑戰（classifer challenge）。使用六個分類器去解決相同的問題，可以協助我們從兩個角度去進行比較：

- 所有輸入變數需要進行前置處理，並把它們組成一個複雜的資料結構，此結構稱為特徵向量（feature vector）。使用相同的特徵向量可避免在六個演算法重複進行相同的資料準備作業。
- 當使用相同的特徵向量作為輸入時，即可比較不同演算法的效能。

這個分類器挑戰是要預測一個人實際購買的可能性。在零售業，要實現銷售最大化，其中一件必要工作就是，深入瞭解消費者的行為，透過分析歷史資料找出購買模式即能達成這個目標。讓我們先來定義這個問題。

問題敘述

假使我們手上有歷史資料，我們是否能夠訓練出一個二元分類器（binary classifier），讓它分析特定使用者的個人資料，然後預測他會不會購買某件商品？

先來看看可以用於解決問題的已標記歷史資料：

$$x \in \Re^{b}, y \in \{0,1\}$$

對於特定的樣本，當 y=1，我們稱它為 positive class，而當 y=0 時，我們稱它為 negative class。

> **Note**
> 雖然 positive 和 negative class 可以任意選用，但最好還是以 positive class 定義我們感興趣的事件。因為如果我們標記的是銀行詐欺交易，那麼它的 positive class（也就是 $y = 1$）就是詐欺交易，和一般的 positive 定義是相反的。

現在，檢視以下的敘述：

- 實際的標籤，以 y 表示
- 預測的標籤，以 y' 表示

請留意，我們的分類器挑戰，樣本中找到的實際標籤值是以 y 來表示；如果在我們的樣本中，某人已經購買了一個品項，我們稱 $y = 1$。預測值是以 y' 來表示，輸入的特徵向量 x 的維度是 4。我們想要確定，給予一個特定輸入，使用者會購買的機率。

因此，給定一個特定輸入特徵向量的值 x 時，$y = 1$ 的機率為何，其數學式表示如下：

$$\acute{y} = P(y = 1|x) : where; x \in \Re^{n_x}$$

現在，讓我們來看看如何處理以及組合不同的輸入變數到特徵向量 x。利用處理管線組合 x 的不同部分，這項技巧我們會在接下來的小節詳加討論。

使用資料處理管線進行特徵工程

為選用的機器學習演算法預處理資料，稱為**特徵工程（feature engineering）**，這項程序在機器學習生命週期中是十分重要的作業。特徵工程需要透過幾個不同的階段來完成，而用於處理資料的各階段程式碼，統稱為**資料管線（data pipeline）**，盡可能使用標準處理步驟設計資料管線，重複使用它們，以減輕訓練模型所需的作業流程；同時，也要應用更多測試完善的軟體模組來提升程式碼的品質。

讓我們來看看，如何因應分類器挑戰設計可重用的處理管線。正如之前所提到的，我們將只會準備一次資料，並把它使用到所有的分類器上。

匯入資料

這個問題的歷史資料，存放在名為 `dataset` 的變數中，它是一個 `.csv` 格式的檔案。我們將會使用 Pandas 的 `pd.read_csv` 函式讀取此檔案，匯入資料成為一個 DataFrame：

```
dataset = pd.read_csv('Social_Network_Ads.csv')
```

特徵選取

選取特徵的程序和我們想要解決的問題之上下文相關，此程序稱為**特徵選取（feature selection）**，它是特徵工程中很重要的部分。

一旦匯入檔案，我們把 `User ID` 這個欄位移除，此欄位用於識別出個人記錄，在訓練模型時應該要加以排除：

```
dataset = dataset.drop(columns=['User ID'])
```

現在讓我們來預覽這個資料集：

```
dataset.head(5)
```

它看起來會像是這個樣子：

	Gender	Age	Estimated Salary	Purchased
0	Male	19	19,000	0
1	Male	35	20,000	0
2	Female	26	43,000	0
3	Female	27	57,000	0
4	Male	19	76,000	0

接著，來看看如何進一步處理這個已輸入的資料集。

One-hot 編碼

許多機器學習演算法要求所有的特徵都是連續變數，意味著如果有一些特徵是分類變數，就需要找到一個策略把它們轉換成連續變數，而 one-hot 編碼就是執行此種轉換的高效方式之一。我們的問題只有一個分類變數，就是 `Gender`，使用 one-hot 編碼把它轉換成連續變數：

```
enc = sklearn.preprocessing.OneHotEncoder()
enc.fit(dataset.iloc[:,[0]])
onehotlabels = enc.transform(dataset.iloc[:,[0]]).toarray()
genders = pd.DataFrame({'Female': onehotlabels[:, 0], 'Male':
onehotlabels[:, 1]})
result = pd.concat([genders,dataset.iloc[:,1:]], axis=1, sort=False)
result.head(5)
```

轉換完成之後，資料集看起來像這樣：

	Female	Male	Age	Estimated Salary	Purchased
0	0.0	1.0	19	19,000	0
1	0.0	1.0	35	20,000	0
2	1.0	0.0	26	43,000	0
3	1.0	0.0	27	57,000	0
4	0.0	1.0	19	76,000	0

請留意，為了從分類變數轉換成連續變數，one-hot 編碼把 `Gender` 轉換成兩個不同的欄位，`Male` 和 `Female`。

精準描述特徵和標籤

接著讓我們設定特徵和標籤。在本書中，我們使用 `y` 表示標籤，`X` 表示特徵集合：

```
y=result['Purchased']
X=result.drop(columns=['Purchased'])
```

`X` 代表特徵向量，包含了用來訓練模型的所有輸入變數。

把資料集分割成測試和訓練兩部分

現在，把資料集分成兩部分， 25% 作為測試用，75% 作為訓練用。使用 `sklearn.model_selection import train_test_split` 進行操作，如下：

```
#from sklearn.cross_validation import train_test_split
X_train, X_test, y_train, y_test = train_test_split(X, y, test_size = 0.25,
random_state = 0)
```

上述指令建立了以下四個資料結構：

- `X_train`：包含所有訓練資料特徵之資料結構。
- `X_test`：包含所有測試資料特徵之資料結構。
- `y_train`：包含訓練資料集所有標籤值之向量。
- `y_test`：包含測試資料集所有標籤值之向量。

調整特徵值範圍

對於許多機器學習演算法來說，把變數的數值範圍調整到介於 0 和 1 之間，是最方便實作的，此步驟稱為**特徵正規化（feature normalization）**。我們利用以下的程式碼套用縮放轉換操作：

```
from sklearn.preprocessing import StandardScaler
sc = StandardScaler()
X_train = sc.fit_transform(X_train)
X_test = sc.transform(X_test)
```

資料調整好之後，就可以作為不同分類器的輸入，這些步驟將於接下來的章節中說明。

評估分類器

模型訓練完畢後，需要去評估它的效能。我們將會進行以下的作業程序來進行評估：

1. 把已加上標籤的資料分成兩部分——訓練用資料和測試用資料。使用測試用資料去評估已訓練模型。
2. 使用測試資料的特徵產生出每一列的標籤，此即為預測的標籤集合。
3. 比較預測標籤和實際標籤以評估模型的品質。

Note

除非待解問題非常簡單，否則在評估模型時會有錯誤分類的情況。如何去解釋這些錯誤分類以判斷此模型的品質，需視我們所選用的效能指標而定。

取得實際標籤及預測標籤之後，有很多效能指標可以用來評估這些模型，量化模型的最佳指標，則是取決於待解商業問題的需求以及訓練資料集本身的特性。

混淆矩陣

混淆矩陣（confusion matrix）是用來總結分類器的評估結果。用於二元分類器的混淆矩陣看起來會像下面這樣：

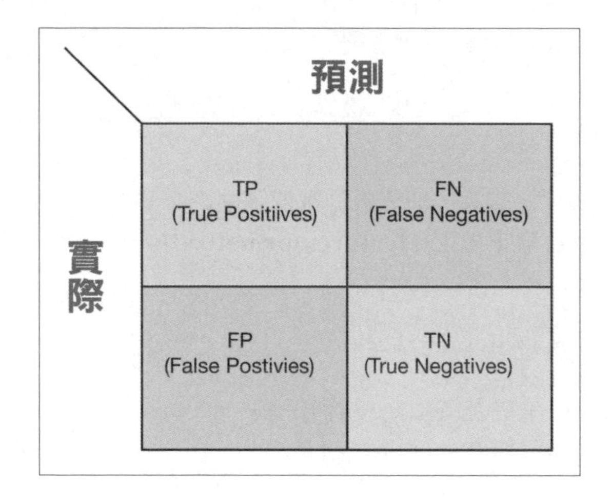

Note

如果我們訓練的分類器標籤只有兩個值，即稱為**二元分類器（binary classifier）**。監督式機器學習（具體來說是二元分類器）的第一個關鍵使用案例，是第一次世界大戰期間用於辨別人造飛行器和飛行中的鳥類。

分類的結果分成以下四種類別：

- **true positives (TP)**：預測為 positive 且預測準確。
- **true negatives (TN)**：預測為 negative 且預測準確。

- **false positives (FP)**：預測為 positive 但預測錯誤。
- **false negatives (FN)**：預測為 negative 但預測錯誤。

讓我們來看看如何利用這四種類別建立出不同的效能指標。

效能指標

效能指標用來量化已訓練模型的效能。根據這個概念，讓我們定義以下四個指標：

指標	公式
Accuracy(正確率)	$\frac{TP+TN}{TP+TN+FP+FN}$
Recall(召回率)	$\frac{TP}{TP+FN} = \frac{CorrectlyFlagged}{CorrectlyFlagged + Misses}$
Precision(精確率)	$\frac{TP}{TP+FP} = \frac{CorrectlyFlagged}{CorrectlyFlagged + WronglyFlagged}$
F1 score(F1 分數)	$2\left(\frac{Precision * Recall}{Precision + Recall}\right)$

正確率是在所有預測中做出正確歸類的比率。計算正確率時，我們不會去區分 TP 和 TN 的差別，因為用正確率評估一個模型是很直覺的，但某些情況它並不適用。

讓我們來看看，哪些情況需要正確率以外的指標來衡量一個模型的效能。其中一種情況是，當我們使用一個模型去預測一個罕見事件，像是以下這些例子：

- 利用模型預測一家銀行交易資料庫中的欺詐交易。
- 利用模型預測一個飛行器引擎零件的機械故障率。

以上的這兩個例子，嘗試預測的是罕見事件。這種情況，另外兩種量測指標會比正確率還來得重要——即召回率和精確度，逐一說明如下：

- **召回率（recall）**：召回率指標計算的是命中率。以第一個例子來看，就是在所有詐欺文件中被模型正確標記為欺詐文件的比率。如果在我們的測試資料中，100 萬筆交易中有 100 份是欺詐件，而此模型可以識出其中 78 份的話，那麼它的 recall 值就是 78/100。

- **精確率（precision）**：精確率用來衡量，在模型所標記的交易中有多少筆是真正有問題的交易。與其聚焦在模型錯誤標記的交易，不如去確認標記有問題的交易項目之精確度。

請注意，F1 分數是同時考慮 recall 和 precision。如果一個模型在 precision 和 recall 均有完美的分數，那麼 F1 分數也會很高。高分 F1 代表我們有一個高品質的訓練模型，它有高 recall 和高 precision。

瞭解過度擬合（Overfitting）

如果機器學習模型在開發環境下有非常好的效能，但在實際應用情境中的效能卻明顯下降，那麼我們就會說，此模型過度擬合了。過度擬合表示訓練的模型太過於依賴訓練資料，它識別過多的模型規則細節。模型的變異（variance）和偏差（bias）之間的取捨，最能夠充分解釋這樣的情況。讓我們逐一檢視上述的兩個概念。

偏差（Bias）

機器學習模型都是根據假設進行訓練的。一般而言，這些假設是一些實務現象的簡單近似，意即，為了讓模型更容易訓練，假設簡化了特徵之間的實際關係與其特性。假設愈多，代表偏差也愈多，因此，在訓練一個模型時，愈簡單的假設 = 高偏差，而愈符合現實狀況的實際假設 = 低偏差。

> **Note**
> 在線性迴歸中，非線性的特徵會被忽略，它們會近似為線性變數。因此，線性迴歸模型本質上就容易出現高偏差。

變異（Variance）

如果使用不同的資料集訓練模型，變異可以量化模型評估目標變數的準確性，因此，它能夠量化模型的數學公式是否對基本樣式有好的一般化。

根據特定情境及情況下的特定過度擬合規則 = 高變異，而能夠一般化以及套用到不同情境及狀況的規則 = 低變異。

> **Note**
> 在機器學習中，我們的目標是訓練一個有低 bias 以及低 variance 的模型。這個目標並不是一向都很容易要達成，經常讓資料科學家枕戈待旦、夜以繼日思考該如何做到。

偏差和變異之間的取捨

在訓練特定的機器學習模型時，要決定訓練模型規則一般化應該到達何種程度，確實有一定難度，對於這個困境，解決方法即為偏差與變異之間的取捨。

> **Note**
> 留意「更簡化的假設 = 更一般化 = 低變異 = 高偏差」[16]。

在偏差和變異之間的取捨，取決於選用何種演算法、資料特性以及不同的超參數（hyperparameters），重要的是，應根據試圖解決的問題之要求，在偏差和變異之間達成正確的妥協。

精準描述分類器的階段

一旦備妥了已標記資料，接下來的分類器開發包括訓練、評估及部署上線。實作分類器有三個階段，可以用 **CRISP-DM (cross-industry standard process for data mining)** 生命週期來呈現，如下圖所示（我們在「第 5 章 _ 圖演算法」中有關於 CRISP-DM 生命週期的詳細說明）：

17 譯註：原文書的 high variance 應為 high bias。

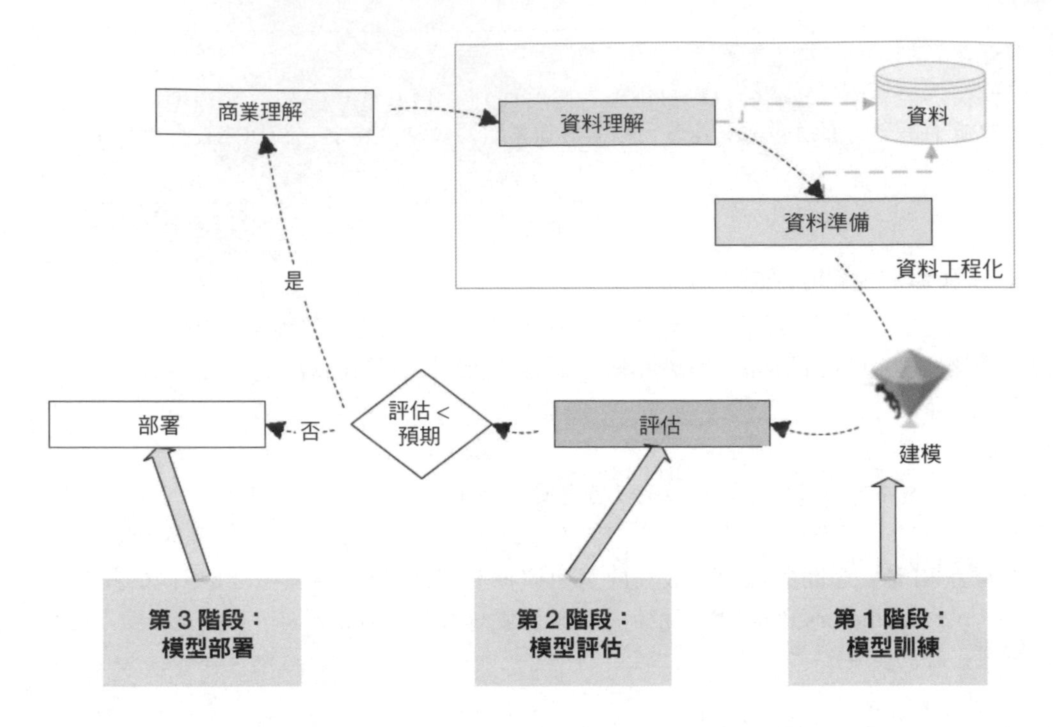

實作分類器的前兩個階段——測試階段和訓練階段，我們使用已標籤資料。這些已標籤資料分成兩部分——比較大的部分作為訓練資料，較小的部分作為測試資料。使用隨機取樣技巧，把輸入資料切割成訓練和測試兩部分，以確保兩部分資料樣式的一致性。請留意，如上方圖表所示，一個是訓練階段，這個階段使用訓練資料來訓練模型，待訓練階段結束，就使用測試資料來評估此模型。

我們使用不同的效能指標量化訓練模型的效能。模型評估一旦完成，就會進入部署上線階段，訓練好的模型會在此階段完成部署並用於推論 ，將未標籤資料加上標籤，以解決實務問題。

現在，讓我們來檢視幾個分類演算法。

我們會在接下來的小節中依序檢視這些分類演算法：

- 決策樹演算法
- XGBoost 演算法
- 隨機森林演算法

- 羅吉斯迴歸演算法
- 支援向量機演算法
- 樸素貝氏演算法

先來看看決策樹演算法。

決策樹分類演算法

決策樹（decision tree）是以遞迴分割方法（分治法）為基礎，產生一組可用於預測標籤的規則。此演算法從根節點開始執行，然後分成多個分支，內部節點代表對於某個屬性的測試，而測試結果會以分支形式呈現，再前進到下一層。決策樹會結束於可做出決策的葉節點，當分割無法再產生更好的決策結果時，即結束程序。

瞭解決策樹分類演算法

決策樹分類的特色是，執行階段用於預測標籤的階層規則，這種階層是人們可理解的。這種演算法本質上是遞迴的。建立此階層規則，有以下幾個步驟：

1. **找出最重要的特徵**：演算法可以在訓練資料集中，識別出與標籤相關的資料點之間的最大差異；此計算是根據訊息增益（information gain）或 Gini 不純度（Gini impurity）等指標。
2. **建立分支**：演算法使用最大識別度的重要特徵，建立一個標準，把訓練資料集分成兩個分支，分別是：
   - 通過此標準的資料點
   - 沒有通過此標準的資料點
3. **檢查葉節點**：若產生決策結果的分支包含了標籤分類中的大部分，就把此分支視為最終的葉節點。
4. **檢查停止條件並重複**：如果還未滿足我們所設定的停止條件，則回到第一步驟進行下一個迭代，否則此模型會被標註為已訓練完畢，並把產生出來的決策樹最底層的所有節點標記為葉節點。停止條件可以是簡單的迭代次數，或是使用預設的停止狀態，也就是當每一個葉節點達到某種同質性程度時，就結束演算法。

決策樹演算法可以用下方這張圖來解釋：

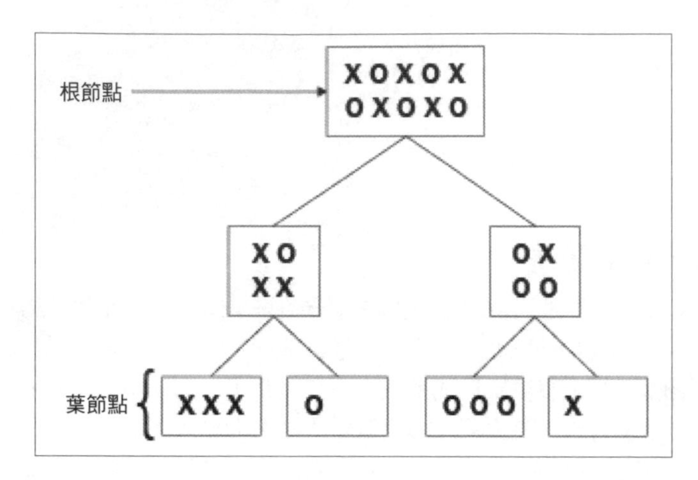

上面的這張圖中，根節點包含了一堆圈叉符號，演算法會設定一個標準來區分它們。在每一層中，決策樹將資料分割，每一次分割後的資料都會比上一層的更具同質性。一個完美的分類器中，每一個葉節點只會包含圈或只包含叉，然而，完美的分類器通常很難訓練成功，因為訓練資料本質上有一定的隨機性。

使用決策樹演算法在分類器挑戰

現在，讓我們把這個決策樹分類器應用在我們前面提出的常見問題上，也就是要預測顧客最終會不會購買商品：

1. 為了完成這個作業，讓我們實體化決策樹分類器演算法，並利用之前為分類器準備的訓練資料來訓練模型：

```
classifier = sklearn.tree.DecisionTreeClassifier(criterion =
'entropy', random_state = 100, max_depth=2)
classifier.fit(X_train, y_train)
```

2. 現在，使用訓練好的模型預測已標籤資料的測試部分。讓我們產生一個混淆矩陣，用它來總結出訓練模型的效能：

```
import sklearn.metrics as metrics
y_pred = classifier.predict(X_test)
cm = metrics.confusion_matrix(y_test, y_pred)
cm
```

得到的結果如下：

```
Out[22]: array([[64,  4],
                [ 2, 30]])
```

3. 現在，使用決策樹分類演算法來計算出分類器的 accuracy，recall 和 precison 值：

```
accuracy= metrics.accuracy_score(y_test,y_pred)
recall = metrics.recall_score(y_test,y_pred)
precision = metrics.precision_score(y_test,y_pred)
print(accuracy,recall,precision)
```

4. 執行上述的程式碼，會產生出以下的輸出：

```
0.94 0.9375 0.8823529411764706
```

這些量測出來的效能，能夠幫助我們比較不同的模型訓練技術之優劣與其效能表現。

決策樹分類器的優缺點

在本節中，讓我們來檢視使用決策樹分類演算法的優點及缺點。

優點

決策樹分類器的優點如下：

- 使用決策樹演算法所建立的模型規則是人們可以理解的，這類模型稱為 **whitebox models（白箱模型）**。當模型做出了決策時，如果我們想要瞭解一些關於此模型細節及推論理由時，whitebox model 就給了我們所需要的透明度。實際應用時，當我們希望避免偏差以及保護弱勢族群，此種透明度更是至關重要。例如，在政府單位以及保險行業，whitebox model 通常會是它們在關鍵使用案例的其中一項要求。
- 決策樹分類器是設計用於從離散的問題空間中擷取資訊，意味著如果大部分的特徵值是分類變數，使用決策樹訓練模型就是一個好的選擇。

缺點

以下是決策樹分類器的缺點：

- 如果使用決策樹分類器所產生的樹長得太深，表示此規則捕捉了太多的細節，結局就是一個過度擬合的模型。當使用決策樹演算法時，我們需要注意決策樹有過度擬合的問題，因此，在必要時需要修剪剔除一些子樹，以避免過度擬合的狀況發生。
- 決策樹分類器另一個不足的地方是，它們沒有能力在自己建立的規則中捕捉非線性關係。

使用案例

本節我們將探討決策樹演算法的使用案例。

分類記錄

決策樹分類器可以使用在資料點的分類上，像是下列這些例子：

- **抵押貸款申請**：訓練一個二元分類器去判斷申請人是否會違約。
- **客戶分類**：把客戶分為高價值、中等價值、低價值的客戶群，為不同客戶群客製化行銷策略。
- **醫療診斷**：訓練一個可以區分良性生長或惡性生長的分類器。
- **治療效果分析**：訓練一個分類器，將特定治療之後具有積極反應的病患標記出來。

特徵選取

決策樹分類演算法是選取特徵的子集去建立規則。當你有大量的特徵時，便可利用此方法來為其他機器學習演算法選取特徵。

瞭解集成方法

在機器學習中，集成方法（ensemble method）可以建立一種以上的模組，彼此有些微差異且使用不同參數，然後再把它們組合成一個聚合模型。為了建立有效的集成，我們需要去找出聚合標準，以產生出最終模型。讓我們來研究幾種集成演算法。

實作 XGBoost 演算法的梯度提升

XGBoost 依據梯度提升（gradient-boosting）原則，於 2014 年開發出來，目前已經成為最受歡迎的集成分類演算法之一。該演算法會產生許多相互關聯的樹，然後使用梯度下降法（gradient descent）去減少殘餘誤差（residual error）。它很適合用於分散式架構，像是 Apache Spark；或是雲端計算，例如 Google Cloud 或 **Amazon Web Services**（**AWS**）。

現在來看看如何實作梯度提升的 XGBoost 演算法：

1. 首先，實體化 XGBClassfier 分類器，然後使用訓練用的資料集訓練模型：

```
In [20]: from xgboost import XGBClassifier
         classifier = XGBClassifier()
         classifier.fit(X_train, y_train)

Out[20]: XGBClassifier(base_score=0.5, booster='gbtree', colsample_bylevel=1,
                       colsample_bynode=1, colsample_bytree=1, gamma=0,
                       learning_rate=0.1, max_delta_step=0, max_depth=3,
                       min_child_weight=1, missing=None, n_estimators=100, n_jobs=1,
                       nthread=None, objective='binary:logistic', random_state=0,
                       reg_alpha=0, reg_lambda=1, scale_pos_weight=1, seed=None,
                       silent=None, subsample=1, verbosity=1)
```

2. 接著，根據訓練好的模型產生出它的預測：

```
y_pred = classifier.predict(X_test)
cm = metrics.confusion_matrix(y_test, y_pred)
cm
```

輸出結果如下：

```
Out[21]: array([[64,  4],
                [ 3, 29]])
```

3. 最後，量化這個模型的效能：

```
accuracy= metrics.accuracy_score(y_test,y_pred)
recall = metrics.recall_score(y_test,y_pred)
precision = metrics.precision_score(y_test,y_pred)
print(accuracy,recall,precision)
```

效能結果的輸出如下：

```
0.93 0.90625 0.8787878787878788
```

接下來，讓我們來探討隨機森林演算法。

使用隨機森林演算法

隨機森林（random forest）是集成方法的其中一種，它把許多決策樹組合起來工作，藉以降低偏差和變異。

訓練隨機森林演算法

在訓練時，演算法從訓練資料中取出 N 個樣本，建立 m 個所有資料的子集合，這些子集合是從輸入資料中隨機選取列和欄所建立的。演算法會建立 m 個獨立的決策樹，將這些分類樹以 C_1 到 C_m 表示。

利用隨機森林進行預測

模型訓練完成之後，可以用來標記新資料。每個獨立的樹均會建立一個標籤，最終預測的結果是由這些個別的預測結果票選而定，如下所示：

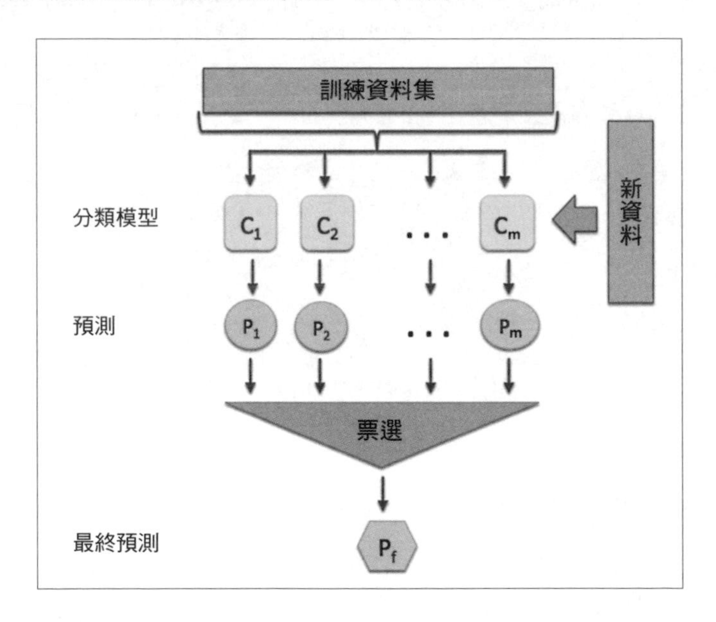

請留意，在前面的圖中，訓練了 m 個樹，以 C_1 到 C_m 來表示，也就是 Trees = $\{C_1,..,C_m\}$。

每一個樹所產生的預測以一個集合來表示：

獨立的預測 = P= $\{P_1,..., P_m\}$

最後預測的結果以 P_f 表示，它是由每一個獨立預測結果所組成的多數所決定。mode 函式可以用來找出多數決（mode 是重複次數最多且屬於多數的數字），個別預測和最終預測結果，以如下的形式連結：

P_f = mode (P)

隨機森林演算法與集成演算法的差異

隨機森林演算法所產生的每一顆樹都是獨立的，因此，它們並沒有關於同一群樹中其他樹的任何細節，此即為隨機森林和其他方法（像是集成提升）的不同之處。

把隨機森林演算法應用於分類器挑戰

讓我們實體化隨機森林演算法，然後使用訓練資料來訓練我們的模型。
有兩個關鍵的超參數在此需要留意：

- n_estimators
- max_depth

超參數 n_estimators 控制要建立多少個獨立的決策樹，而超參數 max_depth 則是控制每一個獨立樹的深度。

換句話說，決策樹可以持續分裂，直到有一個節點可以表示訓練集中的每一個給定樣本。設定 max_depth 來限制分裂的深度，就可以控制模型的複雜度，並決定它和訓練資料的擬合程度。請參考下例輸出，n_estimators 控制隨機森林模型的寬度，而 max_depth 則是控制這個模型的深度：

```
from sklearn.ensemble import RandomForestClassifier
classifier = RandomForestClassifier(n_estimators = 10, max_depth = 4,criterion = 'entropy', random_state = 0)
classifier.fit(X_train, y_train)

Out[9]: RandomForestClassifier(bootstrap=True, class_weight=None, criterion='entropy',
                       max_depth=4, max_features='auto', max_leaf_nodes=None,
                       min_impurity_decrease=0.0, min_impurity_split=None,
                       min_samples_leaf=1, min_samples_split=2,
                       min_weight_fraction_leaf=0.0, n_estimators=10,
                       n_jobs=None, oob_score=False, random_state=0, verbose=0,
                       warm_start=False)
```

隨機森林訓練完畢，就可以使用它來進行預測：

```
y_pred = classifier.predict(X_test)
cm = metrics.confusion_matrix(y_test, y_pred)
cm
```

輸出如下所示：

```
Out[10]: array([[64,  4],
                [ 3, 29]])
```

現在，讓我們量化模型的表現：

```
accuracy= metrics.accuracy_score(y_test,y_pred)
recall = metrics.recall_score(y_test,y_pred)
precision = metrics.precision_score(y_test,y_pred)
print(accuracy,recall,precision)
```

可以觀察到以下的輸出：

```
0.93 0.90625 0.8787878787878788
```

接下來，讓我們來探討羅吉斯迴歸。

羅吉斯迴歸

羅吉斯迴歸（logistic regression）是使用於二元分類的分類演算法，它使用一個邏輯式函式將輸入特徵與目標變數之間的交互作用公式化，這是用來將二元相依變數模型化最簡單的分類技術之一。

假設

羅吉斯迴歸具有以下的假設：

- 訓練的資料集不存在缺失值。
- 標籤是二元分類變數。
- 標籤是序數，也就是說，是有順序性的分類變數。
- 所有的特徵或輸入變數彼此是獨立的。

建立關係

對於羅吉斯迴歸而言，預測值是以下列的方式計算：

$$\acute{y} = \sigma(wX + j)$$

假設 $z = wX + j$

那麼：

$$\sigma(z) = \frac{1}{1 + e^{-z}}$$

前述的關係可以利用圖表呈現，如下：

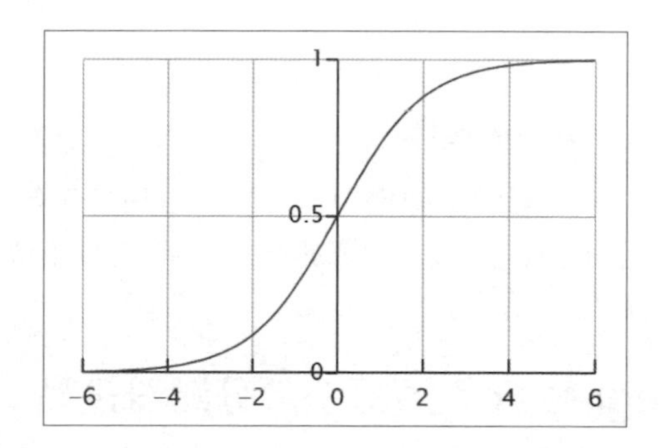

請留意，如果 z 的值很大，$\sigma(z)$ 將會等於 `1`；如果 z 非常小或是一個非常大的負數，那麼 $\sigma(z)$ 將會等於 0。因此，羅吉斯迴歸的目標就是要找到正確的 w 和 j 的值。

> **Note**
> 羅吉斯迴歸是以使用於公式的函式來命名，此函式稱為 **logistic** 或 **sigmoid** 函式。

Loss 和 cost 函式

`loss` 函式定義了在訓練資料中計算特定樣本的預測誤差程度，`cost` 函式則是定義最小化整個訓練資料集所有樣本的誤差度。因此，`loss` 函式使用在訓練資料集中的一個樣本上，而 `cost` 函式則被用於整體的成本，它可以量化預測值和實際值之間的整體偏差，而這個結果是取決於 w 和 h 的選擇。

使用在羅吉斯迴歸的 `loss` 函式如下所示：

$Loss(\acute{y}^{(i)}, y^{(i)}) = -(y^{(i)} \log \acute{y}^{(i)} + (1 - y^{(i)}) \log (1 - \acute{y}^{(i)})$

請注意，當 $y^{(i)} = 1$, $Loss(\acute{y}^{(i)}, y^{(i)}) = -\log\acute{y}^{(i)}$。最小化 loss 的結果會是一個大的 $\acute{y}^{(i)}$。作為一個 sigmoid 函式，最大值將會是 1。

如果 $y^{(i)} = 0$，$Loss(\acute{y}^{(i)}, y^{(i)}) = -\log(1-\acute{y}^{(i)})$，最小化 loss 的結果將會傳回一個非常小的 $\acute{y}^{(i)}$，也就是 `0`。

羅吉斯迴歸的 cost 函式如下所示：

$$Cost(w,b) = \frac{1}{b}\sum Loss(\acute{y}^{(i)}, y^{(i)})$$

使用 Logistic regression 的時機

logistic regression 在二元分類器上的表現非常好，但是當資料非常龐大且品質不佳時， 表現就不好。它能夠捕捉不是太複雜的關係，雖然通常不會產生最大的效能，但起碼它是一個非常好的起始基準。

使用 Logistic regression 演算法於分類器挑戰

本小節，我們將檢視如何使用 logistic regression 演算法在我們的分類器挑戰上：

1. 首先，實體化一個 logistic regression 模型，然後使用訓練資料進行訓練：

```
from sklearn.linear_model import LogisticRegression
classifier = LogisticRegression(random_state = 0)
classifier.fit(X_train, y_train)
```

2. 接著預測 `test` 資料的值，並建立出混淆矩陣：

```
y_pred = classifier.predict(X_test)
cm = metrics.confusion_matrix(y_test, y_pred)
cm
```

執行上述的程式碼可以得到以下的輸出：

```
Out[11]: array([[65,  3],
               [ 6, 26]])
```

3. 現在，讓我們來檢視效能指標：

```
accuracy= metrics.accuracy_score(y_test,y_pred)
recall = metrics.recall_score(y_test,y_pred)
precision = metrics.precision_score(y_test,y_pred)
print(accuracy,recall,precision)
```

4. 執行上述的程式碼可以得到以下的結果：

```
0.91 0.8125 0.896551724137931
```

接著，讓我們來探討支援**向量機演算法**。

SVM 演算法

讓我們來看看支援向量機（suppport vector machine, SVM）演算法。SVM 是一種分類器，它能夠找到最佳的超平面，將兩個類別之間的邊界最大化。因此在 SVM 中，我們的最佳化目標是邊界最大化。邊界的定義是，介於分割超平面之間的距離（即決策邊界 decision boundary），而最接近這個超平面的訓練樣本，就稱為**支援向量**（**support vector**）。在此，我們從一個二維——X1 和 X2——的基本範例開始，畫出一條線將圈和叉分割開來。請參考以下的圖例：

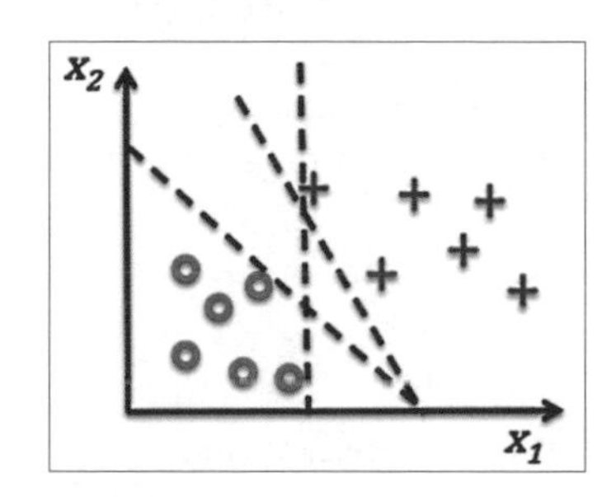

我們已經畫了兩條線，它們都能夠完美地把圈和叉分開。然而，有一條最佳的線，也稱為決策邊界，可以為大部分圖形做最正確的分類；合理的選擇可能是等距分隔出兩個類別的一條線，讓兩個類別都有一些邊界，如下所示：

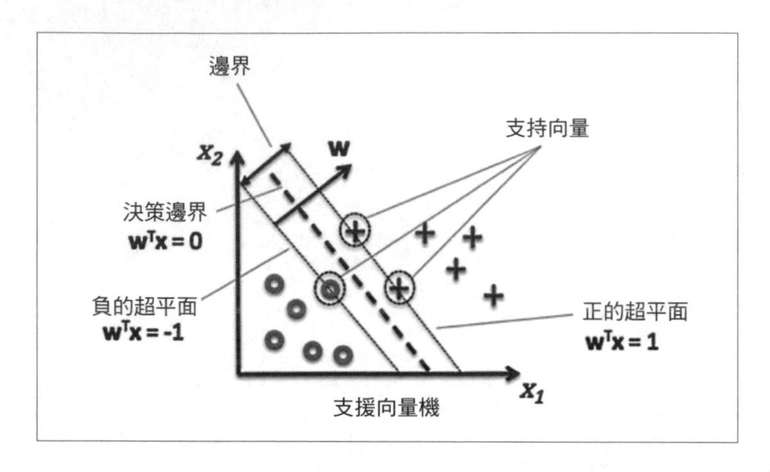

現在，讓我們來看看如何使用 SVM 去訓練一個分類器以應用在我們的挑戰上。

應用 SVM 演算法於分類器挑戰

1. 首先，實體化一個 SVM 分類器，然後使用已標籤訓練資料來訓練它。kernel 超參數決定轉換的型態，將它應用到輸入資料可以做出線性分割：

```
from sklearn.svm import SVC
classifier = SVC(kernel = 'linear', random_state = 0)
classifier.fit(X_train, y_train)
```

2. 訓練完成後，讓我們產生一些預測，然後檢視混淆矩陣：

```
y_pred = classifier.predict(X_test)
cm = metrics.confusion_matrix(y_test, y_pred)
cm
```

3. 觀察以下的輸出：

```
Out[9]: array([[66,  2],
               [ 9, 23]])
```

4. 現在，檢視一些效能指標：

```
accuracy= metrics.accuracy_score(y_test,y_pred)
recall = metrics.recall_score(y_test,y_pred)
precision = metrics.precision_score(y_test,y_pred)
print(accuracy,recall,precision)
```

在執行上述的程式碼之後，會取得以下輸出的值：

```
0.89 0.71875 0.92
```

瞭解 Naive Bayes 演算法

樸素貝氏（naïve Bayes）以機率理論為基礎，是最簡單的分類演算法之一，如果正確使用，可以產生出正確的預測。Naïve Bayes 演算法命名的理由如下：

- 它是根據 naïve 假設，意指，特徵和輸入變數之間是獨立的。
- 它基於 Bayes 定理。

此演算法嘗試根據前述變數屬性／實例的機率對實例進行分類，並假設變數屬性具有完整的獨立性。

事件共有三種型態：

- **獨立事件（independent event）**不會影響其他事件發生的機率（例如，收到一封關於免費參加一場技術活動的電子郵件，與一個發生在你公司的重新組織事件）。
- **相依事件（dependent event）**會影響其他事件發生的機率；意思是，它們以某種型式連結）。例如，你是否能夠準時參加一個研討會，和航空公司罷工事件或班機可能誤點是有關的。
- **互斥事件（mutually exclusive）**代表兩者不能同時發生（例如，用一顆骰子同時擲出 3 和 6 是不可能的情況——兩種結果是互斥的）。

Bayes（貝氏）定理

Bayes 定理用於計算兩個獨立事件 A 和 B 之間的條件機率。事件 A 和 B 發生的機率分別以 $P(A)$ 和 $P(B)$ 表示，條件機率以 $P(B|A)$ 表示；在事件 A 發生的情況下，事件 B 發生的條件機率以下方公式表示：

$$P(A|B) = \frac{P(B|A)P(A)}{P(B)}$$

機率的計算

Naive Bayes 以機率作為根據。單一事件發生的機率（觀測機率）是以該事件發生的次數除以可能導致此事件發生的處理總次數。例如，支援中心每天接到超過 100 通請求支援電話，一個月下來處理 50 種狀況。根據之前紀錄的次數，你想知道電話在 3 分鐘內回應的機率是多少；如果支援中心找出之前 3 分鐘內回應的記錄符合 27 種狀況，那麼 100 通電話在 3 分鐘內回應的觀測機率如下：

P(100 support calls in under 3 mins) = (27 / 50) = 0.54 (54%)

100 通電話可以在 3 分鐘內回應的機率大約是一半左右，這是根據過去 50 種狀況的記錄所做出的推論。

AND 事件的乘法規則

為了計算兩個或兩個以上同時發生的事件之機率，需考慮事件是獨立還是相依的。如果他們是獨立的，則可以套用簡單的乘法規則：

*P(outcome 1 AND outcome 2) = P(outcome 1) * P(outcome 2)*

例如，要計算收到一封免費參加科技活動的電子郵件與公司組織重整的機率，套用簡單的乘法規則即可。這兩個事件是獨立的，也就是說，其中一個事件發生並不會影響到另外一個事件發生的機會。

如果收到一封科技活動電子郵件的機率是 31%，而人事重組的機率是 82%，那麼這兩個事件同時發生的機率可以用下列公式計算：

P(email AND re-organization) = P(email) * P(re-organization) = (0.31) * (0.82) = 0.2542 (25%)

通用乘法規則

如果兩個或多個事件是相依的，那麼就需要使用通用乘法規則。事實上，此公式同時適用於獨立事件和相依事件的例子中：

*P(outcome 1 AND outcome 2)=P(outcome 1)*P(outcome 2 | outcome 1)*

請留意，`P(outcome 2 | outcome 1)` 表示在 `outcome 1` 已經發生的情況下，`outcome 2` 發生的條件機率，此公式結合了事件彼此之間的相關性。如果事件是獨立的，則條件機率在其中一個 `outcome` 發生時並不會影響到另外一個 `outcome` 的發生機率，而 `P(outcome 2 | outcome 1)` 就可以簡寫為 `P(outcome 2)`。因此，這個例子可套用上述的簡單乘法公式。

OR 事件的加法規則

計算一個事件或另一個事件發生的機率時（互斥的情況），可以使用下例簡單加法規則：

P(outcome 1 OR outcome 2) = P(outcome 1) + P(outcome 2)

例如，骰子出現 6 或是 3 的機率是多少？為了回答這個問題，首先要留意這兩個結果是不可能同時發生的。骰子出現 6 的機率是 (1/6)，出現 3 的機率也是一樣的：

P(6 OR 3) = (1 / 6) + (1 / 6) = 0.33 (33%)

如果事件不是互斥而可能會同時出現，需使用以下的通用加法公式，它在互斥和非互斥事件的情況都是有效的：

P(outcome 1 OR outcome 2) = P(outcome 1) + P(outcome 2) P(outcome 1 AND outcome 2)

使用 Naive Bayes 演算法進行分類器挑戰

現在，讓我們使用 naïve Bayes 演算法來解決分類器挑戰：

1. 首先，匯入 `GaussianNB()` 函式，用於訓練模型：

```
from sklearn.naive_bayes import GaussianNB
classifier = GaussianNB()
classifier.fit(X_train, y_train)
```

2. 現在，使用已訓練的模型去預測結果。我們將使用它來預測測試部分的標籤結果，它是 `X_test`：

```
Predicting the Test set results
y_pred = classifier.predict(X_test)
```

```
cm = metrics.confusion_matrix(y_test, y_pred)
cm
```

3. 印出的混淆矩陣如下：

```
Out[10]: array([[66,  2],
                [ 6, 26]])
```

4. 現在，列出效能指標以評量訓練好的模型：

```
accuracy= metrics.accuracy_score(y_test,y_pred)
recall = metrics.recall_score(y_test,y_pred)
precision = metrics.precision_score(y_test,y_pred)
print(accuracy,recall,precision)
```

結果如下所示：

```
0.92 0.8125 0.9285714285714286
```

分類器挑戰的贏家…

讓我們來看看已經展示過的各種演算法之效能指標，請參閱以下的表格：

演算法	正確率	召回率	精確率
Decision tree	0.94	0.93	0.88
XGBoost	0.93	0.90	0.87
Random forest	0.93	0.90	0.87
Logistic regression	0.91	0.81	0.89
SVM	0.89	0.71	0.92
Naive Bayes	0.92	0.81	0.92

從上面這張表格可以觀察到，在正確率和召回率指標中，決策樹分類器的表現最好。如果檢視精確率，則 SVM 和 naïve Bayes 兩者相同，都是此指標的贏家，兩者皆可以為我們所用。

瞭解迴歸演算法

如果目標變數是一個連續變數，則監督式機器學習模型使用的將會是迴歸演算法（regression algorithm）。在此情況中，機器學習模型稱為迴歸器（regressor）。

在本節中，我們將會示範幾種可以用於訓練監督式機器學習迴歸模型的分類演算法，簡稱迴歸器。但首先，要建立一個挑戰，來測試演算法的執行效能、運算能力以及有效性。

迴歸器挑戰

跟前面分類演算法使用過的方法差不多，我們先展示一個可以應用所有迴歸演算法來解決的問題作為挑戰，這個常見問題稱之為迴歸器挑戰，然後使用不同的迴歸演算法去處理這個挑戰。使用相同挑戰在不同的迴歸演算法，有以下兩個好處：

- 只需準備一次資料，然後將準備好的資料用在三種迴歸演算法上。
- 可以對三種迴歸演算法進行有意義的效能比較，因為它們解決的是相同的問題。

現在，讓我們來檢視關於這個挑戰問題的描述。

迴歸器挑戰的問題描述

預測不同車輛的里程數，在現今社會十分重要，高效率的車輛不僅對環境友善，同時也符合成本效益。里程可以從引擎馬力和車輛的特性來加以估算。現在我們要來建立一個迴歸器挑戰，讓它們訓練模型，並讓此模型根據車輛的特性預測一輛車的**平均油耗**（Miles per Gallon, MPG，每加侖可行駛英里數）。

現在，讓我們來看看用於訓練迴歸器的歷史資料集。

探索歷史資料集

以下是我們要使用的歷史資料集特徵：

名稱	型態	說明
NAME	分類變數	一輛車的識別名稱
CYLINDERS	連續變數	汽缸數（介於 4 到 8 之間）

名稱	型態	說明
DISPLACEMENT	連續變數	引擎的排氣量（立方英寸）
HORSEPOWER	連續變數	引擎的馬力
ACCELERATION	連續變數	從 0 加速到 60 英里所需要的時間（秒）

該問題的目標變數是一個連續變數，MPG，精準描述該車輛的油耗（每加侖汽油可行駛的英里數）。

首先，讓我們來設計解決此問題的資料處理管線（pipeline）。

用於資料處理管線之特徵工程

讓我們來看看如何設計一個可重用的處理管線，以應付迴歸器挑戰。如同前面提到，我們只會準備一次資料，然後把這些資料套用在所有迴歸演算法上。請依照以下的步驟進行資料準備作業：

1. 從匯入資料集開始，如下所示：

```
dataset = pd.read_csv('auto.csv')
```

2. 預覽一下這個資料集：

```
dataset.head(5)
```

看起來會像是以下這個樣子：

	NAME	CYLINDERS	DISPLACEMENT	HORSEPOWER	WEIGHT	ACCELERATION	MPG
0	chevrolet chevelle malibu	8	307.0	130	3504	12.0	18.0
1	buick skylark 320	8	350.0	165	3693	11.5	15.0
2	plymouth satellite	8	318.0	150	3436	11.0	18.0
3	amc rebel sst	8	304.0	150	3433	12.0	16.0
4	ford torino	8	302.0	140	3449	10.5	17.0

3. 現在，讓我們進行特徵選取。先把 NAME 欄位丟棄，因為它只用於識別車輛，而只用於識別出資料集中哪一列的欄位，對於訓練模型沒有用處。利用以下指令將此欄位移除：

```
dataset=dataset.drop(columns=['NAME'])
```

4. 轉換所有的輸入變數，並把所有的空值資料都填入 0，如下所示：

```
dataset=dataset.drop(columns=['NAME'])
dataset= dataset.apply(pd.to_numeric, errors='coerce')
dataset.fillna(0, inplace=True)
```

進行缺失資料的插補可以改善資料的品質，作為訓練模型之用。現在，來看一下最後一個步驟：

5. 把資料分割成測試用以及訓練用兩部分：

```
from sklearn.model_selection import train_test_split
#from sklearn.cross_validation import train_test_split
X_train, X_test, y_train, y_test = train_test_split(X, y, test_size
= 0.25, random_state = 0)
```

以下是建立出來的四個資料結構：

- `X_train`：包含訓練資料特徵的資料結構
- `X_test`：包含測試資料特徵的資料結構
- `y_train`：包含訓練資料集的標籤值向量
- `y_test`：包含測試資料集的標籤值向量

現在，讓我們將準備好的資料使用在三種不同的迴歸器，以便比較它們之間的效能差異。

線性迴歸

在所有的監督式機器學習技巧中，線性迴歸（linear regression）演算法是最容易理解的演算法，因此我們將先探討簡單線性迴歸，然後把它擴充為多元線性迴歸。

簡單線性迴歸

在最簡單的型式中，線性迴歸把一個連續獨立變數和另一個連續獨立變數之間的關係，以數學公式表示。一個（簡單）迴歸被用來展現一個相依變數（如 y 軸所示）的變化，可歸因於另一個解釋變數（如 x 軸所示）的改變，它可以用下列公式表示：

$$ý = (X)w + \alpha$$

此公式的說明如下：

- y 是相依變數。
- X 是獨立變數。
- w 是斜率，用於表示每次 X 增加時，線性增加的程度為何。
- α 是截距，用於表示當 X=0 時、y 的值為何。

參考下面這些例子，了解一個連續相依變數和另一個連續獨立變數之間的關係：

- 一個人的體重和他攝取的卡路里之間的關係
- 某特定地區的房屋價格與它的所在區域大小之間的關係
- 空氣中的濕度和降雨可能性之間的關係

對於線性迴歸而言，輸入（獨立）變數和目標（相依）變數都需要是數值格式。兩者的最佳關係就是，通過所有點繪製出一條線，每一點與線的垂直距離平方總和之最小值。假設預測變數和目標變數之間的關係是線性的，例如，在研發中投資愈多金額，就可以產生愈高的銷售。

讓我們來檢視一個特定的例子，試著將針對某商品的行銷支出與銷售情況之間的關係，以公式來表示，我們發現，兩者之間有直接關係。行銷支出和銷售的關係繪製成二維圖形，以藍色的菱形表示。它們的最佳近似關係可以用一條直線來呈現，如下圖所示：

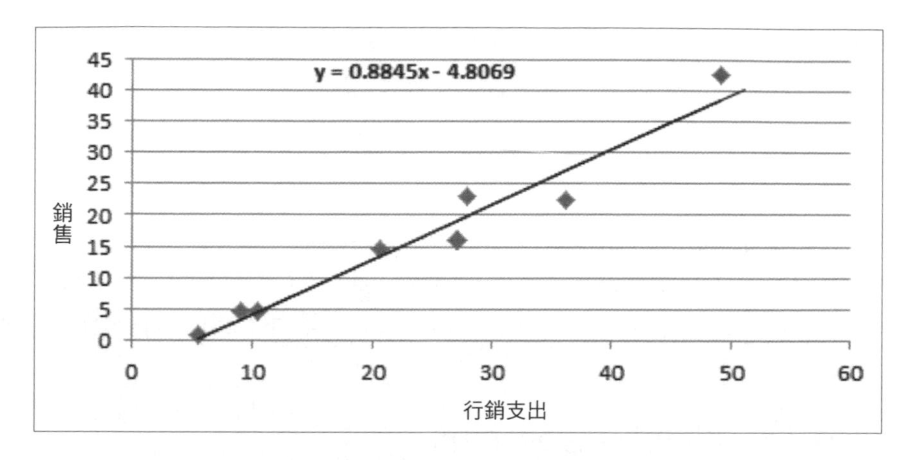

當直線畫好了之後，我們可以看到行銷支出和銷售之間的數學關係。

評估迴歸器

線性迴歸是在相依變數和獨立變數之間畫一條直線，表示它們的近似關係，不過，就算是最佳直線，也會和實際值有差異，如下所示：

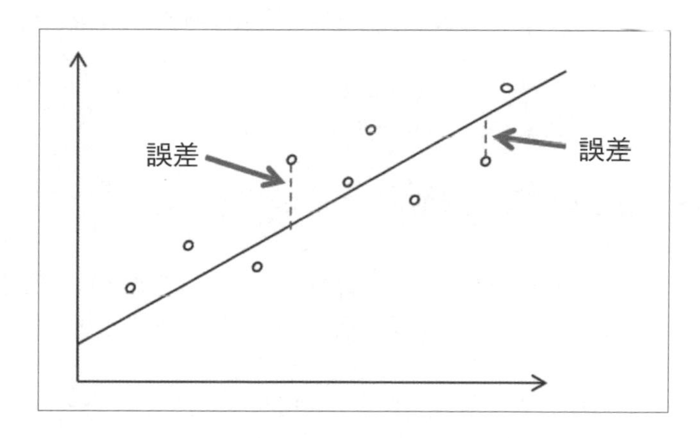

一般用來量化線性迴歸模型效能的方法是使用**均方根誤差（Root Mean Square Error, RMSE）**，它以數學公式來計算已訓練模型之標準誤差。對於某一個訓練資料集的樣本，loss 函式計算如下：

Loss $(\acute{y}^{(i)}, y^{(i)}) = 1/2(\acute{y}^{(i)-} y^{(i)})^2$

藉此推導出以下的 cost 函式，需最小化訓練資料集中所有樣本的 loss，如下所示：

$$\sqrt{\frac{1}{n}\sum_{i=1}^{n}(\acute{y}^{(i)} - y^{i})^2}$$

讓我們試著解釋 RMSE。如果預測商品價格的樣本模型，RMSE 是 50 美元，這表示約有 68.2% 的預測都會落在真實價格的 50 美元之內（即 α），同樣地，表示 95% 的預測會落在實際值的 100 美元之內（即 2α），最終，99.7% 的預測將落在實際值的 150 美元之內。

多元迴歸（Multiple regression）

事實上，大多數的實務分析都有一個以上的獨立變數。多元迴歸是簡單線性迴歸的延伸，和簡單線性迴歸最大的不同是，對於額外的預測器變數增加了 beta 係數。當我們在訓練一個模型時，目標就是要找出 beta 係數，來將線性方程式的誤差降到最低。讓我們試著以數學公式來表示相依變數和一組獨立變數（特徵）之間的關係。

和簡單線性方程式相類似，相依變數 y 的計算，是一個截距加上 β 係數乘上每一個特徵 i 的 x 值之總和：

$$y = \alpha + \beta_1 x_1 + \beta_2 x_2 + ... + \beta_i x_i + \varepsilon$$

誤差以 ε 表示，指明預測並不是完美的。

β 係數允許每一個特徵擁有一個對於 y 值影響的獨立估算，因為 y 的改變是由 β_i 在 x_i 中所增加的每一單位所影響。而且，截距 (α) 指出當所有的變數都是 0 時、y 的值為何。

請注意，前面提到的方程式中，所有變數可以利用向量來表示。目標變數和預測變數都是列數是 1 的向量，而迴歸係數 β 以及誤差 ε 也都是向量。

使用線性迴歸演算法進行迴歸器挑戰

現在，讓我們使用資料集的訓練部分進行模型訓練作業：

1. 首先，匯入線性迴歸套件：

```
from sklearn.linear_model import LinearRegression
```

2. 然後實體化一個線性迴歸模型，使用訓練資料集進行訓練：

```
regressor = LinearRegression()
regressor.fit(X_train, y_train)
```

3. 現在，讓我們使用測試資料集預測結果：

```
y_pred = regressor.predict(X_test)
from sklearn.metrics import mean_squared_error
from math import sqrt
sqrt(mean_squared_error(y_test, y_pred))
```

4. 執行前面的程式碼將會產生以下的輸出：

```
Out[10]: 4.36214129677179
```

如同在前面段落中的討論，RMSE 是標準誤差，它代表預測目標變數的值有 68.2% 的機會將會落在 4.36。

線性迴歸使用的時機為何？

線性迴歸可以用來解決許多實務問題，諸如以下所列：

- 銷售預測
- 預測產品的最佳價格
- 量化事件與反應之間的因果關係，例如臨床藥物試驗、工程安全測試或是行銷研究
- 識別模式可以在給定已知標準的情況下，預測未來的行為，例如：預測保險索賠、自然災害損害、選舉結果、犯罪率等。

線性迴歸的缺點

線性迴歸有以下幾個缺點：

- 它只能夠在數值特徵下運作。
- 類別型的資料需要進行預處理。
- 無法處理好缺失資料。
- 它會對資料做出假設。

迴歸樹演算法

迴歸樹演算法和分類樹演算法類似，只有一點不同，其目標變數是連續變數而不是分類變數。

使用迴歸樹演算法於迴歸器挑戰

在本節中，我們將檢視如何把迴歸樹演算法使用在迴歸器挑戰上：

1. 首先，使用迴歸樹演算法來訓練模型：

```
In [43]: from sklearn.tree import DecisionTreeRegressor
         regressor = DecisionTreeRegressor(max_depth=3)
         regressor.fit(X_train, y_train)

Out[43]: DecisionTreeRegressor(criterion='mse', max_depth=4, max_features=None,
                               max_leaf_nodes=None, min_impurity_decrease=0.0,
                               min_impurity_split=None, min_samples_leaf=1,
                               min_samples_split=2, min_weight_fraction_leaf=0.0,
                               presort=False, random_state=None, splitter='best')
```

2. 模型訓練好之後，使用訓練好的模型去預測值：

```
y_pred = regressor.predict(X_test)
```

3. 然後計算 RMSE 以評估此模型的效能：

```
from sklearn.metrics import mean_squared_error
from math import sqrt
sqrt(mean_squared_error(y_test, y_pred))
```

我們得到以下的輸出結果：

```
Out[45]:  5.2771702288377
```

梯度提升迴歸演算法

讓我們檢視梯度提升迴歸（gradient boost regression）演算法。它使用決策樹的集成，以更佳公式化資料中潛藏的模式。

使用梯度提升迴歸演算法於迴歸器挑戰

在本節中，我們將檢視如何使用梯度提升迴歸演算法用於迴歸器挑戰：

1. 首先，使用梯度提升迴歸演算法訓練模型，如下：

```
In [5]: from sklearn import ensemble
        params = {'n_estimators': 500, 'max_depth': 4, 'min_samples_split': 2,
                  'learning_rate': 0.01, 'loss': 'ls'}
        regressor = ensemble.GradientBoostingRegressor(**params)

        regressor.fit(X_train, y_train)

Out[5]: GradientBoostingRegressor(alpha=0.9, criterion='friedman_mse', init=None,
                                  learning_rate=0.01, loss='ls', max_depth=4,
                                  max_features=None, max_leaf_nodes=None,
                                  min_impurity_decrease=0.0, min_impurity_split=None,
                                  min_samples_leaf=1, min_samples_split=2,
                                  min_weight_fraction_leaf=0.0, n_estimators=500,
                                  n_iter_no_change=None, presort='auto',
                                  random_state=None, subsample=1.0, tol=0.0001,
                                  validation_fraction=0.1, verbose=0, warm_start=False)
```

2. 在梯度提升迴歸演算法模型訓練完畢之後，使用它來預測數值：

```
y_pred = regressor.predict(X_test)
```

3. 最後，計算 RMSE 以量化模型的效能：

```
from sklearn.metrics import mean_squared_error
from math import sqrt
sqrt(mean_squared_error(y_test, y_pred))
```

4. 執行之後會得到下方的輸出值：

```
Out[7]:  4.034836373089085
```

在迴歸演算法中，贏家是…

我們來檢視三種迴歸演算法的效能，它們均使用相同的資料集以及相同的使用案例：

演算法	RMSE
線性迴歸	4.36214129677179
迴歸樹	5.2771702288377
梯度提升迴歸	4.034836373089085

從效能來看，顯然梯度提升迴歸演算法的效能最佳，因為它的 RMSE 最低，其次是線性迴歸，而迴歸樹演算法對於這個問題來說，效能是最差的。

實用範例：如何預測天氣

讓我們來研究，要如何使用本章中所介紹的概念來預測天氣。假設我們想要根據一整年所收集到的資料，去預測某個特定城市明天是否會下雨。

要拿來訓練模型的資料集以 CSV 檔案格式存放，檔案名稱是 weather.csv：

1. 讓我們將這些資料匯入 Pandas 的 DataFrame 中：

```
import numpy as np
import pandas as pd
df = pd.read_csv("weather.csv")
```

2. 來看一下這個 DataFrame 的欄位有哪些：

```
In [63]: df.columns

Out[63]: Index(['Date', 'MinTemp', 'MaxTemp', 'Rainfall', 'Evaporation', 'Sunshine',
               'WindGustDir', 'WindGustSpeed', 'WindDir9am', 'WindDir3pm',
               'WindSpeed9am', 'WindSpeed3pm', 'Humidity9am', 'Humidity3pm',
               'Pressure9am', 'Pressure3pm', 'Cloud9am', 'Cloud3pm', 'Temp9am',
               'Temp3pm', 'RainToday', 'RISK_MM', 'RainTomorrow'],
              dtype='object')
```

3. 接著，檢視一下 `weather.csv` 資料中前 13 欄的前幾列資料內容：

```
In [124]: df.iloc[:,0:12].head()

Out[124]:
```

	Date	MinTemp	MaxTemp	Rainfall	Evaporation	Sunshine	WindGustDir	WindGustSpeed	WindDir9am	WindDir3pm	WindSpeed9am	WindSpeed3pm
0	2007-11-01	8.0	24.3	0.0	3.4	6.3	7	30.0	12	7	6.0	20
1	2007-11-02	14.0	26.9	3.6	4.4	9.7	1	39.0	0	13	4.0	17
2	2007-11-03	13.7	23.4	3.6	5.8	3.3	7	85.0	3	5	6.0	6
3	2007-11-04	13.3	15.5	39.8	7.2	9.1	7	54.0	14	13	30.0	24
4	2007-11-05	7.6	16.1	2.8	5.6	10.6	10	50.0	10	2	20.0	28

4. 現在，檢視 weather.csv 資料後 10 欄的前幾列資料：

```
In [127]: df.iloc[:,12:25].head()
Out[127]:
```

	Humidity9am	Humidity3pm	Pressure9am	Pressure3pm	Cloud9am	Cloud3pm	Temp9am	Temp3pm	RainToday	RISK_MM	RainTomorrow
0	68	29	1019.7	1015.0	7	7	14.4	23.6	0	3.6	1
1	80	36	1012.4	1008.4	5	3	17.5	25.7	1	3.6	1
2	82	69	1009.5	1007.2	8	7	15.4	20.2	1	39.8	1
3	62	56	1005.5	1007.0	2	7	13.5	14.1	1	2.8	1
4	68	49	1018.3	1018.5	7	7	11.1	15.4	1	0.0	0

5. 讓我們使用 x 來代表輸入的特徵。在此會把 Date 欄位從特徵串列中移除，因為在預測中它是沒有用處的，同時也會移除 RainTomorrow 這個標籤：

```
x = df.drop(['Date','RainTomorrow'],axis=1)
```

6. 我們使用 y 來表示標籤：

```
y = df['RainTomorrow']
```

7. 現在，把資料送進 train_test_split 進行分割：

```
from sklearn.model_selection import train_test_split
train_x , train_y ,test_x , test_y = train_test_split(x,y ,
test_size = 0.2,random_state = 2)
```

8. 因為標籤是一個二元變數，我們要訓練的是一個分類器，因此，羅吉斯迴歸在此會是一個好選擇。首先，實體化一個羅吉斯迴歸模型：

```
model = LogisticRegression()
```

9. 現在，可以使用 train_x 和 test_x 來訓練這個模型：

```
model.fit(train_x , test_x)
```

10. 當模型訓練完成之後，使用它來進行預測：

```
predict = model.predict(train_y)
```

11. 現在，找出這個模型的正確率：

```
In [89]: predict = model.predict(train_y)

In [90]: from sklearn.metrics import accuracy_score

In [91]: accuracy_score(predict , test_y)
Out[91]: 0.9696969696969697
```

現在，這個二元分類器可以用來預測明天是否會下雨了。

本章摘要

在本章中，一開始我們檢視監督式機器學習的基礎，然後進一步檢視不同的分類演算法，接著學習評估分類器效能的各種方法，並研究不同的迴歸演算法，同時也探討了評估演算法效能的幾種方法。

下一章，我們將會闡述類神經網路以及深度學習演算法，先檢視用於訓練類神經網路的方法有哪些，再接續探討各式各樣的工具及框架，它們的功能是評估和部署類神經網路。

8

類神經網路演算法

眾多不同因素的結合，使得**人工類神經網路（artificial neural networks, ANNs）**成為現今最重要的機器學習技術之一。這些因素包括：解決日益複雜的問題，爆炸性成長的資料，以及新技術的出現，像是現成廉價的叢集系統，提供了設計極複雜演算法所需要的計算能力。

事實上，這是一個發展迅速的研究領域，負責許多尖端技術領域的重大進展，這些高端技術包括機器人、自然語言處理以及自駕車等。

在 ANN 的架構中，基本單位是神經元（neuron），它的真正優勢在於，把多個神經元組織成分層結構來發揮它們的威力。藉由將神經元連接在一起，建立一個具有許多層的層狀結構，信號會通過這些分層，每一層以不同的方式處理這些信號，直到產生最終的輸出結果。我們將會在本章看到，ANN 如何將隱藏層作為模型的抽象層次，實現了深度學習，這項技術廣泛應用於實現威力強大的應用程式，像是 Amazon 的 Alexa、Google 的影像搜尋以及 Google Photo 上。

本章會先介紹典型類神經網路的主要概念和主要構件。接著，呈現類神經網路的不同型態，並解釋幾種使用於類神經網路中的激勵函式。然後，我們會仔細探討反向傳播演算法（backpropagation algorithm），這是訓練類神經網路中最廣泛使用的演算法。同時，我們也會解釋遷移學習技巧，它可以用於大幅簡化以及部分自動化模型的訓練。最後，如何使用深度學習來標記詐欺文件，會以一個實務範例應用來加以說明。

下列幾點是本章探討的主要概念：

- 瞭解 ANN
- ANN 的演進
- 訓練類神經網路
- 工具和框架
- 遷移學習
- 案例探討：應用深度學習於詐欺偵測

首先，讓我們從檢視 ANN 的基礎開始。

瞭解 ANN

受到人類大腦神經元研究的啟發，1957 年 Frank Rosenblatt 提出了類神經網路的概念。對於人類大腦神經元的分層結構先有一個概括性瞭解，將有助於完全瞭解這個架構（透過下方圖解說明人類大腦中的神經元如何連結在一起）。

在人類的大腦中，**dendrites（樹突）**的作用是作為偵測信號的感測器。這個信號在 axon（軸突）上傳遞，它是一個從神經細胞延伸出來的長條狀投射，其功能是傳遞信號到肌肉、腺體及其他的神經元。如下圖所示，信號通過稱為 **synapse（突觸）**的互連組織傳播，然後傳遞給其他的神經元。請留意，通過這個有機的管道，信號不斷地進行傳遞，直到它抵達目標肌肉或是腺體，然後就會反應出必要的動作。讓這個信號通過整個神經元鏈到達目的地，整個過程通常耗費 7 至 8 毫秒：

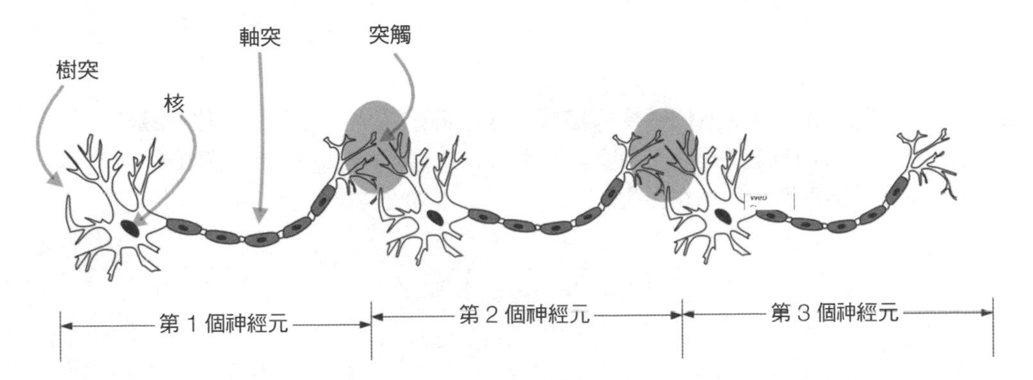

受到此種信號處理的自然結構傑作啟發，Frank Rosenblatt 設計出一種技術，讓數位信號可以分層處理，以解決一個複雜的數學問題。最初設計的類神經網路版本相當簡單，看起來類似於一個線性迴歸模型，這個簡單的類神經網路並沒有任何的隱藏層，它被命名為 *perceptron*（感知器），如下圖所示：

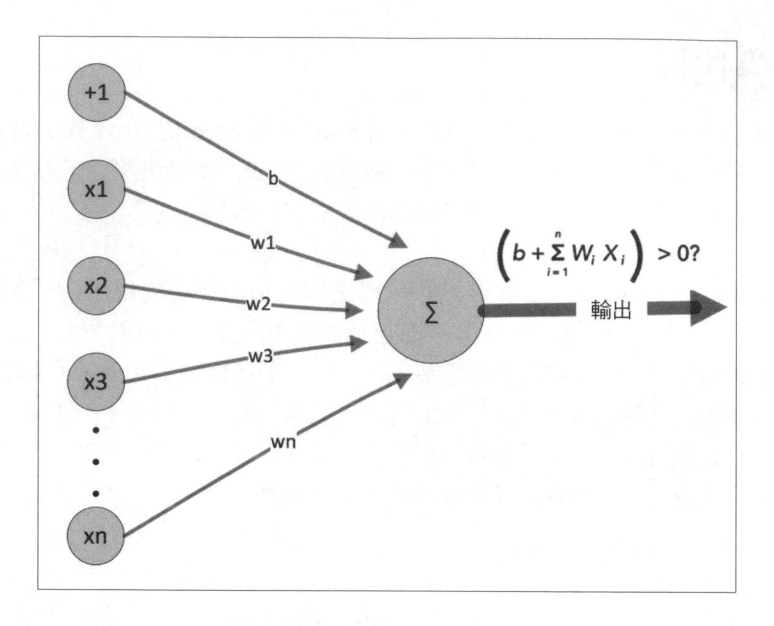

讓我們試著發展這個感知器的數學表達式。在前面的圖中，輸入信號位在圖的左側，它是一個輸入的加權總和，因為每一個輸入 (x_1, x_2..x_n) 均會乘上一個相對應的權重 (w_1,w_2... w_n) 然後再把它們加在一起：

$$\left(b + \sum_{i=1}^{n} w_i x_i\right) > 0?$$

請注意，它是一個二元分類器，因為這個感知器的最終輸出是 true 還是 false，是由聚合器（aggregator，在圖中以 ∑ 來表示）的輸出來決定。如果聚合器可以偵測到至少一個輸入的有效信號，它就會產生 true。

現在，讓我們來看一下類神經網路是如何隨著時間而演進。

ANN 的演進

在前面的小節中，我們檢視了稱為感知器的（perceptron）簡單類神經網路，它沒有任何的分層。感知器被發現有嚴重的限制，1969 年 Minsky 和 Seymour Papert 兩位學者的研究中給出了一個結論，那就是感知器無法學習任何複雜的邏輯。

實際上，他們展示了連 XOR 這樣簡單的邏輯功能都會讓感知器困住，導致外界對於機器學習的興趣普遍下降，特別是類神經網路，結果迎來了「**AI 寒冬（AI winter）**」時代。當時世界各地的研究學者並沒有認真看待 AI，認為它無法解決任何複雜問題。

造成 AI 寒冬的其中一個主要原因是，當時可以使用的硬體能力受到限制，不是沒有達到所需要的計算能力，就是成本高到令人望之卻步。到了 1990 年代末，分散式計算方面的進展為人類提供了容易取得並負擔得起的基礎架構，讓 AI 寒冬得以結束。這項破冰式的進展，也讓 AI 研究得以重新復甦，最終形成了目前的 AI 興盛時代，稱之為「**AI 的春天（AI Spring）**」；AI 的研究備受關注，尤其是類神經網路領域。

對於更複雜的問題，研究人員開發了多層的類神經網路，稱為**多層感知器（multilayer perceptron）**。一個多層類神經網路有許多不同分層，如下圖所示。這些層包括了：

- 輸入層（input layer）
- 隱藏層（hidden layer）
- 輸出層（output layer）

> **Note**
> 深度類神經網路也是一種類神經網路，它有一個或多個隱藏層。深度學習即為 ANN 的訓練程序。

需要留意的一個重點是，神經元是這個網路中的基本單位，同一層的每一個神經元都會連接到下一層的所有神經元。對於複雜網路而言，這些互相連接的數目會形成爆炸性的成長，所以我們將會探討幾個不同的方法，在不犧牲品質的前提下，減少這些互連的數量。

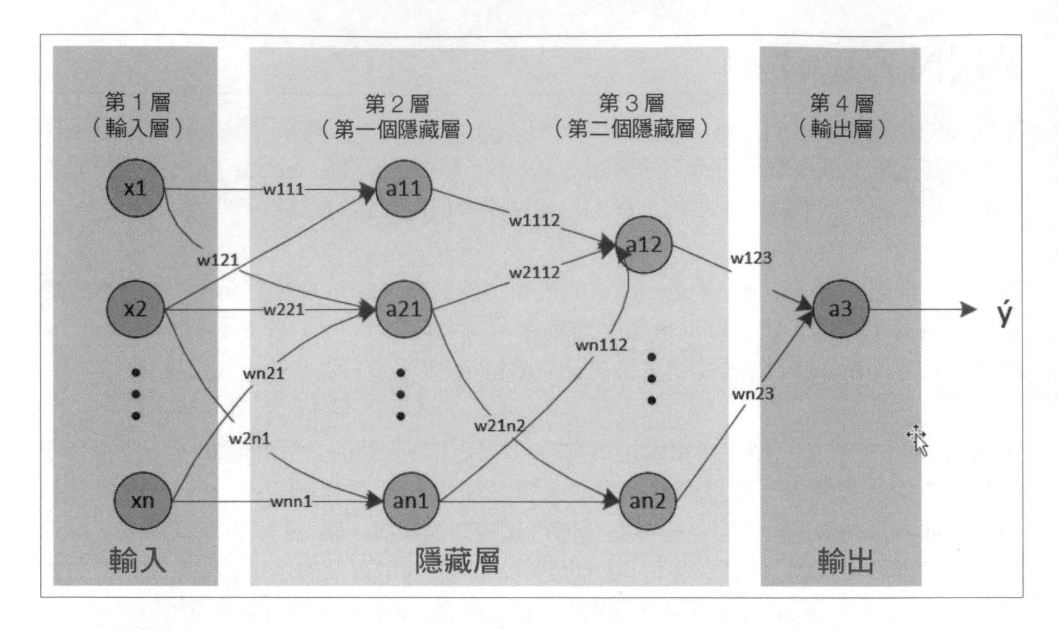

首先，讓我們試著去公式化想要解決的問題。

輸入是特徵向量，x，它的維度是 n。

我們希望類神經網路可以預測值，這個預測的值以 $\acute{y}$ 來表示。

從數學的角度來看，我們想要知道：給予特定的輸入，此交易是詐欺行為的機率為何。換句話說，給予一個特定的 x 值，當 $y = 1$ 時的機率是多少？我們可以用數學來表示：

$$\acute{y} = P(y = 1|x) : where; x \in \Re^{n_x}$$

請留意，x 是一個 n_x 維度的向量，其中 n_x 就是輸入變數的數量。

此神經網路有四層，在輸入層和輸出層之間的稱為隱藏層。第一個隱藏層的神經元數目表示為 $n_h^{[l]}$，兩個節點之間連接的線要乘上一個叫做權重（weight）的參數。所謂訓練一個類神經網路，其實就是去找出這些權重的正確數值。

現在，來看看如何訓練一個類神經網路。

訓練類神經網路

使用一組給定的資料集建立一個類神經網路的過程，稱為類神經網路訓練。讓我們深入檢視典型的類神經網路內容。談到訓練類神經網路時，其實就是在討論計算權重的最佳值。訓練是透過交互使用一組資料集樣本進行，訓練資料中的樣本具有不同組合輸入值與其預期的輸出值。類神經網路的訓練程序和我們之前訓練過的傳統模型（在第 7 章「傳統監督式學習演算法」中探討過）並不一樣。

類神經網路的剖析

讓我們來檢視類神經網路的主要構件：

- **layer（層）**：layer 是類神經網路的核心建構區塊。每一個 layer 像是一個資料處理模組過濾器，它取得一個或多個輸入，進行處理，然後產生出一個或多個輸出。每當資料通過一個 layer，就是經歷一個處理階段，然後顯示出與我們想要解決的業務問題相關的模式。
- **損失函式（lost function）**：損失函數提供了學習過程中不同迭代裡的回饋信號。它提供了單一樣本的偏差。
- **成本函式（cost function）**：成本函式是所有樣本集的損失函式。
- **優化器（optimizer）**：優化器決定了如何解釋由損失函式所提供的回饋信號。
- **輸入資料（input data）**：輸入資料是用來訓練類神經網路的資料，它精準描述了目標變數。
- **權重（weight）**：權重透過訓練網路來計算，大致對應每個輸入的重要性，例如，如果一個特定的輸入比其他輸入來得重要，在訓練之後，會被賦予較大的權重值，像是乘法器一樣。不過，即使是一個很微弱的輸入，也會因為大的權重而收集到它的強度（就像乘法器）。因此，權重會根據每個輸入的重要性而調整。
- **激勵函式（activation function）**：每一個值乘上不同的權重之後會再聚合起來。實際上，它們是如何加以聚合計算以及它們的值將會如何解釋，是由選用的激勵函式來決定的。

讓我們從一個非常重要的角度來檢視類神經網路的訓練。

在訓練類神經網路時，我們逐一取出每個樣本。對每一個樣本而言，訓練中的模型產生輸出，而我們要計算預期輸出和預測輸出之間的差異，這個差異就是 **loss**，把訓練資料集中所有樣本的 loss 收集起來即稱為 **cost**。我們持續地訓練模型，目標就是找出正確的權重值，以得到最小的 loss 值。透過訓練不斷地調整這些權重值，直到找到一組權重值，可以產生最小可能的 cost 值為止。一旦得到了最小 cost，就可以說此模型已完成訓練。

定義梯度下降（Defining gradient descent）

訓練類神經網路模型的目的是要找出正確的權重值。我們用隨機或預設的權重值開始訓練，然後以迭代方式使用一個優化器（optimizer）演算法，例如梯度下降，透過它來改變權重值，讓預測可以持續地改善。

梯度下降演算法的起始點，是一個需要在迭代過程中進行最佳化的隨機權重值，在每一次迭代，演算法會改變這些權重值，使其可以朝向 cost 最小化的方向進行。

下圖說明了梯度下降演算法的邏輯：

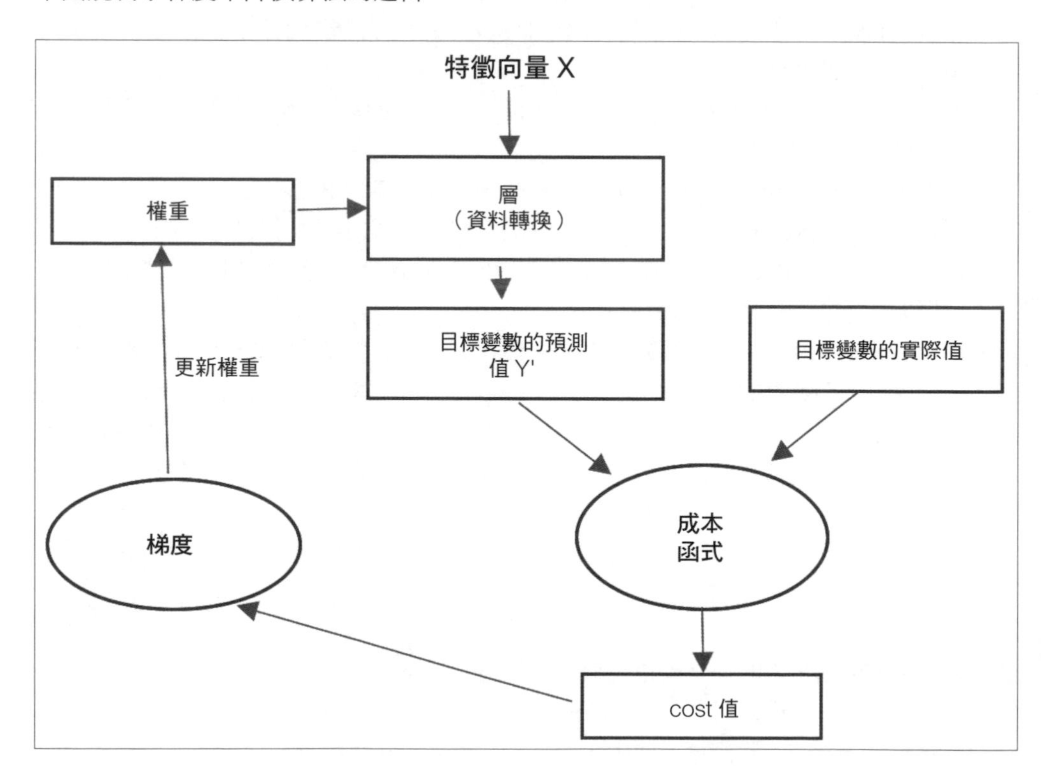

在上圖中，輸入是特徵向量 **X**，目標變數的實際值是 **Y**，而目標變數的預測值則是 **Y'**。我們要計算預測值和實際值之間的差異，更新權重，並重複這些步驟直到 cost 最小為止。

如何在演算法的每一次迭代中改變權重，依賴以下兩個因素：

- **方向（direction）**：往哪一個方向進行才能讓損失函式最小化
- **學習速率（learning rate）**：在我們選定的方向需要多大的改變

一個簡單的迭代程序如下圖所示：

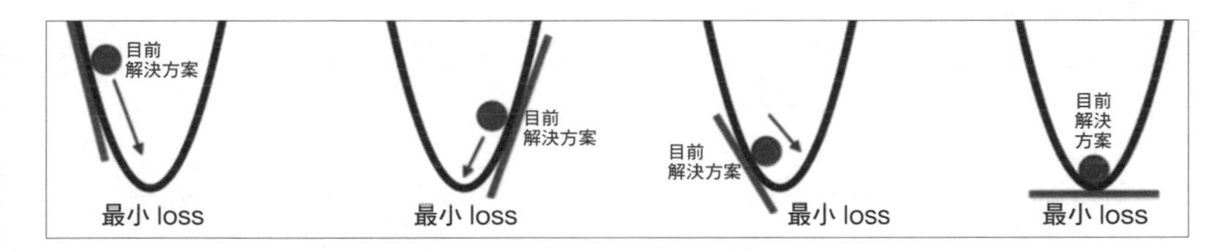

此圖展示了如何藉由改變權重使梯度下降，以嘗試找出最小的 cost。學習速率以及選定的方向將會決定上圖要探索的下一個點為何。

> **Note**
> 選取一個正確的學習速率值是很重要的。如果學習速率太小，此問題就會花上很多時間才能收斂；如果這個值設得太高的話，問題就會無法收斂。如果是這樣，在前面的圖中，代表我們目前解決方案的點，就會不斷地在圖中兩條對立的線之間來回擺盪。

現在，讓我們來看看如何最小化梯度。我們只有兩個變數 x 和 y，x 和 y 的梯度計算如下：

$$gradient = \frac{\triangle y}{\triangle x}$$

最小化梯度可以使用以下的方法：

```
while(gradient!=0):
    if (gradient < 0); move right
    if (gradient > 0); move left
```

此演算法可以使用在尋找一個類神經網路的權重最佳值或近似最佳值。

請注意，梯度下降的計算在網路中以反向方式進行。我們先計算最後一個 layer 的梯度，然後計算倒數第 2 個 layer，逐一往前，一直到第 1 個 layer 為止，這種方式稱為倒傳遞（backpropagation），1985 年由 Hinton、Williams 及 Runmelhart 所共同提出。

現在，讓我們來探討激勵函式。

激勵函式

激勵函式（activation function）是一個公式，它把傳送到一個特定神經元的所有輸入彙集起來處理，然後產生一個輸出。

如下圖所示，在類神經網路中，每一個神經元都有一個激勵函式，用來決定這些輸入該如何加以處理：

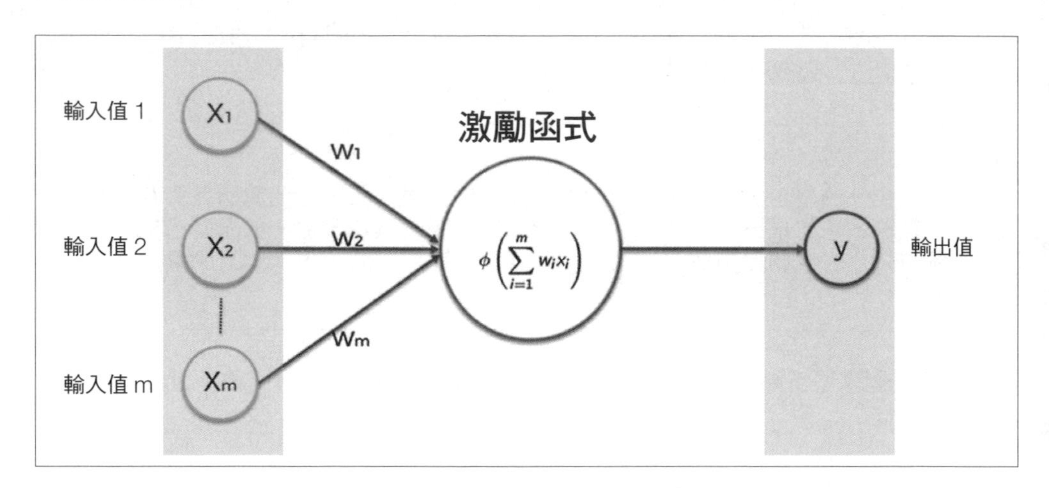

上圖中，我們可以看到，由激勵函式所產生的結果會傳送到輸出。此激勵函式設定一些標準來決定輸入的值要如何解釋以用於產生輸出。

對於完全相同的輸入值，不同的激勵函式會產生出不同的輸出，因此，瞭解如何選用正確的激勵函式，在使用類神經網路解決問題是非常重要的。

現在，讓我們來仔細瞭解每一個激勵函式。

臨界函式

臨界函式（threshold function）可能是最簡單的激勵函式，它的輸出值是二元的：0 或是 1，如果任何輸入值超過 1 的話，它就會輸出 1；如下所示：

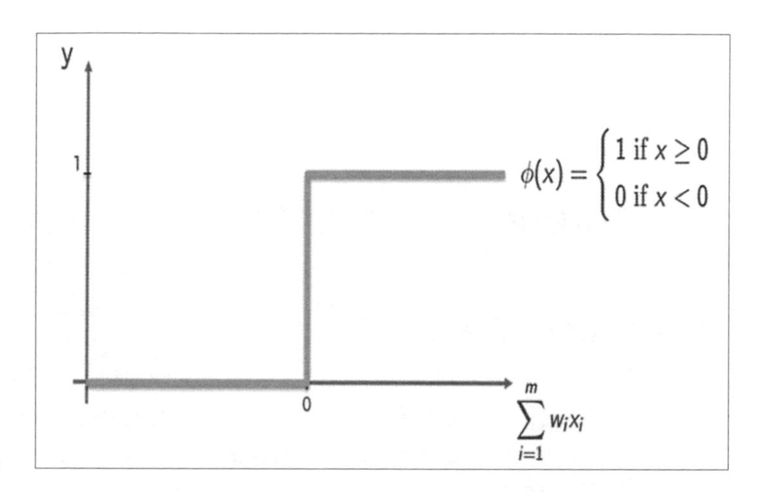

請留意，此函式一旦在加權輸入總和中發現任何跡象，輸出（y）就會是 1，這使得臨界激勵函式非常敏感，如果因為故障或雜訊，在輸入中產生十分輕微的錯誤訊號，也會促使它錯誤觸發。

Sigmoid

可以將 sigmoid 函式想像成臨界函式的改良版，可以控制激勵函式的敏感度：

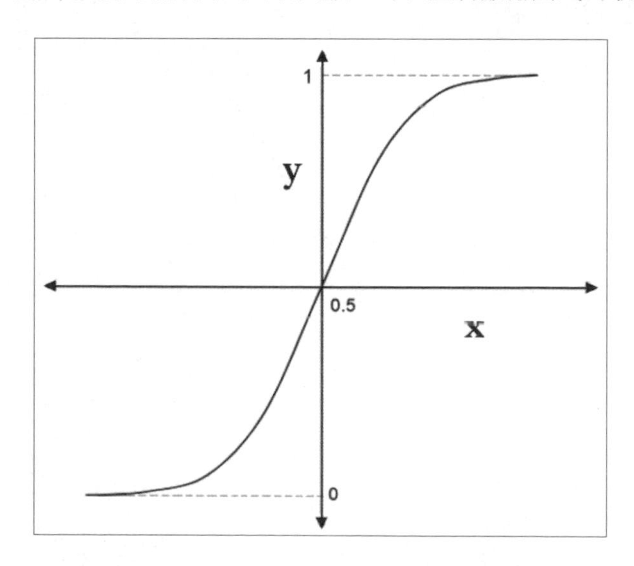

sigmoid 函式 y，定義如下：

$$y = f(x) = \frac{1}{1+e^{-x}}$$

在 Python 中可以使用以下的程式碼實作：

```
def sigmoidFunction(z):
      return 1/ (1+np.exp(-z))
```

請留意，藉由降低激勵函式的敏感度，我們可以減少輸入故障的破壞性。請留意，sigmoid 函數的輸入也是二元的，0 或 1。

Rectified linear unit (ReLU)

本章前面介紹的兩個激勵函式，輸出都是二元的，這意味著它們取得所有的輸入變數之後，會把它們轉換成二元的輸出。ReLU 則是把一組輸入變數轉換為一個連續輸出的激勵函式。在類神經網路中，ReLU 是最受歡迎的激勵函式，且通常使用在隱藏層中；在這些層，我們並不想要把連續變數變成分類變數。

下圖摘要顯示了 ReLU 激勵函式的作用：

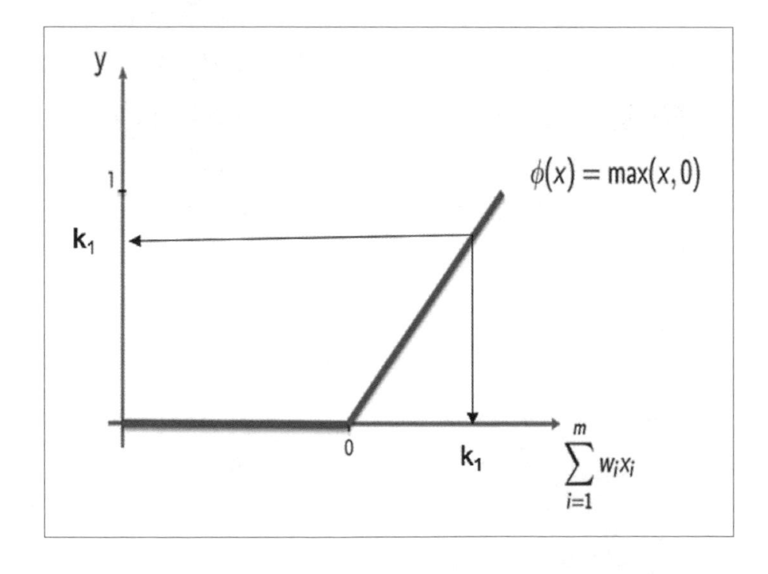

請留意，當 $x \leq 0$ 時，$y = 0$。這表示，任何輸入信號如果是小於或等於 0 的話，其輸出就會是 0：

$$y = f(x) = 0;_{\text{ for } x < 0}$$

$$y = f(x) = x_{\text{ for } x >= 0}$$

當 x 大於 0 時，它的值就維持是 x。

ReLU 函式是在類神經網路中最常使用的激勵函式之一，它可以用下面的 Python 程式碼實作：

```
def ReLU(x):
if x<0:
    return 0
else:
    return x
```

現在讓我們來探討以 ReLU 激勵函式為基礎的 Leaky ReLU。

Leaky ReLU

在 ReLU 中，x 的值如果是負的，就會讓 y 為 0。這表示執行程序中會遺失掉一些資訊，這將會讓訓練的行程變長，特別是在訓練的開始階段。Leaky ReLU 激勵函式可以解決這個問題。以下是 Leaky ReLU 版本的公式：

$$y = f(x) = ßx_{\text{; for } x < 0}$$

$$y = f(x) = x_{\text{ for} x >= 0}$$

請參考下方圖解：

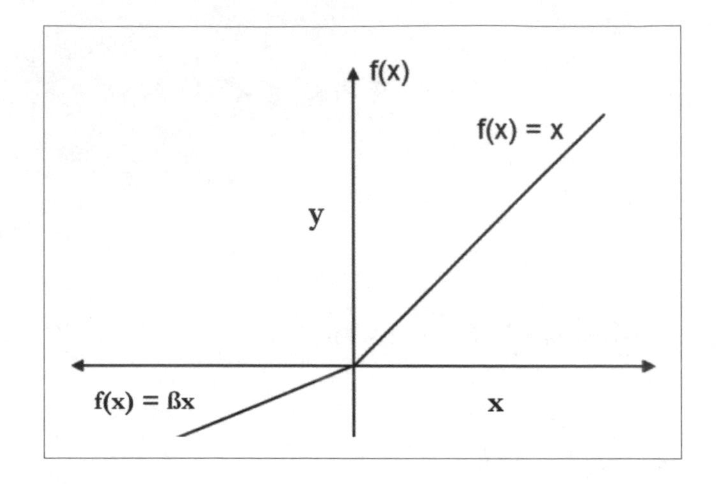

在此，β 是個小於 1 的參數。

此激勵函式可以利用 Python 實作，如下：

```
def leakyReLU(x,beta=0.01):
    if x<0:
        return (beta*x)
    else:
        return x
```

有三種方式可以精準描述 ß 的值：

- 指定給 ß 一個預設值。
- 把 ß 設定為在類神經網路中的一個參數，讓類神經網路來決定它的值（此種方式稱為 **parametric ReLU**）。
- 把 ß 設定為一個隨機數（此種方式稱為 **randomized ReLU**）。

Hyperbolic tangent (tanh)

tanh 函式類似於 sigmoid 函式，但是它有能力處理負值，請參考下圖：

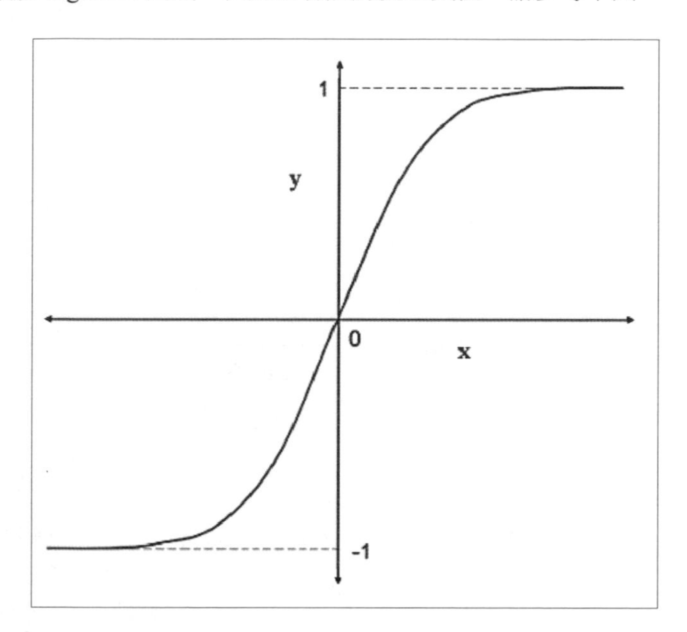

y 函式的方程式如下：

$$y = f(x) = \frac{1 - e^{-2x}}{1 + e^{-2x}}$$

此函式可以使用 Python 程式碼實作，如下：

```
def tanh(x):
    numerator = 1-np.exp(-2*x)
    denominator = 1+np.exp(-2*x)
    return numerator/denominator
```

現在讓我們來看一下 softmax 函式。

Softmax

有時候，我們需要激勵函式輸出超過兩種階段的值，Softmax 就是一個可以提供超過二階輸出的激勵函式，它特別適合多類別的分類問題。假設有 n 個類別，有一些輸入值，這些輸入值對應到的類別如下：

$$x = \{x^{(1)}, x^{(2)}, \ldots x^{(n)}\}$$

Softmax 是基於機率理論運作的。在 Softmax 中，第 e^{th} 類的輸出機率之計算方法如下：

$$prob^{(s)} = \frac{e^{x^s}}{\sum_{i=1}^{n} e^{x^i}}$$

> **Note**
> 對於二元分類器來說，最後一層的激勵函式將會是 sigmoid，而多類別之分類器則會是 softmax。

工具和框架

本節將會詳細探討可以用來實作類神經網路的框架和工具。

隨著時間的推移，發展出許多不同的框架用來實作類神經網路，每一種框架都有它們的強項和弱項。在本節中，我們會把重點放在以 TensorFlow 作為後端的 Keras。

Keras

Keras 是使用 Python 開發，最受歡迎且最容易使用的類神經網路程式庫之一，它以易於上手作為其創作精神，並提供了實作深度學習的最快速方法。Keras 只提供高階的功能區塊，通常被當作在模型層級運作的程式庫。

Keras 的後端引擎

Keras 需要一個低階的深度學習程式庫去運行 tensor 層級的實作，這個低階的深度學習程式庫稱為 backend engine（後端引擎）。Keras 可以使用的後端引擎包括：

- **TensorFlow** (`www.tensorflow.org`)：這是此類型最受歡迎的框架，它是 Google 的開源專案。
- **Theona** (`deeplearning.net/software/Theano`)：由 Montréal 大學 MILA 實驗室所開發的框架。
- **Microsoft cognitive toolkit (CNTK)**：由微軟所開發。

模組化深度學習的技術堆疊如下圖所示：

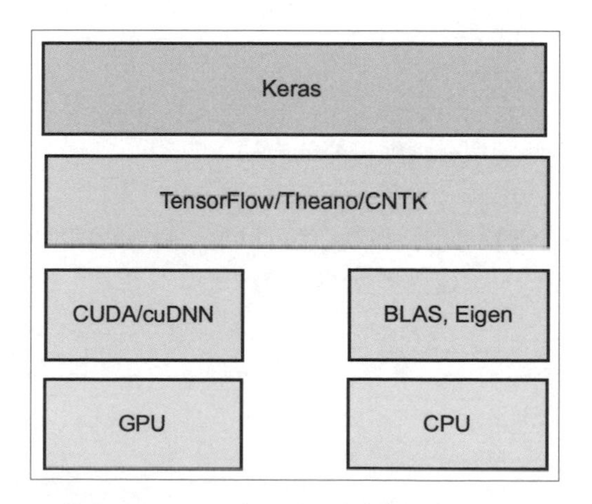

模組化深度學習架構的優點是，Keras 的後端可以置換，不需要修改任何程式碼。例如，如果我們發現某一個問題 TensorFlow 比 Theona 還要好用，我們可以簡單地把後端換成 TensorFlow 而不需要重寫任何程式碼。

深度學習的低階層堆疊

我們所提到的三種後端引擎，均能夠在 CPU 和 GPU 執行，並使用在堆疊中的低階層上。對於 CPU 而言，使用的是一個稱為 Eigen 的張量操作低階程式庫，而對於 GPU 來說，TensorFlow 使用的是 NVIDIA 的 **CUDA Deep Neural Network (cuDNN)** 程式庫。

定義超參數

如同我們在「**第 6 章 _ 非監督式機器學習演算法**」中說明的，超參數就是參數，它的值是在學習程序開始前就選定的。我們從認為還可以的值開始，然後在接下來的操作中試著將它最佳化。與類神經網路相關的重要超參數如下：

- 激勵函式
- 學習速率
- 隱藏層的數目
- 每一個隱藏層的神經元數量

現在，來看看如何使用 Keras 定義模型。

定義 Keras 模型

定義一個完整的 Keras 模型，有以下三個步驟：

1. **定義 layers**

   使用 Keras 建立一個模型有兩種可能的方法：

   - **the sequential API**：此方法讓我們可以為一個層的線性堆疊架構模型。它使用在相對簡單的模型，是建構模型時常用的選擇：

Import Packages

```
[ ] import tensorflow as tf
    from tensorflow.keras.models import Sequential
    from tensorflow.keras.layers import Dense, Activation, Dropout
    from tensorflow.keras.datasets import mnist
```

Load Data

Let us load the mnist dataset

```
[ ] (x_train, y_train), (x_test, y_test) = mnist.load_data()

    Downloading data from https://storage.googleapis.com/tensorflow/tf-keras-datasets/mnist.npz
    11493376/11490434 [==============================] - 0s 0us/step
```

```
[ ] model = tf.keras.models.Sequential([
            tf.keras.layers.Flatten(),
            tf.keras.layers.Dense(128, activation='relu'),
            tf.keras.layers.Dropout(0.15),
            tf.keras.layers.Dense(128, activation='relu'),
            tf.keras.layers.Dropout(0.15),
            tf.keras.layers.Dense(10, activation='softmax'),
            ])
```

請留意，在此我們已經建立了三層，前兩層使用 ReLU 激勵函式，第 3 層則是使用 softmax 作為激勵函式。

- **the functional API**： 此方法讓我們可以為層的無環圖架構出模型，比較複雜的模型可以使用 functional API 來建立。

```
inputs = tf.keras.Input(shape=(128,128))
x = tf.keras.layers.Flatten()(inputs)
x = tf.keras.layers.Dense(512, activation='relu',name='d1')(x)
x = tf.keras.layers.Dropout(0.2)(x)
predictions = tf.keras.layers.Dense(10,activation=tf.nn.softmax, name='d2')(x)
model = tf.keras.Model(inputs=inputs, outputs=predictions)
```

請留意，我們可以同時使用 sequential 和 functional API 定義相同的類神經網路。從效能的觀點來看，不論你使用哪一種方法，定義出的模型並沒有差異。

2. **定義學習程序**

   在此步驟中要定義三件事：

   - 優化器
   - 損失函式
   - 衡量模型品質的量化指標：

```
optimiser = tf.keras.optimizers.RMSprop
model.compile (optimizer= optimiser, loss='mse', metrics = ['accuracy'])
```

   請留意，在此使用 `model.compile` 函式定義優化器、損失函式以及指標。

3. **訓練模型**

   當架構定義完畢之後，就可以開始訓練這個模型了：

```
model.fit(x_train, y_train, batch_size=128, epochs=10)
```

   請留意，像是 `batch_size` 以及 `epochs` 參數都是可以調整的參數，它們可以作為超參數看待。

選用 sequential 或是 functional 模型

sequential 模型會建立一個 ANN 作為 layer 的簡單堆疊。sequential 模型簡單而且易於瞭解及實作，但是它的簡單架構也讓它有一個很大的限制，就是每一個 layer 剛好連接到一個輸入和輸出張量。這表示，如果我們的模型有多個輸入或是多個輸出，不管它們是在輸入、輸出還是任何一個隱藏層，就沒辦法使用 sequential 模型，遇到這種情況，就需要改用 functional 模型。

瞭解 TensorFlow

TensorFlow 是類神經網路最受歡迎的程式庫之一。在前面的小節中，我們看到了如何使用它作為 Keras 的後端引擎。這是一個開源、高效能的程式庫，可以直接使用在任何數值計算上。如果檢視技術堆疊，可以看到的是，我們能夠利用高階語言像是 Python 或是 C++ 來編寫 TensorFlow 程式碼，它可以被 TensorFlow 分散式執行引擎解譯，這一點使它廣受程式開發者的歡迎。

TensorFlow 的運作方式是，你要建立一個 **directed graph (DG)** 來表示你的計算，連接節點（node）的是邊（edge）、輸入及數學運算的輸出；它們也用來表示資料陣列。

TensorFlow 基本概念介紹

讓我們來看一下 TensorFlow 的幾個概念—— scalar、vector 以及 matrice。一個簡單的數字，像是 3 或 5，傳統數學稱為 **scalar**；在物理學，**vector** 是同時包含值的大小和方向的用語；在 TensorFlow 的術語中，則是使用 vector 表示一維陣列。延伸這個概念，二維陣列是 **matrix**，而三維陣列使用 **3D tensor** 來表示。我們用 **rank** 這個詞表示資料結構的維度，因此，**rank 為 0** 的資料結構就是 **scalar**，**rank 為 1** 的資料結構是 **vector**，而 **rank 為 2** 的資料結構則是 **matrix**。這些多維度的結構即是所謂的 **tensor**，請參考下圖中的說明：

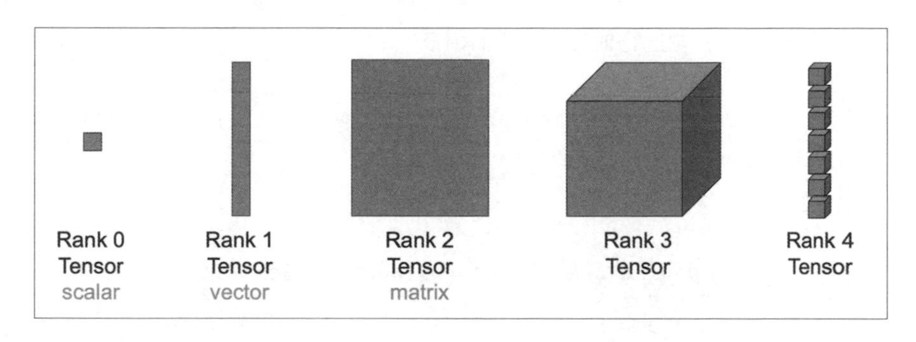

如同上圖所呈現，rank 代表的就是張量的維度。

再來檢視另一個參數 `shape`。`shape` 是一個由整數組成的元組，它用來指定每一個維度的陣列長度。下面圖表解釋了 `shape` 的概念：

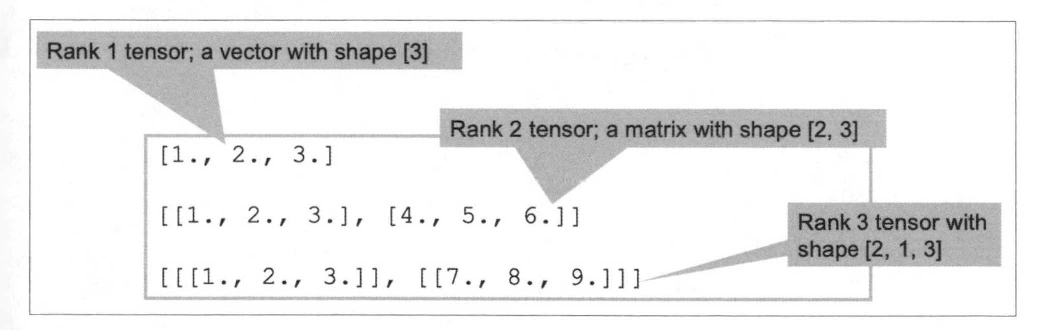

使用 `shape` 和 rank，我們就可以精準描述張量了。

認識張量的數學計算

讓我們來檢視使用張量（tensor）的一些數學計算：

- 先定義兩個 scalar，然後試著使用 TensorFlow 進行加法與乘法：

```
In [13]: print("Define constant tensors")
         a = tf.constant(2)
         print("a = %i" % a)
         b = tf.constant(3)
         print("b = %i" % b)

         Define constant tensors
         a = 2
         b = 3
```

- 執行加法和乘法，並把它們的結果顯示出來：

```
In [14]: print("Running operations, without tf.Session")
         c = a + b
         print("a + b = %i" % c)
         d = a * b
         print("a * b = %i" % d)

         Running operations, without tf.Session
         a + b = 5
         a * b = 6
```

- 我們也可以對兩個張量進行加法運算，建立出一個新的 scalar 張量，如下：

```
In [16]: c = a + b
         print("a + b = %s" % c)

         a + b = Tensor("add:0", shape=(2, 2), dtype=float32)
```

- 我們也可以執行一個複雜的張量函式：

```
In [17]: d = tf.matmul(a, b)
         print("a * b = %s" % d)

         a * b = Tensor("MatMul:0", shape=(2, 2), dtype=float32)
```

瞭解類神經網路的類型

有多種方式可以建立類神經網路。假如每個 layer 中的每一個神經元都連接到另一個 layer 的所有神經元，則我們稱之為一個 dense 或全連接（fully connected）類神經網路。讓我們繼續探討其他型式的類神經網路。

卷積類神經網路

卷積類神經網路 (convolution neural networks，CNNs) 一般使用在分析多媒體資料。為了解更多關於 CNN 如何使用於分析以圖像為主的資料，我們需要先掌握以下的處理方法：

- 卷積（convolution）
- 池化（pooling）

接下來讓我們逐一檢視。

卷積（Convolution）

卷積的程序是透過一個叫做 **filter**（也叫做 **kernel**）的較小圖像，處理指定圖像中我們感興趣的模式，並予以強調。例如，如果想要找出一個影像中的物體邊緣，我們可以利用一個特定的 filter 在影像中來回處理找出這些邊緣。邊緣偵測可以幫助我們進行物體的檢測、分類，以及其他的相關應用，因此可以說，卷積處理程序是找出影像特性及特徵的方法。

尋找模式的方法，是根據在不同的資料中找出可以重用的模式，這些可以重用的模式稱為 filter 或 kernel。

池化（Pooling）

應用機器學習於多媒體資料的處理時，有一項很重要的步驟，就是降低樣本數。樣本數降低會有以下兩個好處：

- 降低整個問題的維度，進而大幅減少訓練此模型所需要的時間。
- 通過聚合，我們在多媒體資料中抽象化了不需要的細節，讓它更一般化，對相似的問題更具代表性。

降低樣本的執行大意如下圖所示：

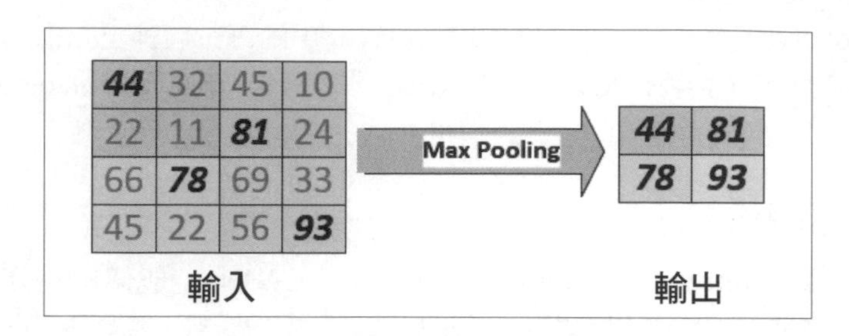

請留意，我們把每四個像素所組成的區塊以其中一個像素取代，在此是選擇四個像素中最大的值作為代表，如此一來，表示降低樣本的係數為 4。因為我們選擇的是每個區塊中的最大值，這個程序即稱為 **max pooling**；如果選擇的是平均值，則稱為 average pooling。

遞迴類神經網路

遞迴類神經網路 (recurrent neural networks, RNNs) 是類神經網路的一個特殊類型，之所以叫做 *recurrent*，是因為它基於重複架構。需留意一個重點，RNN 具有記憶能力，這表示它有能力從最近的迭代中儲存資訊。它們應用的領域，像是分析句型結構，以預測句子中的下一個字。

生成對抗網路

生成對抗網路 (generative adversarial networks, GANs) 是一種類神經網路的類型，它會產生合成的資料。這是在 2014 年由 Ian Goodfellow 和他的同事所建立的網路，它們可以產生不存在的人們照片，更重要的是，他們被用來產生合成資料以擴大訓練資料集。

在接下來的小節中，我們將會說明什麼是遷移學習。

遷移學習（Transfer learning）

這些年來，開源社群中的許多組織、研究團體及個人，已經完成了一些複雜模型的優化訓練，這些模型使用大量資料在一般使用案例上，就某種程度來說，他們已經投資了多年的心血和努力於最佳化模型上。部分開源模型可以使用在以下的應用：

- 影片中的物體偵測
- 影像中的物體偵測
- 音訊中的聽打轉錄
- 文本中的情緒分析

當我們開始訓練新的機器學習模型時，先問自己一個問題：與其無中生有，我們是否能將訓練好的模型簡單客製化成適合自己使用的模型？換句話說，是否可以把現有模型的學習轉移成為我們的客製化模型，讓它能夠回答業務問題？假如做得到，將會有以下幾點好處：

- 我們的模型訓練工作將會有一個跳躍性的開展。
- 藉由一個測試完善且建立完善的模型，我們的模型整體品質也可以獲得改善。
- 如果我們的問題沒有足夠的資料來進行作業，利用事先訓練好的模型透過遷移學習可能有所幫助。

讓我們深入探討兩個實際的例子，透過這兩個例子將會看出此方法的用處：

- 訓練一台機器人時，先用模擬遊戲去訓練類神經網路模型，在這個模擬中，我們可以創建實務中十分罕見的事件。一旦訓練完畢之後，就可以使用遷移學習讓模型為實務案例進行訓練。
- 假設我們想訓練一個可以從影片反饋中分辨 Apple 和 Windows 筆電的模型。已經有建構良好的開源專案，該模型可以從影片反饋中正確地分辨物體；我們可以使用這些模型作為起點，把筆電作為欲識別的物體。一旦分辨出筆電物件，我們就可以進一步訓練這個模型去區分出 Apple 與 Windows 筆電之間的差異。

在下一節中，我們將應用本章前面所提到的這些概念，去建立一個信用詐欺文件分類的類神經網路。

案例研究：使用深度學習進行詐欺偵測

使用機器學習技術去識別詐欺文件，在研究界是相當活躍且具挑戰性的一個領域。研究人員持續地研究，針對這個目標，類神經網路的模式識別能力究竟能發揮到什麼程度。在這之中，原始像素因為可以使用於多個深度學習架構中，取代了人工的屬性萃取器。

方法論

本節介紹的技巧，使用了一種稱為**孿生神經網路（siamese neural network）**的類神經網路架構型態，其特點是，兩個分支共享相同的架構及參數。使用孿生神經網路去標記詐欺文件的方式，如下圖所示：

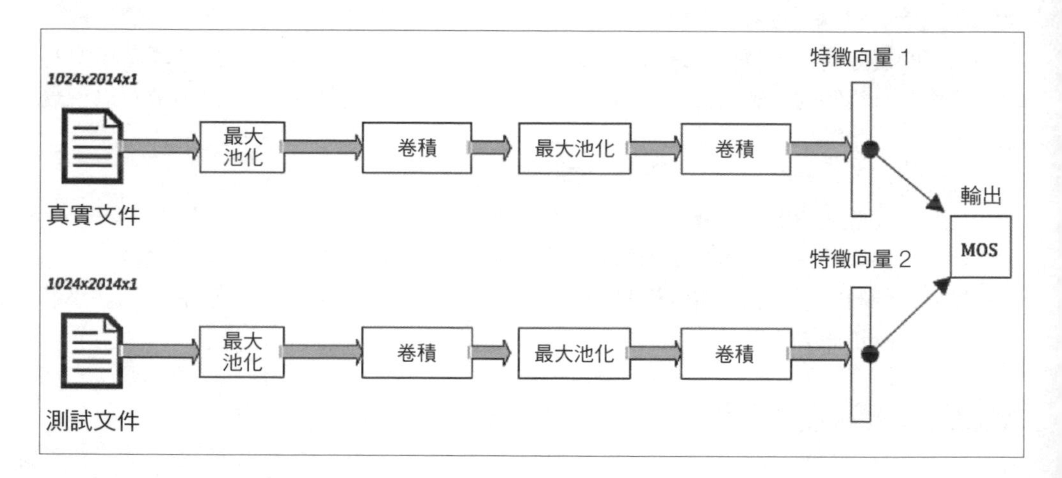

當需要驗證某個文件的真實性時，我們先把這個文件依照排版和類型進行分類，然後把它跟預期的樣板和模式進行比較。如果兩者差異超過設定的臨界值，它就會被標記為偽造文件，否則，就會認定為真實的文件。在關鍵使用案例中，我們可以增加一道人工程序在演算法無法歸類文件的邊際案例上。

為了把文件拿來和預期的模板比較，我們在孿生架構中使用兩個一模一樣的 CNN。CNN 的優勢就是學習最佳變換本地特徵偵測器，並且，它所建立的代表內容，不會被輸入的幾何失真影像影響，因此非常適用於我們的問題，因為我們打算使用單一網路在真實文件和測試文件上，比較它們的結果相似程度。為了達成這個目標，我們用下列步驟來進行實作：

假設我們打算測試一個文件。對於每一個文件類別，執行以下的步驟：

1. 取得儲存的真實文件影像，我們稱它為 **true document**。測試的文件應該要看起來很像是 true document。
2. true document 通過類神經網路去產生一個特徵向量，它是 true document 模式的數學表示方式，我們稱它為 **feature vector 1**，如同前面的圖中所展示的樣子。
3. 我們要測試的文件稱為 **test document**。讓這個文件通過一個類神經網路，方法就如同我們為 true document 建立特徵向量那樣。test document 的特徵向量稱為 **feature vector 2**。
4. 計算 feature vector 1 和 feature vector 2 之間的歐幾里德距離（the Euclidean distance），作為 true document 和 test document 之間的相似性分數，此相似性分數稱為 **measure of similarity (MOS)**。MOS 的數值介於 0 和 1 之間，較高的數值表示兩個文件間的距離較近，相似的可能性較大。
5. 如果從類神經網路計算得到的相似性分數低於事先設定的臨界值，我們就會標記此文件是偽造文件。

現在讓我們使用 Python 實作孿生神經網路：

1. 首先，匯入所需要的 Python 套件：

```
import random
import numpy as np
import tensorflow as tf
```

2. 接著，定義將會使用在孿生神經網路每一分支上的類神經網路：

```
def createTemplate():
      return tf.keras.models.Sequential([
        tf.keras.layers.Flatten(),
        tf.keras.layers.Dense(128, activation='relu'),
        tf.keras.layers.Dropout(0.15),
        tf.keras.layers.Dense(128, activation='relu'),
        tf.keras.layers.Dropout(0.15),
        tf.keras.layers.Dense(64, activation='relu'),
        ])
```

請留意，為了防止過度擬合，我們設定的 dropout 比率是 `0.15`。

3. 使用 MNIST 影像集來實作我們的孿生網路。MNIST 影像集非常適合用於測試此方法的有效性。我們的方法包括準備資料的方式，每一個樣本均有兩個影像以及一個二元相似性旗標；這個旗標用來表示它們來自於相同的類別。現在讓我們實作名為 prepareData 的函式，用於準備所需的資料：

```
def prepareData(inputs: np.ndarray, labels: np.ndarray):
      classesNumbers = 10
      digitalIdx = [np.where(labels == i)[0] for i in
range(classesNumbers)]
      pairs = list()
      labels = list()
      n = min([len(digitalIdx[d]) for d in range(classesNumbers)])
- 1
      for d in range(classesNumbers):
        for i in range(n):
            z1, z2 = digitalIdx[d][i], digitalIdx[d][i + 1]
            pairs += [[inputs[z1], inputs[z2]]]
            inc = random.randrange(1, classesNumbers)
            dn = (d + inc) % classesNumbers
            z1, z2 = digitalIdx[d][i], digitalIdx[dn][i]
            pairs += [[inputs[z1], inputs[z2]]]
            labels += [1, 0]
      return np.array(pairs), np.array(labels, dtype=np.float32)
```

請留意 prepareData() 的結果會讓所有數字的樣本數量相等。

4. 現在準備開始訓練以及測試這些資料集：

```
(x_train, y_train), (x_test, y_test) =
tf.keras.datasets.mnist.load_data()
x_train = x_train.astype(np.float32)
x_test = x_test.astype(np.float32)
x_train /= 255
x_test /= 255
input_shape = x_train.shape[1:]
train_pairs, tr_labels = prepareData(x_train, y_train)
test_pairs, test_labels = prepareData(x_test, y_test)
```

5. 建立孿生系統各自的兩部分：

```
input_a = tf.keras.layers.Input(shape=input_shape)
enconder1 = base_network(input_a)
input_b = tf.keras.layers.Input(shape=input_shape)
enconder2 = base_network(input_b)
```

6. 實作 MOS，量化我們想要比較的兩文件之間的距離：

```
distance = tf.keras.layers.Lambda(
    lambda embeddings: tf.keras.backend.abs(embeddings[0] -
embeddings[1])) ([enconder1, enconder2])
measureOfSimilarity = tf.keras.layers.Dense(1,
activation='sigmoid') (distance)
```

現在，讓我們訓練這個模型。在此使用 10 個 epoch 來訓練這個模型：

```
[10] # Build the model
     model = tf.keras.models.Model([input_a, input_b], measureOfSimilarity)
     # Train
     model.compile(loss='binary_crossentropy',optimizer=tf.keras.optimizers.Adam(),metrics=['accuracy'])

     model.fit([train_pairs[:, 0], train_pairs[:, 1]], tr_labels,
           batch_size=128,epochs=10,validation_data=([test_pairs[:, 0], test_pairs[:, 1]], test_labels))

     Epoch 1/10
     847/847 [==============================] - 6s 7ms/step - loss: 0.3459 - accuracy: 0.8500 - val_loss: 0.2652 - val_accuracy: 0.9105
     Epoch 2/10
     847/847 [==============================] - 6s 7ms/step - loss: 0.1773 - accuracy: 0.9337 - val_loss: 0.1685 - val_accuracy: 0.9508
     Epoch 3/10
     847/847 [==============================] - 6s 7ms/step - loss: 0.1215 - accuracy: 0.9563 - val_loss: 0.1301 - val_accuracy: 0.9610
     Epoch 4/10
     847/847 [==============================] - 6s 7ms/step - loss: 0.0956 - accuracy: 0.9665 - val_loss: 0.1087 - val_accuracy: 0.9685
     Epoch 5/10
     847/847 [==============================] - 6s 7ms/step - loss: 0.0790 - accuracy: 0.9724 - val_loss: 0.1104 - val_accuracy: 0.9669
     Epoch 6/10
     847/847 [==============================] - 6s 7ms/step - loss: 0.0649 - accuracy: 0.9770 - val_loss: 0.0949 - val_accuracy: 0.9715
     Epoch 7/10
     847/847 [==============================] - 6s 7ms/step - loss: 0.0568 - accuracy: 0.9803 - val_loss: 0.0895 - val_accuracy: 0.9722
     Epoch 8/10
     847/847 [==============================] - 6s 7ms/step - loss: 0.0513 - accuracy: 0.9823 - val_loss: 0.0807 - val_accuracy: 0.9770
     Epoch 9/10
     847/847 [==============================] - 6s 7ms/step - loss: 0.0439 - accuracy: 0.9847 - val_loss: 0.0916 - val_accuracy: 0.9737
     Epoch 10/10
     847/847 [==============================] - 6s 7ms/step - loss: 0.0417 - accuracy: 0.9853 - val_loss: 0.0835 - val_accuracy: 0.9749
     <tensorflow.python.keras.callbacks.History at 0x7ff1218297b8>
```

現在，我們使用 10 個 epoch 已經達到了 97.49% 的正確率，增加 epoch 的數量將可以進一步提升正確率。

本章摘要

在本章，首先我們檢視了類神經網路的細節，觀察類神經網路多年來的演變進程，研究不同型態的類神經網路及其各種建構區塊。接著，我們深入研究訓練類神經網路使用到的梯度下降演算法，探討幾種不同的激勵函式，並學習類神經網路中激勵函式的應用，也闡述了遷移學習的概念。最後，我們檢視了一個實際的例子，示範類神經網路如何用於訓練一個機器學習模型，讓它可以部署在標記偽造文件的使用案例上。

展望接下來的部分，下一章，將深入探索如何將這些演算法應用在自然語言處理上，同時也將介紹字詞嵌入的概念，帶領讀者了解類神經網路如何運用在遞迴網路上。章節的最後，將詳細說明如何實作情緒分析。

9

自然語言處理演算法

本章介紹使用於**自然語言處理（natural language processing, NLP）**的演算法。本章從理論到實務循序漸進，首先介紹 NLP 基礎，緊接著是基本的演算法，然後本章將檢視其中一個最受歡迎的類神經網路，它廣泛地應用於文本資料相關的重要使用案例，進行設計和實作出解決方案。之後我們將會探討 NLP 的侷限性，最後再學習如何使用 NLP 訓練機器學習模型，讓它可以用於預測電影評論的傾向。

本章將包含以下的內容：

- 介紹 NLP
- 詞袋式（bag-of-words based, BoW-based）NLP
- 介紹字詞嵌入（word embedding）
- 在 NLP 中使用遞迴類神經網路（RNN）
- 使用 NLP 進行情感分析
- 案例研究：電影評論的情感分析

讀完本章，你將會瞭解使用 NLP 的基本技巧，也能夠瞭解如何使用 NLP 來解決一些有趣的實務問題。

現在讓我們從基本概念開始。

介紹 NLP

NLP 用於研究電腦與人類（自然）語言互動的正規化與公式化的方法論。NLP 是一個綜合的學科，包含了使用電腦語言學演算法、人機互動技術與方法論，以處理複雜的非結構性資料。NLP 可以使用在非常廣泛的領域，包括以下所列的各方面：

- **主題識別（topic identification）**：在文本資料庫中挖掘主題，然後把這些文件依據找出的主題加以儲存。
- **情感分析（sentiment analysis）**：根據文本資料中所包含的正面或負面情緒，對文本內容加以分類。
- **機器翻譯（machine translation）**：將人們口說的語言文字翻譯成另外一種語言。
- **文字轉語音（text to speech）**：把口說的語句轉換成文字。
- **主觀詮釋（subjective interpretation）**：智慧地轉譯問題，並依據所擁有的資訊提供答案。
- **實體識別（entity recognition）**：從文本中識別出個體（像是人、地點或物品）。
- **假新聞偵測（fake news detection）**：根據內容來標記是否為偽造的新聞。

現在讓我們從討論 NLP 時會用到的一些術語開始。

瞭解 NLP 的術語

NLP 是一個綜合的學科，在某個領域周邊的文獻中，我們有時候會發現不同的術語指的是相同的事物。因此我們將從一些和 NLP 相關的基本術語開始。首先是正規化（normalization），它是 NLP 處理的基本類型之一，通常會執行在輸入資料上。

正規化（Normalization）

正規化會執行於輸入資料上，以便在訓練機器學習模型時改善文本內容品質。正規化通常包含以下步驟：

- 把所有的文字都轉換成大寫或小寫
- 移除標點符號
- 移除數字

請注意，儘管先行的處理步驟通常都是必需的，但實際的處理步驟取決於我們想要解決的問題，不同的案例會有所差異。例如，假設數字在文字中代表了某件事物，它是我們要解決的問題之中一些必須考慮的值，那麼在正規化的階段，就不能把數字從文本裡移除。

語料

我們用來解決問題的輸入文件資料集合，稱之為**語料（corpus）**，語料的角色即為 NLP 問題當中的輸入資料。

句元化

當在進行 NLP 工作時，首要的任務就要把文本切割成句元（token）的串列，這個步驟即稱為**句元化（tokenization）**。句元化結果的粒度依據不同的目的而有所不同。例如，每一個句元可以是由如下所列的成分所組成：

- 字
- 一些字的組合
- 句子
- 段落

命名實體識別

在 NLP 中，有許多使用案例需要從非結構性資料（unstructured data）裡，識別其中所包含的字詞及數字屬於哪一個預定義的類別，像是電話號碼、郵遞區號、地點或是國家。它是用來替非結構性資料提供一個結構，這個程序稱之為**命名實體識別（named entity recognition, NER）**。

停用詞

在進行字詞層級的句元化之後，就會得到一個使用在文本中的字詞串列，這些字詞中的一些通用詞語，會在大部分文件裡出現，但它們並不會提供額外的相關有用訊息，這些詞語稱為**停用詞（stopword）**，通常都會在資料處理階段移除。一些停用詞的例子像是 *was*、*we*、*the*。

情感分析

情感分析（sentiment analysis），或者說意見探勘（opinion mining），是從文本中萃取出正面或負面情緒的處理程序。

詞幹提取與詞形還原

在文字資料中，大部分的英文字會以稍微不同的形式出現。將每個單詞還原成原始的詞或是同一字詞家族的詞幹，稱為**詞幹提取（stemming）**。它是根據相似意義去分組字詞，以減少字詞需要分析的數量。本質上，詞幹提取減少了問題的整體條件性。

例如：{use, used, using, uses} => use.

最常用的英文詞幹提取演算法是 Porter 演算法。

詞幹提取是一個粗糙的程序，它可能會把一些字的末端切除，這可能會讓字詞變成錯誤的拼字。在許多的使用案例中，每個字詞只是我們問題空間中一個層級的識別字，錯誤的拼字是沒有影響的。如果詞的拼法必須正確，那麼要使用**詞形還原（lemmatization）**來取代 stemming。

> **Note**
> 演算法並沒有所謂一般常識。對於人類的大腦來說，以同樣方式對待相似的詞語是很直觀的，但對於演算法而言，我們需要給它指引，並提供分群的準則。

基本上，實作 NLP 有三種不同的方式。這三種技巧的複雜程度也不同，如下所示：

- 詞袋式（BoW-based）NLP
- 傳統 NLP 分類器
- 在 NLP 中應用深度學習

NLTK

自然語言工具箱（natural language toolkit, NLTK）是 Python 用來處理 NLP 作業中最廣為使用的套件。NLTK 也是用在 NLP 中最古老且最受歡迎的 Python 程式庫之一。NLTK 很棒是因為它基本上提供了一個快速的起步，可以讓你建立任何 NLP 程序。因為它給你基本的工具，讓你可以把它們串連起來以達到你的目標，而不需從無到有開始製作。有許多工具都打包到 NLTK 裡，在下一節中，我們將下載這些套件，並看看其中一些工具。

先讓我們來探討詞袋式 NLP。

BoW-based NLP

把輸入的文本看作是一個裝著 token 的袋子，稱之為 **BoW-based 處理**。使用 BoW 的缺點是，它忽視了大部分的文法以及句元化，有時這會導致我們失去了文字的上下文關係。要進行 BoW，首先在我們想要分析的文件中，量化每一個字詞在上下文的重要性。

基本上，有三種不同的方式可以量化每個字詞在上下文中的重要性：

- **二元值（binary）**：如果某個字曾出現在文本裡面，此特徵值為 1，否則為 0。
- **計數（count）**：此特徵值統計一個字在文本裡面出現的次數，如果都沒有出現則此值為 0。
- **詞頻統計（term frequency/inverse document frequency, TF-IDF）**：此特徵是一個比值，計算某個字在單一份文件中的獨特性與該字在所有文件語料中的獨特性。顯然，對於一些常用的字詞如 the、in 等（也就是之前所提到的停用詞），計算出來的 **TF-IDF** 的分數會很低；而較獨特的字——例如特定領域的專有術語——此分數就會比較高。

請注意，使用 BoW 會把一些資訊丟棄，亦即文本裡面字詞的順序。此種方式通常是可行的，但也有可能會降低正確率。

讓我們來看個例子。我們將訓練一個模型，用來分類一間餐廳的評論是正面還是負面。輸入的檔案就是打算要為其進行分類的資料。

為此，首先要處理輸入的資料。

處理步驟的定義如下圖所示：

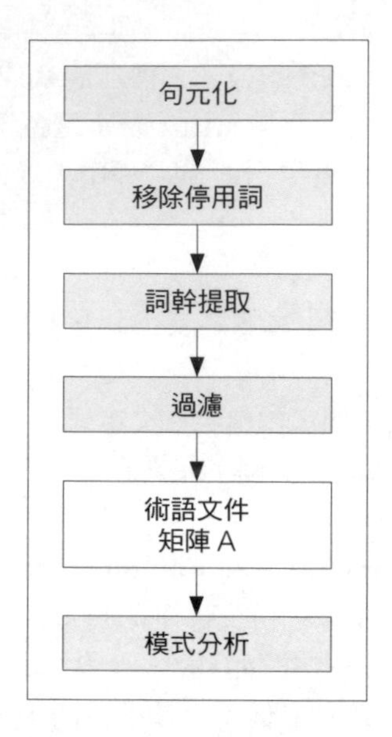

讓我們把此處理程序的管線透過以下步驟進行：

1. 首先，匯入所需的套件：

```
import numpy as np
import pandas as pd
```

2. 接著從 csv 檔案匯入資料集：

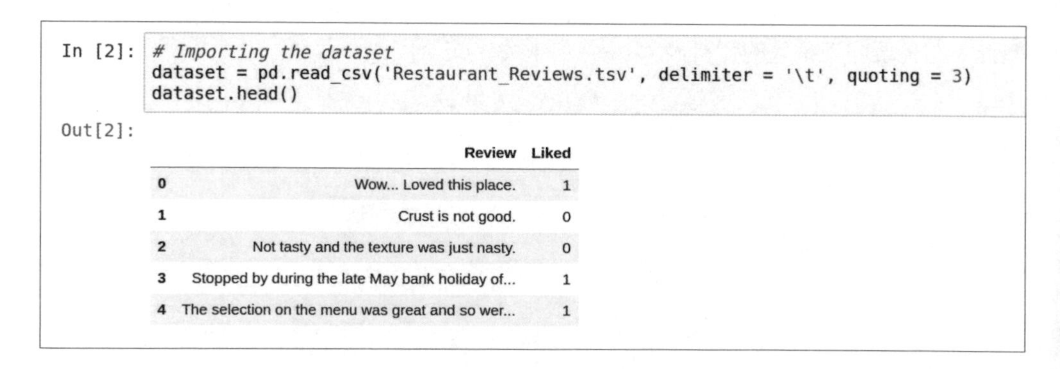

```
In [2]: # Importing the dataset
        dataset = pd.read_csv('Restaurant_Reviews.tsv', delimiter = '\t', quoting = 3)
        dataset.head()
Out[2]:
```

	Review	Liked
0	Wow... Loved this place.	1
1	Crust is not good.	0
2	Not tasty and the texture was just nasty.	0
3	Stopped by during the late May bank holiday of...	1
4	The selection on the menu was great and so wer...	1

3. 然後清理這些資料：

```
# Cleaning the texts
import re
import nltk
nltk.download('stopwords')
from nltk.corpus import stopwords
from nltk.stem.porter import PorterStemmer
corpus = []
for i in range(0, 1000):
    review = re.sub('[^a-zA-Z]', ' ', dataset['Review'][i])
    review = review.lower()
    review = review.split()
    ps = PorterStemmer()
    review = [ps.stem(word) for word in review if not word in
set(stopwords.words('english'))]
    review = ' '.join(review)
    corpus.append(review)
```

4. 現在，定義特徵（以 y 表示）以及標籤（以 x 表示）：

```
from sklearn.feature_extraction.text import CountVectorizer
cv = CountVectorizer(max_features = 1500)
X = cv.fit_transform(corpus).toarray()
y = dataset.iloc[:, 1].values
```

5. 然後把這些資料分割成測試和訓練用的資料集：

```
from sklearn.model_selection import train_test_split
X_train, X_test, y_train, y_test = train_test_split(X, y, test_size
= 0.20, random_state = 0)
```

6. 在訓練模型的部分，使用 naive Bayes 演算法：

```
from sklearn.naive_bayes import GaussianNB
classifier = GaussianNB()
classifier.fit(X_train, y_train)
```

7. 現在開始預測測試資料集的結果：

```
y_pred = classifier.predict(X_test)
```

8. 混淆矩陣的結果看起來像是下面這個樣子：

```
In [18]: # Making the Confusion Matrix
         from sklearn.metrics import confusion_matrix
         cm = confusion_matrix(y_test, y_pred)

In [19]: cm

Out[19]: array([[55, 42],
                [12, 91]])
```

檢視上述的混淆矩陣，可以評估錯誤分類的部分。

字詞嵌入簡介

在先前的小節中，我們研究了如何藉由 BoW 提取輸入文本資料，來執行 NLP。NLP 主要的改進之一，是讓我們能夠使用 dense 向量格式，將字詞建立成一個有意義的數值表示，此種技術稱之為字詞嵌入（word embedding）。Yoshua Bengio 首先在他的論文「*A Neural Probabilistic Language Model*《類神經概率語言模型》」當中提出這個術語。在 NLP 問題中的每一個字都可以視為分類物件（categorical object）。把每一個字詞映射到一個數值串列，並如同向量般表示，這個方法稱之為字詞嵌入。換句話說，把字詞轉換成實數的方法論就是字詞嵌入。這個嵌入法與其他特徵不同的是它使用 dense 向量，而不是傳統方式中使用的稀疏矩陣向量。

使用 BoW 在 NLP 上有兩個主要的問題：

- **上下文語義的流失（loss of semantic context）**：當我們把資料句元化時，它的上下文關係就遺失了。一個字可能會因為它在句子中不同的位置而有不同的意義，這些語義在轉譯複雜的人類語言時更是重要，像是一些幽默或是諷刺的文句。
- **稀疏的輸入（sparse input）**：當我們在進行句元化時，每一個字詞都會成為一個特徵，正如我們在先前範例中所看到的，每一個字都是一個特徵，如此會導致稀疏的資料結構。

文字的鄰居

如何在演算法中呈現文字資料（特別是獨立的文字或詞素）的一個關鍵洞察來自於語言學。在字詞嵌入中，我們把關注的點放在每一個文字的鄰居，並使用它去建立字的意義和重要性。一個文字的鄰居關係是圍繞在該字周遭的一組字詞，字的上下文是由這些鄰居來決定的。

請注意在 BoW 中，一個字會遺失它的上下文，因為它的上下文就是來自於它的鄰居字詞。

字詞嵌入的特性

良好的字詞嵌入具有以下四個特性：

- **它們是稠密的**：事實上，嵌入在本質上是係數（factor）模型，因此嵌入向量的每個元件表示一個（潛在的）特徵值。一般來說，我們不知道特徵代表的是什麼，然而我們會有少量（如果有的話）的 0，造成稀疏的輸入。
- **它們是低維度的**：嵌入有一個預先定義的維度（以超參數的方式選定）。我們早先看到，在 BoW 表示法中，每一個字需要 $|V|$ 個輸入，以至於輸入的全部大小是 $|V|*n$，其中 n 是我們輸入的字數。在字詞嵌入中，輸入的大小將會是 $d*n$，d 通常介於 50 到 300 之間。考慮到實際使用的大型文字語料通常都會超過 300 個字，這表示我們會大量節省輸入的大小，以較小的資料總數得到較佳的正確率。
- **它們嵌入了領域語義**：此特性可能是最令人驚訝的，但也是最有用處的。當正確訓練完畢之後，嵌入的結果會學習其領域中的意義。
- **可以簡易地一般化**：最後，字詞嵌入能夠取出通用的抽象模式——例如，我們可以訓練（嵌入）關於貓、鹿、狗等字詞，然後這個模型就會瞭解我們指的是動物。請留意，此模型還沒有訓練過羊這個字詞，但它仍然能夠對這個詞做正確分類。因此，藉由嵌入，可以預期得到正確的答案。

現在，讓我們探討如何在 NLP 上使用 RNN。

在 NLP 中使用 RNN

RNN 是一個具有回饋特性的前饋類神經網路（feed-forward network），我們可以簡單地把 RNN 視為一個具有狀態的類神經網路。RNN 與任何型態的資料一起使用，可生成及預測各種不同的資料序列，訓練一個 RNN 模型就是制定這些資料序列的作業程序。RNN 可以用於文字資料，因為句子是由一系列的字詞所組成的。當我們在 NLP 中使用 RNN 時，可以使用它們進行以下的作業：

- 在打字時預測下一個字詞
- 遵循文本中的樣式來產生新的文字

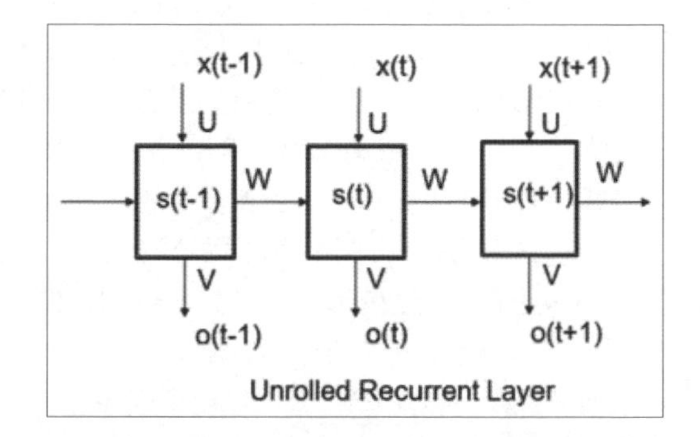

記住字詞的組合結果可以得到正確的預測？ RNN 的學習程序是根據在語料中所發現的文字，這個訓練目的，就是讓預測下一個字詞和實際下一個字詞之間的錯誤能夠減少。

使用 NLP 進行情感分析

本節中提供的方法，是根據將快速流入推文進行分類的使用案例，而我們的任務是提取與選取主題有關的推文之內嵌情緒。情感分類作業會即時量化每則推文的正負面情緒，然後匯總所有推文的全部情緒，再找出關於選取主題的整體情感。我們利用已訓練分類器在 NLP 上，去面對 Twitter 串流資料的內容和行為所帶來的挑戰，有效率地執行即時分析。做法是把已訓練分類器插入 Twitter 的串流中，判定每則推文的情緒（正面、負面或是中性），緊接著進行聚合計算，然後決定關於特定主題之所有推文的總情感。讓我們來看看如何逐步完成上述的作業。

首先，需要進行分類器的訓練。為了訓練分類器，需先準備好資料集，這個資料集需包含 Twitter 的歷史資料，並遵循即時資料的模式與趨勢。基於這些考量，我們使用來自於 `www.sentiment140.com` 網站的資料集，該資料集內含一個帶有人工標記的語料庫（作為分析使用的大量文本集），數量超過 160 萬則推文。此資料集中的推文已加上標籤，這些標籤有三種情感分類：0 代表負面、2 表示中性、4 表示正面。除了推文的文字內容，此語料還包含了貼文的 ID、日期、旗標以及發表該推文的使用者。現在，讓我們來看在即時推文上的每項操作，然後再將其送到已經訓練好的分類器上：

1. 首先把推文分割成單獨的字詞，稱為 tokens（句元化程序）。
2. 句元化程序的輸出建立了一個 BoW，它是文本中所有獨立字詞的集合。
3. 針對這些推文內容進一步過濾掉其中的數字、標點符號及停用詞（停用詞移除）。停用詞就是那些十分常見的字詞，例如 *is*、*am*、*are*、*the* 等，因為它們並沒有提供額外的資訊，因此需要移除。
4. 此外，非字母的字元，像是 #@ 以及數字，使用樣式比對加以移除，因為它們也不具有和情感分析相關的資訊。我們用正規表達式匹配所有的英文字母字元，未被匹配到的字元就會被忽略，這個步驟有助於減少 Twitter 串流資料中雜亂的部分。
5. 前面步驟的結果要放到詞幹提取階段。在此階段中，衍生的字會調整成它的字根，例如：*fish* 這個字是 *fishing* 以及 *fishes* 的字根。我們使用 NLP 的標準程式庫來進行此步驟，它提供了許多不同的演算法，像是 Porter stemming。
6. 一旦資料處理完畢，會轉換成一個叫做**字詞 - 文件矩陣（term document matrix, TDM）**的結構。TDM 代表已過濾語料中每個單詞的詞語和頻率。
7. 推文以 TDM 型式送到已訓練的分類器（因為是訓練好的，可以用來處理推文），計算每個單詞的 **sentimental polarity importance (SPI)**，此分析以 -5 到 +5 的數字範圍來表示，正負符號代表該詞所呈現的正負面情緒，而數字大小即代表情緒的強烈程度；這意味著推文可以分類為正面或負面（參考下圖）。計算了每一則推文的情感極性後，把所有的 SPI 加總起來，就可以得到此來源的整體情感——例如，整體的極性如果大於 1，表示在我們觀察的這段期間，累積的整體推文情緒是正面的。

> **Note**
> 為了取得即時的原始推文，我們使用 Scala 程式庫 *twitter4J*，它是一個 Java 的程式庫，提供即時 Twitter 串流 API 套件。要使用這個 API，使用者需要註冊一個 Twitter 的開發者帳戶，並填寫一些授權參數。此 API 可以讓你取得隨機的推文或是使用關鍵字去過濾推文，而我們使用過濾器去取出和所選用關鍵字相關的推文。

整體的架構如下圖所示：

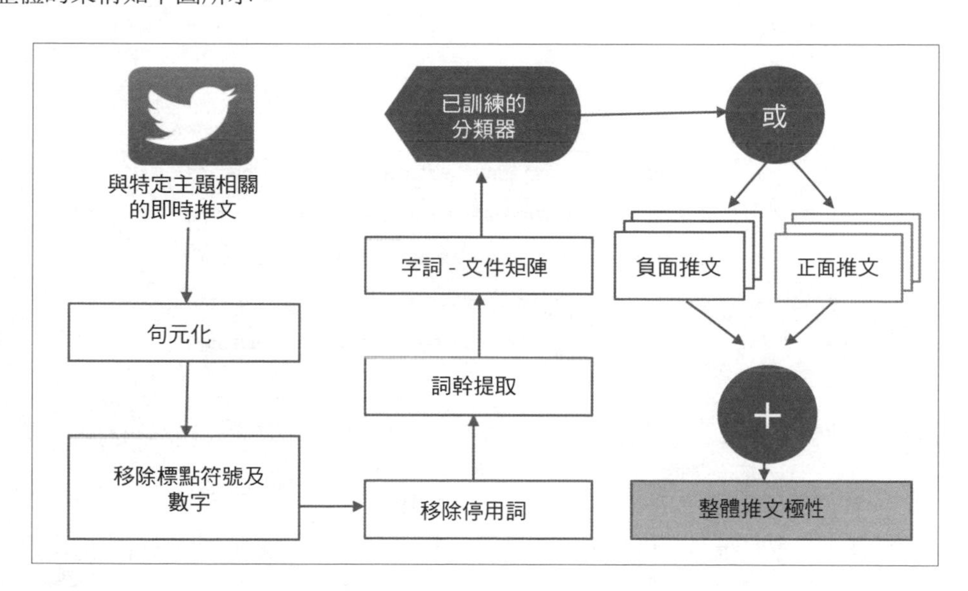

情感分析有許多不同的應用，它可以應用在分析客戶的回饋，政府可以利用社群媒體的正負面情感分析來分析政策的執行效果，也可以利用它來量化不同的商業廣告成效。

在下一節，我們將學習如何實際應用情感分析預測電影評論的情感。

案例研究：電影評論的情感分析

讓我們使用 NLP 進行電影評論的情感分析。為此，將使用一些開源電影評論資料，可以在網站 http://www.cs.cornell.edu/people/pabo/movie-review-data/ 上找到：

1. 首先，匯入取得電影評論資料集所需要的套件：

```
import numpy as np
import pandas as pd
```

2. 現在，載入電影的資料，並印出前面幾列以觀察它的結構：

```
df=pd.read_csv("moviereviews.tsv",sep='\t')
df.head()
```

	label	review
0	neg	how do films like mouse hunt get into theatres...
1	neg	some talented actresses are blessed with a dem...
2	pos	this has been an extraordinary year for austra...
3	pos	according to hollywood movies made in last few...
4	neg	my first press screening of 1998 and already i...

```
In [2]: len(df)
Out[2]: 2000
```

請注意，此資料集有 2,000 筆電影評論，其中有一半是負面的，另一半則是正面的。

3. 現在，準備訓練模型所需的資料集。首先，把有缺失值的資料移除：

```
df.dropna(inplace=True)
```

4. 我們也需要移除所有的空白字元。空白字元雖然不是 null，但也需要移除。為此，我們重複取出輸入 DataFrame 中的每一列，在此使用 .itertuples() 存取每一個欄位：

```
blanks=[]

for i,lb,rv in df.itertuples():
    if rv.isspace():
        blanks.append(i)
df.drop(blanks,inplace=True)
```

請留意我們使用了 `i`、`lb` 以及 `rv` 代表 index、label 及 review 欄位。

現在，把這些資料分割為測試和訓練兩個資料集：

1. 第一個步驟是指定特徵以及標籤，然後把資料集分割成訓練和測試兩部分：

```
from sklearn.model_selection import train_test_split

X = df['review']
y = df['label']

X_train, X_test, y_train, y_test = train_test_split(X, y,
test_size=0.3, random_state=42)
```

現在，我們已經有了測試用和訓練用所需的資料集了。

2. 讓我們匯入需要的套件，並設定處理資料所需之執行管線：

```
from sklearn.pipeline import Pipeline
from sklearn.feature_extraction.text import TfidfVectorizer
from sklearn.naive_bayes import MultinomialNB

# Naïve Bayes:
text_clf_nb = Pipeline([('tfidf', TfidfVectorizer()),
                        ('clf', MultinomialNB()),
])
```

請留意，我們使用 `tfidf` 去量化資料集合中一個資料點的重要性。

接著，使用 naïve Bayes 演算法訓練模型，然後測試這個訓練好的模型。

讓我們依照以下的步驟訓練這個模型：

1. 使用我們建立的訓練資料集去訓練這個模型：

```
text_clf_nb.fit(X_train, y_train)
```

2. 執行預測，並分析它的結果：

```
# Form a prediction set
predictions = text_clf_nb.predict(X_test)
```

在此列出混淆矩陣來檢視模型的效能，我們也會檢視精確度、召回率、f1-score 以及正確率。

```
In [23]: from sklearn.metrics import confusion_matrix,classification_report,accuracy_score

In [24]: print(confusion_matrix(y_test,predictions))

         [[259  23]
          [102 198]]

In [25]: print(classification_report(y_test,predictions))

                       precision    recall  f1-score   support

                  neg       0.72      0.92      0.81       282
                  pos       0.90      0.66      0.76       300

             accuracy                           0.79       582
            macro avg       0.81      0.79      0.78       582
         weighted avg       0.81      0.79      0.78       582


In [26]: print(accuracy_score(y_test,predictions))

         0.7852233676975945
```

這些效能指標讓我們對於預測的品質有一個衡量的標準。有 0.78 的正確率，代表我們成功訓練了一個模型，它讓我們可以針對一部特定電影去預測它的情感評論類型為何。

本章摘要

在本章中，我們討論了和 NLP 相關的演算法。首先檢視了和 NLP 相關的一些術語，接著探討實作 NLP 策略的 BoW 方法論，然後專注於字詞嵌入的概念，以及如何在 NLP 中使用類神經網路，最後，我們研究一個實際的例子，應用本章所闡述的概念去預測電影評論文本中的情感。

在讀完本章之後，讀者們應該有能力把 NLP 使用在文字分類及情感分析。

下一章，我們會檢視推薦引擎，研究不同型態的推薦引擎，以及如何將它們應用於解決實務問題。

memo

10

推薦引擎

推薦引擎運用使用者偏好及產品細節的相關可用資料，依據這些資料來產生資訊上的建議。推薦引擎的目標是從一組項目中找出具相似性的模式，以及（或）公式化使用者和產品項目之間的相互關係。

本章從介紹推薦引擎的基礎知識開始，然後討論幾種不同的推薦引擎，接著會探討推薦引擎如何為不同使用者建議項目與產品，也會提到推薦引擎本身的一些限制。最後，我們將學習運用推薦引擎解決實務問題。

本章將會探討以下幾個概念：

- 推薦引擎介紹
- 推薦引擎的類型
- 瞭解推薦系統的限制
- 實際應用的領域
- 實際的例子：建立一個推薦引擎來為訂閱者推薦電影

閱讀過本章，你應該能夠理解如何根據使用者偏好讓推薦引擎為他們推薦不同的項目。

讓我們從探討推薦引擎的背景概念開始吧。

推薦系統介紹

研究人員最初開發推薦系統的目的，是用來預測使用者最感興趣的項目，它能夠針對每個項目給予個人化的建議，這使它成為了線上購物最重要的技術。

應用在電子商務上時，推薦引擎使用複雜的演算法改善消費者的購物體驗，並讓廠商依據使用者偏好提供消費者客製化的產品。

Note

在 2009 年，Netflix 提供了一百萬美元獎金，他們表示，任何人只要可以提出演算法來改善現有推薦引擎（Chnematch）效能 10% 以上，就能獲得此筆獎金。最終，此獎項由 BellKor's Pragmatic Chaos 團隊獲得。

推薦引擎的類型

一般而言，推薦引擎有以下三種類型：

- 以內容為基礎（content-based）之推薦引擎
- 協同過濾（collaborative filtering）引擎
- 混合式（hybrid）推薦引擎

以內容為基礎之推薦引擎

以內容為基礎的推薦引擎，基本概念是根據使用者過去感興趣項目，來建議類似的項目。它的效果取決於量化項目之間相似性的能力。

請參考以下的圖形。如果 **User 1** 已經閱讀了 **Doc 1**，我們可以建議這位使用者閱讀 **Doc 2**，因為它與 **Doc 1** 類似：

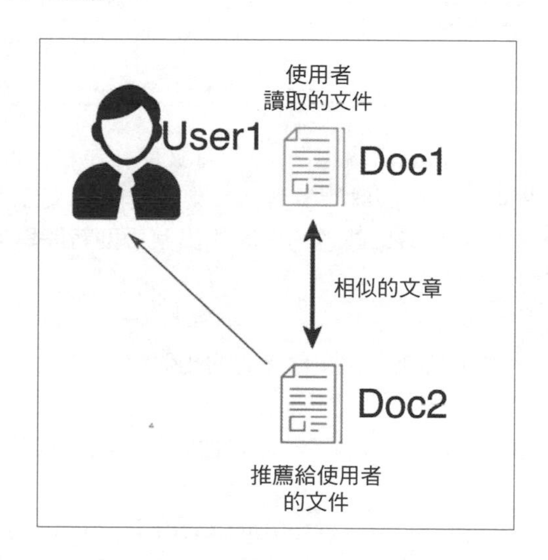

現在的問題是，要如何決定哪些項目彼此是相似的。讓我們來探討找出不同項目之間相似度的幾種方法。

在非結構性文件中尋找相似度

要判斷不同文件之間的相似度，其中一種方法是先處理輸入的文件。把非結構性文件處理完畢之後產生的資料結構，稱為 **Term Document Matrix (TDM)**，如下圖所示：

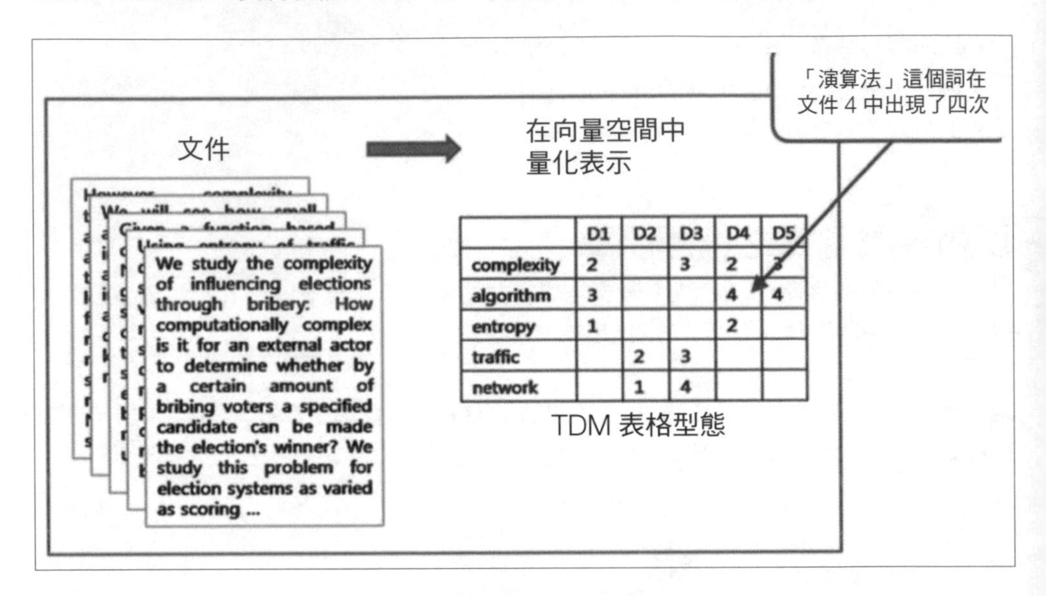

TDM 將所有的單詞當作列（row）索引，將所有文件作為欄（column）索引。利用這張表格，我們可以根據選用的距離測量方法，來決定哪些文件與其他文件相似。以 Google News 為例，根據使用者感興趣的新聞找出某一則新聞與之相似，進而向使用者建議閱讀該則新聞。

一旦有了 TDM，有兩種方式用來量化文件之間的相似性：

- **使用詞頻計數：**用此種方式假設一個字的重要性與其出現次數成直接比例。這是計算重要性最簡單的方法。
- **使用 TF-IDF (term frequency-inverse document frequency)：**這是用來計算待解問題領域中每一個字的重要性，它是以下這兩個數的乘積：
  - » **term frequency (TF)：**一個字或是一個詞在某一個文件中出現的次數；TF 和字詞的重要性直接相關聯。
  - » **inverse document frequency (IDF)：**首先，DF 是內含待找詞的文件數目。跟 DF 相反，IDF 評估一個字的獨特性來衡量該字的重要性。

» 在待解問題領域裡，TF 和 IDF 兩者均是字詞重要性的量化值，TF-IDF 的組合就是測量每一個詞重要性的好指標，不過比起單純計算詞頻，算是比較複雜的方法。

使用共現矩陣（Co-occurrence matrix）

此方法根據一種假設：如果兩個品項經常被一起購買，它們很可能是相似的，或者至少是屬於同類別的品項，才會經常被同時購買。

例如，人們常常會同時使用刮鬍膏和刮鬍刀，那麼如果有人買了刀片，建議他同時購買刮鬍刀是很合理的。

讓我們分析四位使用者的歷史購買模式，如下所示：

	刮鬍刀	蘋果	刮鬍膏	自行車	豆泥
Mike	1	1	1	0	1
Taylor	1	o	1	1	1
Elena	0	0	0	1	0
Amine	1	0	1	0	0

上述的內容會建立以下的共現矩陣：

	刮鬍刀	蘋果	刮鬍膏	自行車	豆泥
Razor	-	1	3	1	1
Apple	1	-	1	0	1
Shaving cream	3	1	-	1	2
Bike	1	0	1	-	1
Hummus	1	1	2	1	-

上述的共現矩陣總結了同時購買兩個品項的可能性。讓我們來看看如何使用這張表格。

協同過濾推薦引擎

協同過濾的建議是根據使用者歷史購買模式分析，其基本假設是，如果兩位使用者展示興趣在大致相同的項目上，我們可以將這兩位使用者歸類為相似；換句話說，我們做出以下的假設：

- 如果在歷史資料中，兩位使用者重疊的部分超過了設定的臨界值，我們可以界定他們為相似的使用者。
- 搜尋相似使用者的歷史資料，歷史購買項目中那些並未重疊的部分，就會成為透過協同過濾推薦未來品項的基礎。

讓我們來看一個具體的例子。假設有兩個使用者，Mike 和 Elena，如下圖所示：

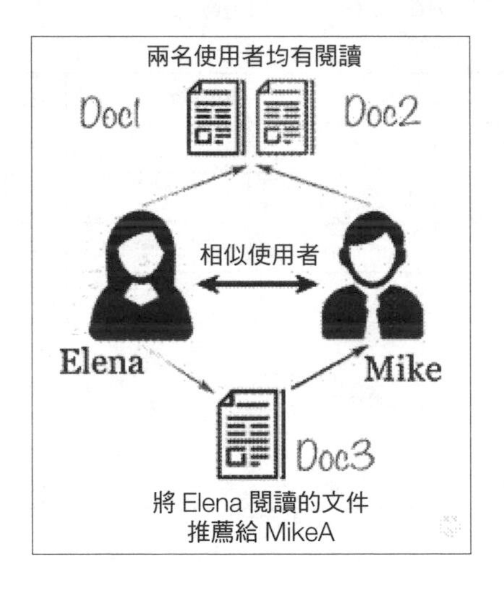

請留意以下三點：

- Mike 和 Elena 對 **Doc1** 和 **Doc2** 展現了完全相同的興趣。
- 根據兩人歷史模式資料的相似性，我們可以把他們視為相似使用者。
- 如果 Elena 現在閱讀了 **Doc3**，那麼我們就會把 **Doc3** 也推薦給 Mike。

> **Note**
> 留意此策略建議給使用者的項目是根據他們的歷史資料，但不一定每次都成功。

假設 Elena 和 Mike 都對 **Doc1** 展現了興趣，內容是和攝影相關（因為他們都是攝影愛好者）；同時，他們也都對 **Doc2** 展現了興趣，這是關於雲端計算的文件，兩人再一次對相同主題展現興趣，因此根據協同過濾，我們把他們視為是相似使用者。現在，Elena 開始閱讀 **Doc3**，這是一本女性時尚雜誌；如果遵循協同過濾演算法，我們會推薦 Mike 也閱讀此雜誌，但 Mike 可能對這本雜誌不怎麼感興趣。

Note

在 2012 年，美國的超商 Target，實驗性地使用協同過濾推薦買家商品。此演算法根據消費者的資料，把一名父親和他十幾歲的女兒歸類為相似使用者，結果 Target 向父親發送了尿布、嬰兒配方奶粉和嬰兒床的折扣優惠券，但這位父親卻不知道他女兒懷孕的事。

注意，協同過濾演算法是一個獨立演算法，沒有依賴任何其他資料，它根據用戶不斷變化的行為和協作進行建議。

混合式推薦引擎

到目前為止，我們已經討論了根據內容以及根據協同過濾為基礎的推薦引擎，這兩種類型的推薦引擎可以組合在一起，建立一個混合式推薦引擎。為此，需採取以下的步驟：

- 產生一個項目相似矩陣
- 產生一個使用者偏好矩陣
- 產生推薦

讓我們逐一探討上述的步驟。

產生一個項目相似矩陣

在混合式推薦中，我們先建立一個根據內容進行推薦的項目相似矩陣，可以透過共現矩陣或是使用距離測量法來量化項目之間的相似性來完成。

假設我們有五個項目，使用內容推薦，產生了一個可以捕捉項目之間相似度的矩陣，看起來會像這樣：

	Item 1	Item 2	Item 3	Item 4	Item 5
Item 1	10	5	3	2	1
Item 2	5	10	6	5	3
Item 3	3	6	10	1	5
Item 4	2	5	1	10	3
Item 5	1	3	5	3	10

現在讓我們把相似度矩陣和偏好矩陣合併以產生推薦。

產生使用者參考向量

根據系統中每位使用者的歷史記錄，產生一個偏好向量以掌握使用者的興趣。

假設有一個叫做 KentStreetOnline 的線上商店，販售 100 樣商品，我們想為該商店產生推薦清單。KentStreetOnline 是個熱門的線上商店，擁有一百萬名有效訂閱者。需要留意的重點是，我們只需要產生維度是 100x100 的相似性矩陣，但我們也要為每一位使用者建立偏好向量，這表示我們需要為這一百萬名使用者建立一百萬個偏好向量。

效能向量中的每一個項目代表的是對一個品項的偏好。第 1 列的值代表對於 **Item 1** 的偏好權重是 **4**，第 2 列的值代表的是對 **Item 2** 沒有任何喜好。

我們把這個表格繪製成圖，如下所示：

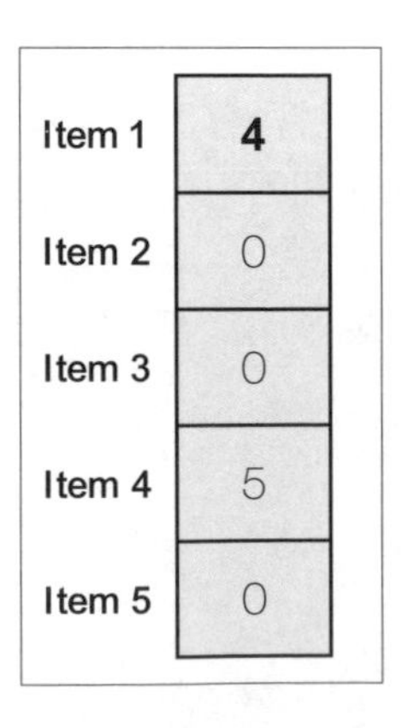

Item 1	**4**
Item 2	0
Item 3	0
Item 4	5
Item 5	0

現在，讓我們深入檢視如何利用相似矩陣 S 和使用者偏好矩陣 U 產生出推薦。

產生推薦

要開始推薦，我們可以把矩陣相乘。跟使用者評價高的商品同時頻繁出現的另一個品項，使用者更可能會對它感興趣：

Matrix[S] x Matrix[U] = Matrix[R]

以圖形化方式呈現這個計算，如下圖所示：

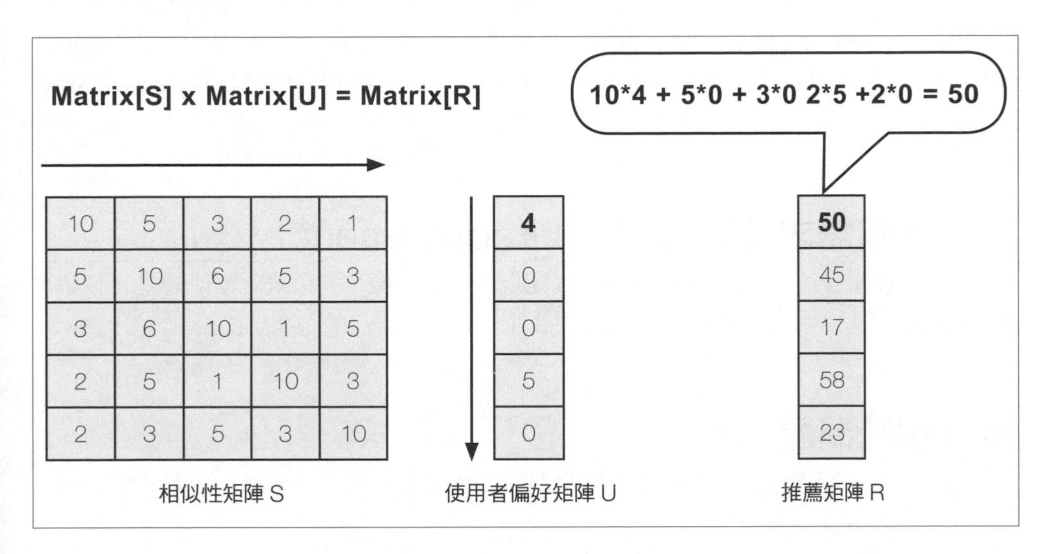

為每一位使用者產生個別不同的結果矩陣。在推薦矩陣中的數字，Matrix[R]，預測了使用者對每一個項目的感興趣程度。例如，在結果矩陣中，第 4 個項目是最高分，58，因此，強烈建議將該項目推薦給該位使用者。

現在，讓我們來檢視推薦系統的各種侷限性。

瞭解推薦系統的限制

推薦引擎使用預測演算法為一群使用者提出推薦，雖然這是一個很強大的技術，但是我們應該要留意它的侷限性。讓我們來探討一下推薦系統的各種侷限性。

冷啟動問題

很明顯的，為了讓協同過濾可以運作，我們需要關於使用者偏好的歷史資料。對於新使用者，我們沒有任何的資料，因此使用者相似度演算法所根據的假設不一定正確。對於以內容為基礎的演算法，我們也可能沒有新品的相關細節。因此，因為資料不足而無法根據新品資訊和使用者資料做出好的推薦，這種問題稱為**冷啟動問題（cold start problem）**。

中介資料需求（Metadata requirement）

以內容為基礎的方法，需要明確的項目描述以衡量相似度，如果缺乏細節描述，將會影響預測的品質。

資料稀疏問題

倘若在大量的項目數量中，一位使用者只評價少許項目，結果將會產生一個非常稀疏的使用者 / 品項評價矩陣。

> **Note**
> Amazon 大約有 10 億名使用者以及 10 億種商品。據說，Amazon 的推薦引擎擁有世界上最稀疏的資料。

社會影響所造成的偏見

社會影響在推薦上扮演著很重要的角色。我們可以把社會關係看成使用者偏好的影響係數，朋友間通常傾向於購買類似的品項，並給與類似的評價。

受限的資料

有限的評論條目，讓推薦系統難以準確地衡量使用者相似性。

實際應用領域

讓我們來看看推薦系統可以實際應用在哪些地方：

- Netflix 上三分之二的電影都是經由推薦而收看的。
- Amazon 上有 35% 的銷售都來自於推薦。
- 在 Google News 中，推薦所產生的點擊高出了 38%。
- 嘗試預測使用者對某個項目的偏好度，是基於過去對其他項目的評價。
- 可以根據大學生的需求和偏好推薦適合的課程。
- 可以為線上求職入口網站配對履歷和職缺。

現在，讓我們試著使用推薦引擎解決一個實務問題。

實際的例子：建立一個推薦引擎

讓我們建立一個推薦引擎，推薦電影給一群使用者。我們會使用的資料來自於 Minnesota 大學的 GroupLens Research 研究群組。

請依循以下的步驟執行：

1. 首先匯入相關套件：

```
import pandas as pd
import numpy as np
```

2. 匯入 user_id 以及 item_id 資料集：

```
df_reviews = pd.read_csv('reviews.csv')
df_movie_titles = pd.read_csv('movies.csv',index_col=False)
```

3. 透過 movieId 合併這兩個 DataFrame：

```
df = pd.merge(df_users, df_movie_titles, on='movieId')
```

df 這個 DataFrame 前面的幾列，在執行了前面的程式碼之後，看起來會像是這樣：

Out[5]:

	userId	movieId	rating	timestamp	title	genres
0	1	1	4.0	964982703	Toy Story (1995)	Adventure|Animation|Children|Comedy|Fantasy
1	5	1	4.0	847434962	Toy Story (1995)	Adventure|Animation|Children|Comedy|Fantasy
2	7	1	4.5	1106635946	Toy Story (1995)	Adventure|Animation|Children|Comedy|Fantasy
3	15	1	2.5	1510577970	Toy Story (1995)	Adventure|Animation|Children|Comedy|Fantasy
4	17	1	4.5	1305696483	Toy Story (1995)	Adventure|Animation|Children|Comedy|Fantasy

欄位的細節說明如下：

- **userid**：每位使用者的個別 ID
- **movieid**：每部電影的個別 ID
- **rating**：每部電影的評分，分數介於 1 到 5
- **timestamp**：該部電影被評分時的時間戳

- » **title**：電影名稱
- » **genres**：電影類型

4. 為了檢視輸入資料的總結趨勢，讓我們針對 `title` 以及 `rating` 進行 `groupby` 操作，以計算每一部電影的評分平均值和次數：

Out[6]:

title	rating	number_of_ratings
'71 (2014)	4.0	1
'Hellboy': The Seeds of Creation (2004)	4.0	1
'Round Midnight (1986)	3.5	2
'Salem's Lot (2004)	5.0	1
'Til There Was You (1997)	4.0	2

5. 現在，準備要用於推薦引擎的資料；為此，我們將這些資料集轉換成矩陣，它將具備以下的特性：

- » 電影的名稱作為欄位
- » `User_id` 作為索引
- » 它的值則是評分

我們將使用 DataFrame 的 `pivot_table` 函式完成上述的要求：

```
movie_matrix = df.pivot_table(index='userId', columns='title',
values='rating')
```

請注意，上述的程式碼將會產生一個非常稀疏的矩陣。

6. 現在，讓我們使用這個剛剛建立的推薦矩陣去推薦電影。以一位看過電影《阿凡達》（Avatar, 2009）的使用者為例，首先，找出所有對《阿凡達》這部電影感興趣的使用者：

```
Avatar_user_rating = movie_matrix['Avatar (2009)']
Avatar_user_rating = Avatar_user_rating.dropna()
```

```
Avatar_user_rating.head()
```

7. 現在，試著建立和《阿凡達》相關的電影片單。為此，我們將計算 Avatar_user_rating 這個 DataFrame 與 movie_matrix 的相關性，如下所示：

```
similar_to_Avatar=movie_matrix.corrwith(Avatar_user_rating)
corr_Avatar = pd.DataFrame(similar_to_Avatar,
columns=['correlation'])
corr_Avatar.dropna(inplace=True)
corr_Avatar = corr_Avatar.join(df_ratings['number_of_ratings'])
corr_Avatar.head()
```

上述程式得到了以下的輸出：

Out[12]:

title	correlation	number_of_ratings
'burbs, The (1989)	0.353553	17
(500) Days of Summer (2009)	0.131120	42
*batteries not included (1987)	0.785714	7
10 Things I Hate About You (1999)	0.265637	54
10,000 BC (2008)	-0.075431	17

這表示，我們可以把這些電影推薦給對《阿凡達》感興趣的使用者。

本章摘要

在本章中，我們學習了推薦引擎，研究如何根據試圖解決的問題選擇正確的推薦引擎，也檢視了如何準備推薦引擎所需要的資料，以建立出相似性矩陣。接著，我們更進一步學習了如何使用推薦引擎來解決實務問題，像是根據使用者過去的觀影模式來為他們推薦電影。

下一章，我們將聚焦在用於理解及處理資料的演算法。

Section 3

進階主題

顧名思義，我們將會在本篇中探討演算法較高階的概念，密碼學及大規模演算法即本篇的關鍵重點。本篇的最後一章，也是本書的最後一章，將探討實作這些演算法時必須牢記在心的一些實務考量。本篇所包含的章節如下：

第 11 章 _ 資料演算法
第 12 章 _ 密碼學
第 13 章 _ 大規模演算法
第 14 章 _ 實務上的考量

11

資料演算法

本章介紹以資料為中心的演算法，特別側重於三個面向：儲存、串流及壓縮。本章會先簡要概述以資料為中心的演算法，然後討論資料儲存使用上的不同策略，接著說明如何把這些演算法應用到串流資料上，然後探討多種壓縮資料的方法論。最後，我們將應用本章提及的概念，去學習如何利用先進的感測器網路來監控高速公路上的行車速度。

瀏覽完本章，你將能夠瞭解，以資料為中心的各種演算法在設計時所涉及之概念以及一些取捨。

本章所討論的概念：

- 資料分類
- 資料儲存演算法
- 如何使用演算法壓縮資料
- 如何使用演算法串流資料

我們先來介紹一些基本概念。

資料演算法簡介

不論你是否意識到，我們正處於大數據時代，這是個不爭的事實。為了讓你瞭解我們究竟產生出了多少資料，只要檢視一下 Google 在 2019 年發表的一些數字就可以略知一二。正如我們所知，Google 相簿是多媒體儲存庫，用於儲存 Google 產生的照片。在 2019 年，每天平均有 12 億張照片和影片上傳到 Google 相簿；此外，每天每分鐘平均有 400 小時的影片（包含有 1PB 的資料）上傳到 YouTube。不用多說，資料現正以爆炸性的速度不斷產生。

當前人們對於資料驅動演算法的興趣，是來自於資料中所包含的價值資訊及模式。如果將它們善加利用，這些資料可以成為決策、行銷、政府以及趨勢分析的基礎。

顯而易見，與資料相關的演算法，其重要性與日俱增，如何設計處理資料的演算法是一個十分活躍的研究領域，毫無疑問地，探索資料應用的最佳方法，使其提供可量化的益處，是目前全世界各組織、企業及政府關注的焦點所在。但是原始資料的型式很少可以直接利用，要挖掘出原始資料中的資訊，便需要將它們加以處理、準備好並經過分析。

為了處理及分析資料，首先需要把它們儲存起來，因此高效的資料儲存方法也就愈形重要。請注意，因為單一節點實際儲存裝置的限制，大數據只能儲存在分散式儲存裝置，它是由許多以高速通訊連結所連接的節點組成。由此可知，學習資料演算法，先探討不同的資料儲存演算法是很合理的。

首先，讓我們把資料分成幾個不同的類型。

資料分類

先以設計資料演算法的角度去檢視，資料可以如何分類。如同我們在「**第二章 _ 演算法的資料結構**」中討論過的，量化資料的數量、多樣性及速度可以作為分類的依據，此分類可以成為設計資料演算法的基礎，使用在儲存和處理資料。

讓我們逐一來看看資料演算法的特性：

- **volume** 衡量需要加以儲存和處理的資料之總量。當 volume 增加，此作業程序就會變成資料密集型（data-intensive），它需要提供足夠多的資源去儲存、快取及處理資料。大數據這個術語，亦模糊地定義了無法由單一節點處理的大量資料。
- **velocity** 定義的是新資料產生的速率。通常，高速資料稱為 hot data 或是 hot stream，而低速資料則稱為 cold stream 或是 cold data，在許多應用中，資料會結合 hot 和 cold 串流資料，因此必須在一開始先將資料備妥並合併到一個單一表格中，演算法才能使用它們。
- **variety** 代表不同種類的結構性資料與非結構性資料，需要將它們合併到一個單一表格中，才能為演算法所用。

下個小節將幫助我們瞭解這部分所牽涉的取捨，以及在設計儲存演算法時的各種選擇。

資料儲存演算法介紹

一個可靠且高效能的資料儲存庫是分散系統的核心，如果這個資料儲存庫是為了分析而建立的，那麼它也可以稱為 data lake（資料湖），把來自於不同領域的資料放在單一位置。讓我們先從分散式儲存庫中與資料儲存相關的各種議題進行說明。

瞭解資料儲存策略

在數位化計算的最初那些年，最一般的方式就是使用單一節點架構來設計資料儲存庫，隨著資料集的大小不斷增加，分散式資料儲存成為了現在的主流。在分散式環境中，儲存資料的正確策略取決於資料的型態、它預期使用的模式以及它的非功能性需求。為了進一步分析分散式資料儲存的需求，我們需對 consistency availability partition-Tolerance(CAP) 理論先有個概括認識，它為我們提供了設計分散式系統資料儲存策略的基礎。

CAP 理論介紹

1998 年，Eric Brewer 提出了一個理論，即為後來著名的 CAP 理論，此理論強調了設計分散式儲存系統所涉及的各種取捨。

要瞭解 CAP 理論，首先，讓我們定義以下三個分散式儲存系統的特性：consistency、availability、partition tolerance。CAP 其實就是這三個特性第一個字母的縮寫組合：

- **consistency**（也就是 C)：分散式儲存是由各種節點所組成，任一個節點都可以在儲存庫中被讀取、寫入及更新記錄。consistency 保證在某一時間點 t_1,，不論我們在哪一個節點中讀取資料，都會得到相同的結果。每一個 *read* 操作不是傳回目前最新資料，就是回傳一個錯誤訊息。
- **availability**（也就是 A)：availability 保證在分散式儲存庫中的任一節點可以立即處理（具有或不具有一致性的）請求。
- **partition tolerance**（也就是 P)：在分散式系統中，多個節點以通訊網路相連結。partition tolerance 的保證是，就算是其中一小部分節點（一個或多個）通訊錯誤，系統的其餘部分仍能正常運作。請留意，資料需要複製到足夠數量的節點上，才能達成這個保證。

CAP 定理使用這些特性，總結了分散式系統的架構和設計所涉及的取捨，尤其是 CAP 定理所描述的，在儲存系統中，只能具有下列特點—— consistency、availability 及 partition tolerance ——的其中兩項。

請參考以下的圖：

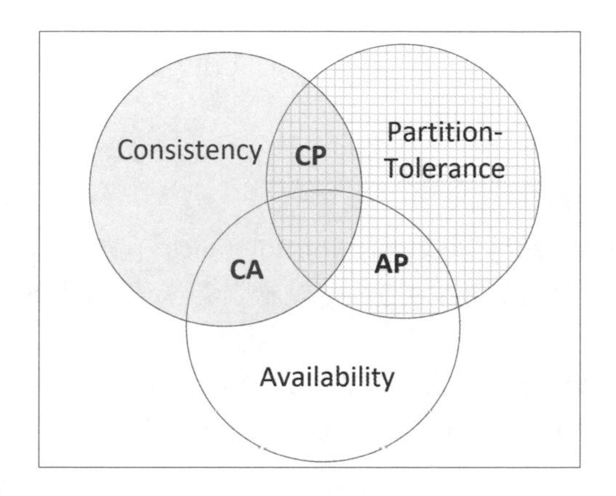

CAP 定理也意味著我們可以有三種型態的分散式儲存系統：

- CA 系統（實作了 consistency-availability）
- AP 系統（實作了 availability-partition tolerance）
- CP 系統（實作了 consistency-partition tolerance）

讓我們逐一來檢視。

CA 系統

傳統單一節點系統就是 CA 系統。這是因為，如果我們沒有分散式系統，那麼就不需要去擔心關於 partition tolerance 的問題，因此，一個系統同時具有 consistency 和 availability，就是 CA 系統。

傳統的單一節點資料庫，例如 Oracle 或是 MySQL，都是 CA 系統的例子。

AP 系統

AP 系統是依據可用性調校的分散式儲存系統，它被設計作為高回應系統，必要的時候，此系統可以犧牲 consistency，以容納高速率的資料，這表示它們是作為即時處理使用者需求的分散式儲存系統。典型的使用者需求是讀取或寫入快速改變的資料，AP 系統通常使用於即時監控系統，像是感測器網路等。

高速率分散式資料庫，例如 Cassandra，就是 AP 系統典型的例子。

讓我們來看看 AP 系統可以用於何處。如果加拿大的運輸部想要透過安裝在高速公路上不同位置的感測器監控 Ottawa 一條高速公路的交通，會建議使用 AP 系統來實作分散式資料儲存。

CP 系統

CP 系統同時具有 consistency 以及 partition tolerance，這表示 CP 系統也是分散式儲存系統，它們進行調校是為了確保在任一節點讀取資料，所獲得的資訊是一致的。

典型的 CP 系統使用案例是——當我們想要以 JSON 格式儲存一個文件檔案時。像是 MongoDB 文件資料儲存就是一個 CP 系統，它在分散環境中具有一致性之特性。

分散式資料儲存正在逐漸地成長，成為現代 IT 基礎架構中最重要的部分。分散式資料儲存應該小心設計，依據資料的特性以及想要解決的問題之需求。把資料儲存分類為 CA、AP 及 CP 系統，可以幫助我們瞭解在設計資料儲存系統時必要的取捨特性。

現在讓我們來看看串流資料演算法。

串流資料演算法介紹

資料可以分類為有限和無限兩種，有限資料是靜止的資料，它們通常使用批次程序加以處理，而串流基本上是處理無限的資料。來看看一個例子：假設我們正在分析一家銀行的詐欺交易，如果想要找出 7 天前的詐欺交易資料，我們只需尋找靜止資料，此即稱為批次處理。

另一方面，如果我們是要即時偵側詐欺交易行為，那麼這就是串流的例子。因此，串流資料演算法是處理資料串流的演算法，其基本概念是把輸入資料串流分割成批次，然後透過處理節點去處理。串流演算法需具有可容錯性，並且有能力處理以高速率流入的資料。隨著即時趨勢分析的需求不斷增加，目前對串流處理的需求也持續地增加。但請注意，要使串流可以作業，必須要能夠快速地處理資料，在設計演算法時，始終都需要將此牢記於心。

串流的應用

串流資料有許多實務應用，而且都非常有意義。其中一些應用如下：

- 詐欺偵測
- 系統監控
- 智慧訂單路徑
- 即時控制台
- 高速公路的交通感測器
- 信用卡交易
- 多人線上遊戲中的使用者移動

現在，讓我們來看看如何使用 Python 實作串流。

介紹資料壓縮演算法

資料壓縮演算法包含在減少資料大小的處理程序中。

本章將鑽研一個特定的資料壓縮演算法，叫做無損壓縮演算法（lossless compression algorithm）。

無損壓縮演算法

有許多演算法有能力壓縮資料，並且能夠讓資料在解壓縮還原之後不會損失任何資料。它們使用在讀取解壓縮還原之後的重要資料，和原始檔案資料必須是一模一樣。無損壓縮演算法的典型使用情況如下：

- 壓縮文件
- 壓縮和打包原始碼及可執行檔
- 把大量小型檔案轉換成少量的大型檔案

瞭解無損壓縮的基本技術

資料壓縮是基於一個原理，那就是大多數資料已知使用了超過它的熵（entropy）所需要的位元。回憶一下，「熵」這個術語用於精準描述資料所攜帶的資訊量，這表示，以更優化計算的位元表示相同的資訊是可以做到的，因此探索更有效率的位元表示法並將其公式化，便成為壓縮演算法的設計基礎。無損資料壓縮即是利用這些多餘的資料來壓縮資料，而不會遺失任何資訊。在 80 年代晚期，Ziv 和 Lempel 提出了以字典為基礎的資料壓縮技巧，它可以用於實作無損資料壓縮，由於速度很快和良好的壓縮率，這些技術在當時成為備受矚目的焦點，並且建立出 Unix 作業系統最受歡迎的 *compress* 工具。此外，無所不在的 `gif` 影像格式亦使用了此種壓縮技術，因為可以用較少的位元表示相同的資訊，節省許多空間和傳輸頻寬，因而大受歡迎。這些技術後來成為開發 `zip` 工具以及衍生工具程式的基礎。現在使用的壓縮標準，V.44，也是以此為基礎。

接下來的段落中將逐一檢視這些技術。

Huffman 編碼

Huffman 編碼是壓縮資料最古老的方法之一，它以建立一個 Huffman 樹為基礎，將此樹同時使用於編碼及解碼資料。Huffman 編碼可以用更簡潔的型式表示資料內容，它利用某些資料（例如，某些以字母組成的字元）在資料串流中更高頻率出現的現象，藉由不同長度的編碼（出現頻率較高的字元用較短的編碼，出現頻率較低的字元用較長的編碼），資料就可以使用較少的空間。

現在，讓我們來學習和 Huffman 編碼有關的術語：

- **coding（編碼）**：在資料的術語中，coding 代表著把資料轉換成另外一種格式的方法。我們希望轉換後的資料更精簡。
- **codeword**：在編碼型式中的特定字元稱為 codeword。
- **fix-length coding（定長編碼）**：當每一個編碼過的字元，也就是 codeword，都使用相同長度的位元時，即稱為 fix-length coding。
- **variable-length coding（可變長度編碼）**：如果 codeword 使用的是不同數量的位元，則稱為 variable-length coding。
- **evaluation of code**：每一個 codeword 預期的位元數量。
- **prefix free codes**：表示沒有任何 codeword 是另一個 codeword 的前綴字。
- **decoding（解碼）**：表示可變長度編碼不受任何前綴字所限制[18]。

為了理解最後兩個術語，你需要先看以下這張表格：

字元	出現頻率	定長編碼	可變長度編碼
L	.45	000	0
M	.13	001	101
N	.12	010	100
X	.16	011	111
Y	.09	100	1101
Z	.05	101	1100

現在我們可以推論如下：

- **fixed length code:** 此表的固定長度編碼是 3。
- **variable length code:** 此表的可變長度編碼是 $45(1) + 13(3) + .12(3) + .16(3) + .09(4) + .05(4) = 2.24$。

18 譯注：應為把編碼後的資料還原回原有內容的過程。

下圖是前面例子所建立之 Huffman 樹的樣子：

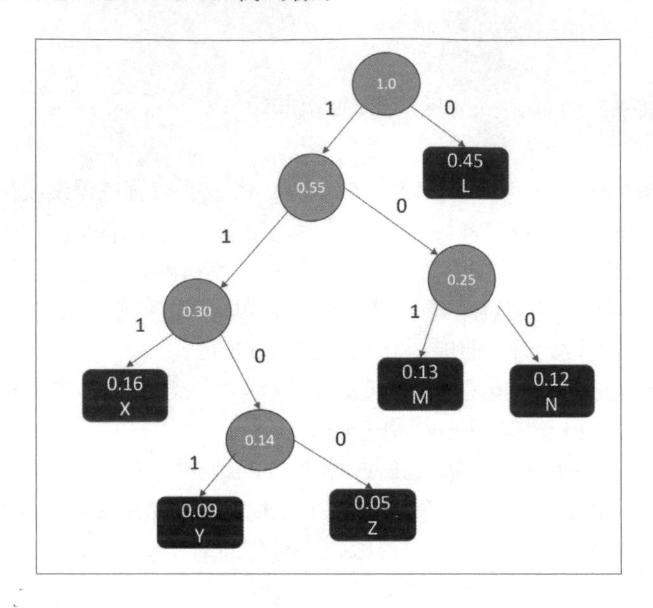

請注意，Huffman 編碼就是把資料轉換成 Huffman 樹來進行壓縮，而解碼或解壓縮可以讓資料變回它原始的格式。

一個實際的例子：Twitter 即時情感分析

據說 Twitter 每秒有將近 7,000 條推文，主題包羅萬象。讓我們試著建立一個情感分析器，即時捕捉各個新聞來源之新聞情緒。我們從匯入需要的套件開始：

1. 匯入需要的套件：

```
import tweepy,json,time
import numpy as np
import pandas as pd
import matplotlib.pyplot as plt
from vaderSentiment.vaderSentiment import
SentimentIntensityAnalyzer
analyzer = SentimentIntensityAnalyzer()
```

請注意，我們使用了以下這兩個套件：

2. **VADER 情感分析**，全名是 **valence aware dictionary and sentiment reasoner**。這是一個很受歡迎、以規則為基礎的情緒分析工具，它是為社群媒體所開發的。如果你之前沒有使用過這個套件，那麼先執行以下的指令安裝這個模組：

```
pip install vaderSentiment
```

3. `Tweepy`，這是一個以 Python 為基礎、用來存取 Twitter 的 API。同樣地，如果你之前沒有使用過這個套件，也需要先執行以下的指令來安裝它：

```
pip install Tweepy
```

4. 下一個步驟有點繁瑣：你需要在 Twitter 建立一個開發者帳號，才能夠存取即時串流的貼文。當你在 Twitter 帳號中取得了 API key 之後，把你的 token 設定到必要的變數中，如下所示：

```
twitter_access_token = <your_twitter_access_token>
twitter_access_token_secret = <your_twitter_access_token_secret>
twitter_consumer_key = <your_consumer_key>
twitter_consumer_secret = <your_twitter_consumer_secret>
```

5. 接著讓我們組態 `Tweepy` API 認證。為此，需要提供前面所建立的變數：

```
auth = tweepy.OAuthHandler(twitter_consumer_key,
twitter_consumer_secret)
auth.set_access_token(twitter_access_token,
twitter_access_token_secret)
api = tweepy.API(auth, parser=tweepy.parsers.JSONParser())
```

6. 現在，來到有趣的部分了。我們選擇 Twitter 的新聞來源，是我們想要監視情感分析的對象。在此例中，我們選擇了以下的新聞來源：

```
news_sources = ("@BBC", "@ctvnews", "@CNN","@FoxNews", "@dawn_
com")
```

7. 現在，讓我們建立主迴圈。迴圈開始前，`array_sentiments` 串列的內容設定為空，用於放置所有的情感分析結果。接著，輪流從五個新聞來源取出 100 條推文，然後針對每一條推文計算它的情感極性：

```
In [12]: # We start extracting 100 tweets from each of the news sources
print("...STARTING..... collecting tweets from sources")

# Let us define an array to hold the sentiments
array_sentiments = []

for user in news_sources:
    count_tweet=100  # Setting the twitter count at 100
    print("Start tweets from %s"%user)
    for x in range(5):      # Extracting 5 pages of tweets
        public_tweets=api.user_timeline(user,page=x)
        # For each tweet
        for tweet in public_tweets:
            #Calculating the compound,+ive,-ive and neutral value for each tweet
            compound = analyzer.polarity_scores(tweet["text"])["compound"]
            pos = analyzer.polarity_scores(tweet["text"])["pos"]
            neu = analyzer.polarity_scores(tweet["text"])["neu"]
            neg = analyzer.polarity_scores(tweet["text"])["neg"]

            array_sentiments.append({"Media":user,
                                     "Tweet Text":tweet["text"],
                                     "Compound":compound,
                                     "Positive":pos,
                                     "Negative":neg,
                                     "Neutral":neu,
                                     "Date":tweet["created_at"],
                                     "Tweets Ago":count_tweet})

            count_tweet-=1

print("DONE with extracting tweets")

...STARTING..... collecting tweets from sources
Start tweets from @BBC
Start tweets from @ctvnews
Start tweets from @CNN
Start tweets from @FoxNews
Start tweets from @dawn_com
DONE with extracting tweets
```

8. 現在，讓我們建立一張圖，呈現個別新聞來源的新聞情感極性：

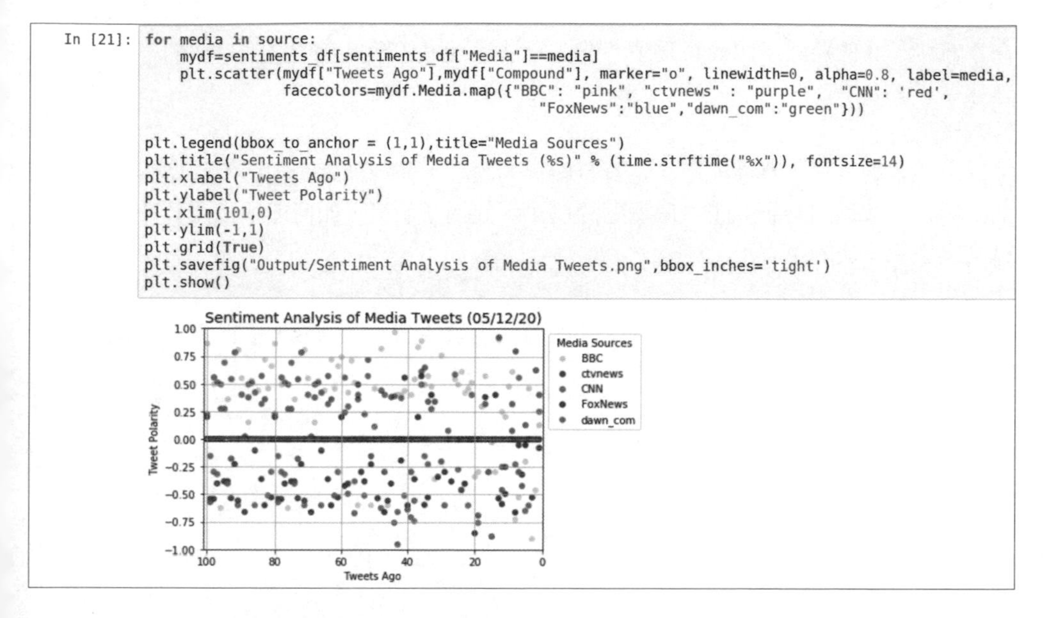

```
In [21]: for media in source:
             mydf=sentiments_df[sentiments_df["Media"]==media]
             plt.scatter(mydf["Tweets Ago"],mydf["Compound"], marker="o", linewidth=0, alpha=0.8, label=media,
                         facecolors=mydf.Media.map({"BBC": "pink", "ctvnews" : "purple",  "CNN": 'red',
                                                    "FoxNews":"blue","dawn_com":"green"}))

         plt.legend(bbox_to_anchor = (1,1),title="Media Sources")
         plt.title("Sentiment Analysis of Media Tweets (%s)" % (time.strftime("%x")), fontsize=14)
         plt.xlabel("Tweets Ago")
         plt.ylabel("Tweet Polarity")
         plt.xlim(101,0)
         plt.ylim(-1,1)
         plt.grid(True)
         plt.savefig("Output/Sentiment Analysis of Media Tweets.png",bbox_inches='tight')
         plt.show()
```


請留意，不同的新聞來源使用不同的顏色表示。

9. 現在，讓我們來看一下總結之統計數據：

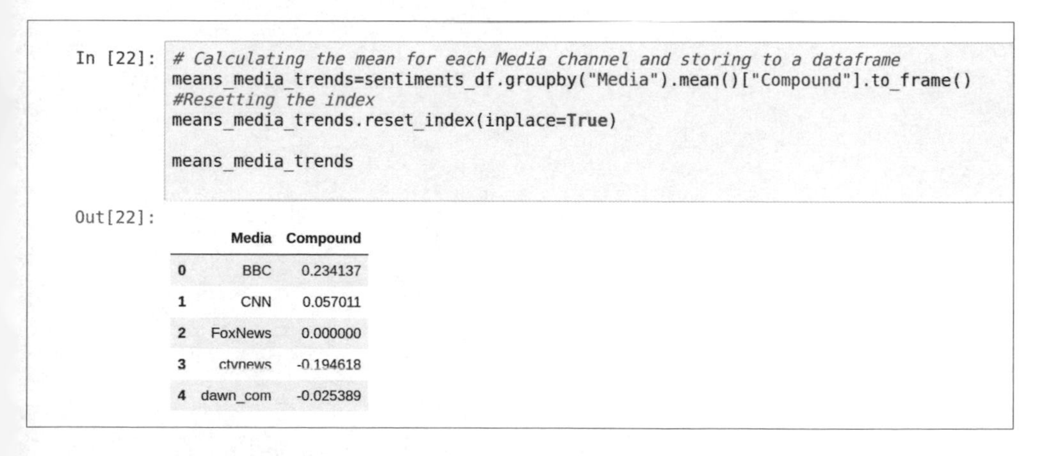

```
In [22]: # Calculating the mean for each Media channel and storing to a dataframe
         means_media_trends=sentiments_df.groupby("Media").mean()["Compound"].to_frame()
         #Resetting the index
         means_media_trends.reset_index(inplace=True)

         means_media_trends
```

Out[22]:

	Media	Compound
0	BBC	0.234137
1	CNN	0.057011
2	FoxNews	0.000000
3	ctvnews	-0.194618
4	dawn_com	-0.025389

前面的數字總結出情感的趨勢。例如，BBC 的情感分析最正面，而 Canadian 新聞頻道 CTVnews 似乎帶有最負面的情緒。

本章摘要

在本章中，我們探討了以資料為中心的演算法設計，並聚焦在資料演算法的三大面向：儲存、壓縮及串流。

接著深入檢視資料的特性如何決定資料儲存的設計，並詳細說明兩種不同型態的資料壓縮演算法。我們同時研究了一個實際的例子，該例子示範了如何把串流演算法應用在計算文字資料串流的單詞上。

下一章，我們將探索加密演算法，學習如何使用這些演算法的威力去保障交換或儲存的資料之完整性。

12

密碼學

本章介紹與密碼學相關的演算法。我們從背景知識開始，然後討論對稱式加密演算法，接著將會解說 **Message-Digest 5 (MD5)** 演算法以及 **Secure Hash Algorithm (SHA)** 演算法，並說明實作對稱式加密演算法的限制和缺點。我們也將探討非對稱式加密演算法，以及如何將它們應用在建立數位憑證上。最後，會透過一個實際的例子總結本章的所有技術。

讀完本章，對於加密相關的許多議題就能有基本的認知。

以下是本章會探討的主題：

- 密碼學簡介
- 瞭解密碼學技術的種類
- 範例——部署機器學習模型時的安全考量

讓我們從探討基本概念開始。

密碼學簡介

保護祕密的技術，早在幾個世紀前就已經存在。在埃及遺址的古銘文上，發現了埃及人嘗試保存隱藏資料以防止對手獲知的文獻，裡面使用了只有少數信任的人才知道的特殊文字。這種早期的資安形式稱之為 **obscurity**（**隱藏設計**），今日仍以不同的形式為人們所使用。要讓這個方法可行，關鍵就在於保護祕密，也就是那些字母所代表的意義。後來，在第一次和第二次世界大戰時，找到萬無一失的保護重要資訊方法，變得非常地重要。到了 20 世紀末，隨著電子學和電腦的發明，更複雜的演算法被發展用來保護資料的安全，全新的領域——也就是**密碼學**（**cryptography**），也因而崛起。本章探討密碼學在演算法的面向，這些演算法的目的是要讓資料可以在兩個處理程序或使用者之間安全地交換。密碼學演算法即是找出數學函式的策略，去確保預定的安全目標。

瞭解最弱連結的重要性

有時候，在架構一個數位基礎建設的安全性時，我們在獨立個體的安全性上太過於關注，而沒有注意到點對點之間的安全性，這可能會導致我們忽略系統中的一些漏洞和弱點，而給了駭客機會利用這些弱點存取機敏資料。需要牢記在心的一個重點是，就整體的數位基礎建設來看，最高的強度取決於**最薄弱的環節**。對於駭客而言，這個最薄弱的連結為他們開了後門，使他們可以存取數位基礎建設中的機敏資料。過了某一個點之後，只著眼於加固前門而沒有關閉所有後台，也等於沒什麼幫助了。

隨著維護數位基礎建設的演算法與技術變得愈來愈複雜，攻擊者也在不斷提升他們的技術。要永遠牢記在心，攻擊者破解數位基礎建設的最簡單方法，就是利用這些漏洞去存取機敏資訊。

> **Note**
> 在 2014 年，一個發生在加拿大聯邦研究所 **National Research Council (NRC)** 的網路攻擊，估計造成數以億計的重大損失。攻擊者竊取了數十年的研究資料及智慧財產權材料，他們利用了伺服器使用的 Apache 軟體上的一個漏洞，進入網頁伺服器存取機敏資料。

在本章，我們將著眼於各種加密演算法的漏洞。

先來看看一些會用到的基本術語。

基本術語

讓我們來看看和密碼學相關的一些基本術語：

- **cipher**：一個用來執行特定密碼學函式的演算法。
- **plain text**：明文，可以是一個文字檔案、一段影片、一個位元映射檔或一段數位語音。在本章中，我們將會以 *P* 來表示明文。
- **cipher text**：加密後的文字，也就是 plain text 在套用了加密之後所得到的結果。在本章中，我們將以 *C* 來代表。
- **cipher suite**：一組或一套加密軟體元件。當兩個分開的節點想要使用加密的方式交換訊息時，首先他們需要同意一個 cipher suite，這對於確保他們使用完全相同的加密函式實作是非常重要的。
- **encryption**：把 plain text P 轉換成 cipher text C 的程序稱為 encryption（加密）。在數學上，是以 *encrypt(P) = C* 來表示。
- **decryption**：把 cipher text C 轉換回 plain text P 的程序稱為 decryption（解密）。在數學上，是以 *decrypt(C)=P* 來表示。
- **cryptanalysis**：用於分析密碼演算法強度的方法。分析師試圖在不使用密碼的情況下還原 plain text。
- **personally identifiable information (PII)**：PII 是使用來追蹤個人身分之資訊，可以單獨使用，也可以跟其他相關資料一起使用。一些相關例子包括被保護的資訊，例如社會安全號碼、生日、母親的婚前姓氏。

瞭解安全需求

先瞭解系統確切的安全需求是很重要的，瞭解這些將有助於我們使用正確的加密技術，並發掘出系統中潛在的漏洞。為了達成此目標，首先需要更瞭解系統的需求，而為了瞭解安全需求，我們執行了以下三個步驟：

- 識別實體
- 制定安全目標
- 瞭解資料的機敏性

讓我們逐一檢視這些項目。

識別實體

在系統中識別出實體的一種方法是從回答以下四個問題開始，它有助於我們瞭解在安全性範圍中系統的需求為何：

- 哪些應用程式需要被保護？
- 我們保護的是誰的應用程式？
- 我們應該在哪裡保護它們？
- 為什麼我們需要保護它們？

一旦更加瞭解這些需求，我們就可以建立數位系統的安全目標。

建立安全目標

密碼演算法通常用於實現以下一個或多個安全目標：

- **authentication（認證）**：簡單地說，認證是證明用戶就是他們所聲稱之身分的步驟。透過認證程序，我們可以確保使用者身分受到驗證。身分驗證程序會先讓使用者出示其身分證明，然後提供只有使用者知道的資訊；因此，這些資訊只能由使用者自己產生。
- **confidentiality（保密）**：需要被保護的資料稱為**機敏資料**。confidentiality 是限制機敏資料只供已授權的使用者使用的概念。為了保護機敏資料在傳輸或是儲存時的保密性，需要把這些資料進行處理，使其只能被授權的使用者讀取，此方式可以透過加密演算法來完成，這些將會在本章中詳細地討論。
- **integrity（完整性）**：完整性是指建立的資料在傳輸或儲存過程中不能被任何方式修改其內容。例如，**TCP/IP (transmission control protocol/internet protocol)** 使用了 checksum 或是 **cyclic redundancy check (CRC)** 演算法以驗證資料的完整性。
- **non-repudiation**（不可否認性）：Non-repudiation 是一個概念，意思是資訊的傳送者收到關於資料已接收的確認，而且接收者收到傳送者的身分確認。此種方式提供了不可辯駁的證據，證明訊息已經發送或是接收到了，以後可以用來證明資料的收據以及在通訊中的故障點。

瞭解機敏資料

瞭解資料的分類本質是重要的，而且我們也需要去思考如果資料被洩露，後果會有多嚴重。資料的分類幫助我們選擇正確的密碼演算法。根據資料本身所包含的機敏性，有多種分類資料的方式。讓我們來看一下分類資料的傳統方式：

- **公開資料或未分類資料：**任何可供公眾使用的內容；例如，在公司網站或是政府入口網站上找得到的資訊。
- **內部資料或保密資料：**雖然不是公共使用的資訊，但是把這些資料曝露給公眾可能不會造成破壞性的後果。例如，如果一個員工抱怨他經理內容的電子郵件被公開了，可能會讓這家公司覺得難堪，但是並不具有破壞性的後果。
- **機敏資料或祕密資料：**這些資料並沒有提供給公眾的打算，若是把這些資料公開，有可能會對於個人或組織造成破壞性的後果。例如，洩露未來 iPhone 的細節，可能會損及蘋果公司的企業目標，而且會讓對手，例如三星，得到好處。
- **高度機敏資料：**也稱為**最高機密資料（top-secret data）**。此種資訊一旦被披露，則將會對組織造成嚴重的傷害。這些資訊包括：客戶的社會安全碼、信用卡號碼，或是其他非常機密敏感的資訊。最高機密資料通過多層安全保護，需要獲得特殊的權限方可存取。

> **Note**
> 一般而言，複雜的安全性設計會比簡單的演算法速度來得慢。在安全性和效能間取得平衡是很重要的。

瞭解密碼的設計基礎

設計密碼就是想出一個演算法來攪亂機敏資料，使得惡意的程序或未授權的使用者無法存取它。雖然，隨著時間的推移密碼變得愈來愈複雜，但是密碼的基本原則仍然沒有改變。

讓我們先檢視一些相對簡單的密碼開始，這將有助於我們瞭解使用在設計密碼演算法的基本原則。

替代密碼介紹

替代密碼已經以不同的形式使用數百年了。就如同它的名字所暗示的，替代密碼是基於一個簡單的概念——將明文中的字元以另一個事先定義與組織好的字元替換。

讓我們來看看其中所涉及的確切步驟：

1. 首先，把每一個字元都對應到一個替代字元。
2. 然後，使用替代對應的方式，把明文中的每一個字元以密碼本中的另外一個字元取代，來編碼和轉換明文到密文。
3. 如果要解碼的話，把原有的字元利用替代對應的方式還原。

讓我們來看一些例子：

- Caesar cipher（凱撒密碼）：

  凱撒密碼，它的替代對應是將每個字元用它右邊第 3 個字元來取代。此種對應方式如下圖所示：

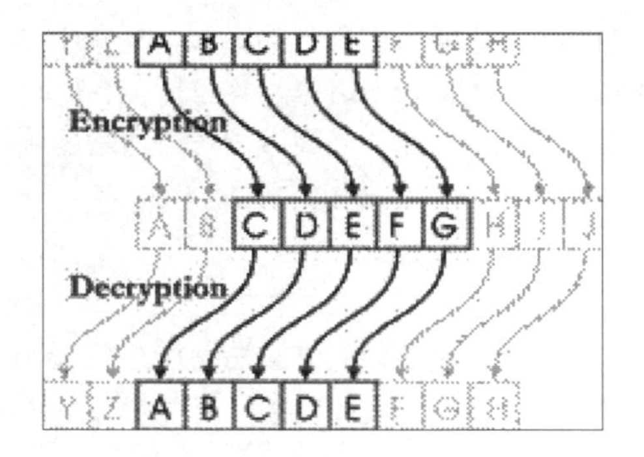

  讓我們來看看如何使用 Python 實作凱撒密碼：

```
import string
rotation = 3
P = 'CALM'; C=''
for letter in P:
    C = C+ (chr(ord(letter) + rotation))
```

  可以看到我們套用凱撒密碼的方式替明文 CALM 進行加密。

  讓我們試著印出經過凱撒密碼加密之後的密文：

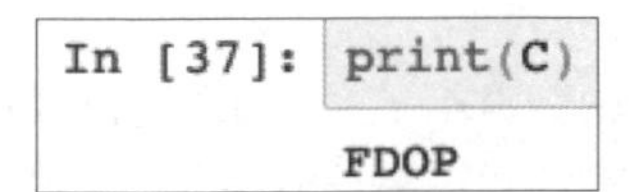

> **Note**
> 據説凱撒大帝曾經使用凱撒密碼與他的顧問進行溝通。

- rotation 13 (ROT13)：

  ROT13 是另一種以替換為基礎的加密方法。在 ROT13 中，替代的對應是將每個字元用它右邊第 13 個字元來替代。如下圖所示：

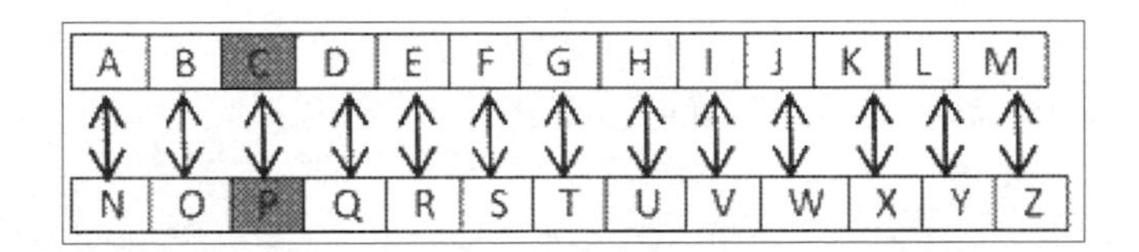

  這表示，如果 ROT13() 是一個實作 ROT13 的函式，那麼我們可以使用以下的指令來套用這個加密方法：

```
import codecs
P='CALM'
C=''
C=codecs.encode(P, 'rot_13')
```

  現在，讓我們印出 C 被編碼後的結果：

```
In [2]: print(C)
        PNYZ
```

- 替代密碼的密碼分析：

  替代密碼很簡單而且易於理解，不幸的是，它們也很容易破解。我們可以從簡單的密碼分析看出，如果我們使用的是英文字母，那麼破解它就只需要知道要輪流嘗試幾次。我們可以逐一嘗試每個英文字母，直到可以解密出文字。這個意思是說，只要進行 25 次左右的嘗試，就可以重構出明文。

現在，讓我們來看看另外一種簡單的加密方法——轉置密碼。

瞭解轉置密碼（Transposition cipher）

在轉置密碼中，明文中的字元是以轉置的方式進行。讓我們來看看它所使用的步驟：

1. 建立一個矩陣並選擇轉置矩陣的大小，此矩陣應該要大到足以放入明文字串。
2. 把字串中的所有字元以水平優先的方式填入矩陣中。
3. 以垂直優先的方式讀出字串的所有字元。

讓我們來看一個例子：

首先，取得一個叫做 `Ottawa Rocks` 的明文（*P*）。

讓我們先來編碼 *P*。為此，需要使用一個 3x4 的矩陣，並且把它以水平優先的方式寫入明文中的所有字元：

O	t	t	a
w	a	R	o
c	k	s	

`read` 程序將會以垂直為優先的方式讀取這個字串，如此就會產生出一段密文——`OwctaktRsao`。

> **Note**
> 德國在第一次世界大戰時使用一個名為 ADFGVX 的密碼，它同時使用轉置和替代的加密方法。多年之後，它被 George Painvin 所破解。

以上就是我們介紹的幾種傳統加密方法。現在，讓我們來看看目前被廣泛使用的加密技術。

瞭解加密技術的類型

不同種類的加密技術使用不同類型的演算法，它們在不同的情境下使用。

廣義地說，加密技術可以分成以下三種類型：

- hashing（雜湊）
- symmetric（對稱式）
- asymmetric（非對稱式）

讓我們逐一加以說明。

使用加密雜湊函式

加密雜湊函式是一個數學演算法，它可以使用於建立訊息的獨特指紋。它建立了一個源自於明文的固定大小輸出，稱之為**雜湊（hash）**。

數學上，它可以使用以下的方式表示：

$$C_1 = hashFunction(P_1)$$

說明如下：

- P_1 代表輸入資料的明文內容。
- C_1 是一個固定長度的雜湊，它是由加密雜湊函式所產生的。

如下圖所示，使用一個單向雜湊函式（one-way hash function），將不定長度的資料轉換成一個固定長度的雜湊：

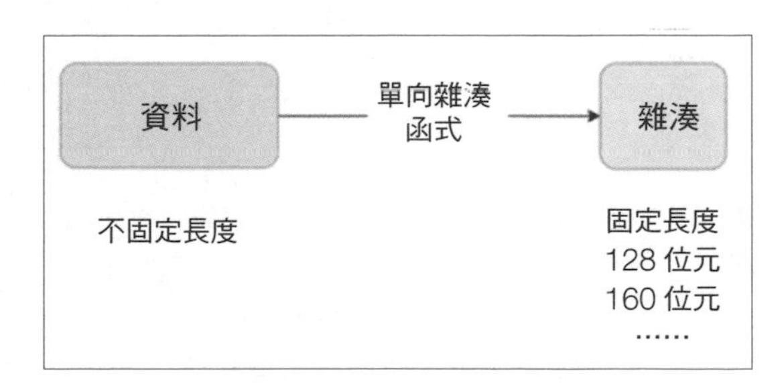

雜湊函式有以下五個特性：

- 它具有確定性質，同樣的明文會產生同樣的雜湊。
- 唯一的輸入字串應產生唯一的輸出雜湊。
- 無論輸入訊息的長度為何，輸出的長度均為固定。
- 輸入的小幅改變也會產生一個極大變化的雜湊。
- 它是一個單向函式，這意謂著明文 P_1 無法由密文 C_1 產生或推導出來。

如果每個獨特的訊息並不是只有唯一的 hash，則稱之為**碰撞（collision）**。也就是說，如果我們有兩個文字 P_1 和 P_2，當碰撞發生時，表示出現了下面這種情況：

$$hashFunction(P_1) = hashFunction(P_2)$$

無論使用何種雜湊演算法，碰撞是很罕見的，不然雜湊就不會那麼有用。然而，對某些應用程式而言，碰撞是不能容忍的。在此種情況下，我們必須使用一個更複雜、更不會產生碰撞的雜湊演算法。

實作加密雜湊函式

加密雜湊函式可以用不同的演算法來加以實作。讓我們更深入地探討其中兩種演算法。

瞭解 MD5-tolerated

MD5 是由 Poul-Henning Kamp 在 1994 年所開發用於取代 MD4 的，它產生 128 位元的雜湊。MD5 是相對較簡單但容易發生碰撞的演算法。如果某一個程式無法容忍碰撞的話，就不應該使用 MD5。

讓我們來看一個例子。為了在 Python 中產生 MD5 雜湊，我們將使用 `passlib` 程式庫，它是最受歡迎的開源程式庫之一，實作了超過 30 種密碼雜湊演算法。如果它還沒有安裝在你的電腦環境中，請在 Jupyter notebook 中以下列指令進行安裝：

```
!pip install passlib
```

程式碼如下：

```
from passlib.hash import md5_crypt
myHash = md5_crypt.hash("myPassword")
```

在 Python 中，我們可以使用以下的指令產生 MD5 雜湊：

```
In [36]: myHash

Out[36]: '$1$a6sQqHlF$j5iHhbCzmOzVwrxWDxnUu.'
```

請留意 MD5 產生的雜湊長度是 128 個位元。

如同前面提到的，我們可以使用產生出來的雜湊作為原始文件的指紋，也就是 `myPassword`。讓我們來看看如何在 Python 中完成這項作業：

```
In [37]: md5_crypt.verify("myPassword", myHash)

Out[37]: True

In [38]: md5_crypt.verify("myPassword2", myHash)

Out[38]: False
```

請留意，由 `myPassword` 字串所產生出來的雜湊符合它的原始文字內容，因此會傳回 `True`。然而，如果我們把明文改變成 `myPassword2`，那麼就會傳回 `False`。

現在來看看另外一個演算法—— **secure hash algorithm** **(SHA)**。

瞭解 SHA

SHA 是由 **National Institute of Standards and Technology (NIST)** 所開發的。讓我們來看看如何在 Python 中使用 SHA 演算法建立雜湊值：

```
from passlib.hash import sha512_crypt
myHash = sha512_crypt.using(salt = "qIo0foX5",rounds=5000).hash("myPassword")
```

請注意 `salt` 參數的使用，salting 是在開始進行雜湊前加上隨機字元的一個程序。

執行這些程式碼即可以產生以下的結果：

```
In [13]: myHash
Out[13]: '$6$qIo0foX5$a.RA/OyedLnLEnWovzqngCqhyy3EfqRtwacvWKsIoYSvYgRxCRetM3XSwrgMxwdPqZt4KfbXzCp6y
         NyxI5j6o/'
```

請留意，當我們使用了 SHA 演算法，產生的雜湊值長度有 512 個位元組。

加密雜湊函式的應用

雜湊函數使用在檢查檔案複製之後的完整性。為了達到這個目的，當一個檔案從來源端複製到目的端時（例如，當我們從網頁伺服器下載檔案時），一個相關聯的雜湊值也要和該檔案一併下載。原始的雜湊，$h_{original}$，作為原始檔的指紋。複製了該檔案之後，我們為這個複製後的檔再做一次雜湊，得到的值假設是 h_{copied}。如果 $h_{original} = h_{copied}$，也就是產生的雜湊和原始的雜湊相同，我們就可以確認此檔案在下載過程中，資料沒有改變，也沒有任何漏失。在此種應用中，我們可以使用任一種加密雜湊函式，像是 MD5 或是 SHA 來產生雜湊值。

那麼，接下來讓我們把焦點轉移到對稱式加密。

使用對稱式加密

密碼學中，key 是一串數字的組合，它們用我們選定的演算法對明文進行編碼。在對稱式加密中，我們使用相同的 key 進行加密及解密，如果這個 key 是 K，那麼對稱式加密的方程式如下：

$$E_K(P) = C$$

在此，P 是明文，而 C 則是密文。

對於解密來說，我們使用相同的 key，K，把 C 轉換回 P：

$$D_K(C) = P$$

執行的過程如下圖所示：

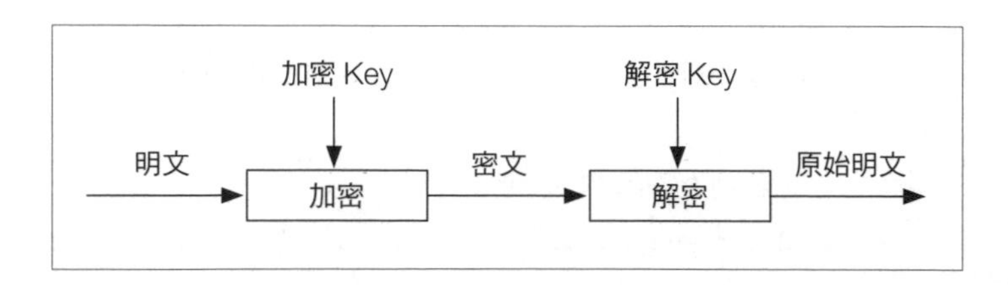

現在，讓我們來看一下如何在 Python 中使用對稱式加密。

對稱式加密程式設計

在本節中，我們將使用 Python 的 cryptography 套件來示範對稱式加密。它是一個綜合的套件，實作了許多的加密演算法，像是對稱式加密以及各種訊息摘要。首次使用它時，需要利用以下的 pip 指令安裝這個套件：

```
!pip install cryptography
```

完成套件安裝之後，現在就可以使用這個套件實作出對稱式加密，如下所示：

1. 首先匯入所需要的套件：

```
import cryptography as crypt
from cryptography.fernet import Fernet
```

2. 產生 key：

```
In [29]: key = Fernet.generate_key()
         print(key)

         b'NbzXiNqKR25SEv_O8EpuW2Lr_QO2vDStTDV4ex4WA5U='
```

3. 現在，把這個 key 寫入 mykey.key 檔案中：

```
file = open('mykey.key', 'wb')
file.write(key)
file.close()
```

4. 使用 key 開啟檔案讀取這個訊息：

```
file = open('mykey.key', 'rb')
key = file.read()
file.close()
```

5. 使用已開啟的 key 對訊息進行加密：

```
from cryptography.fernet import Fernet
message = "Ottawa is really cold".encode()

f = Fernet(key)
encrypted = f.encrypt(message)
```

6. 使用相同的 key 對訊息進行解密，並把解開後的結果放到變數 `decrypted` 中：

```
decrypted = f.decrypt(encrypted)
```

7. 現在印出變數 `decrypted` 以驗證我們是否得到相同的訊息：

```
In [46]: print(decrypted)
         b'Ottawa is really cold'
```

讓我們來看一下一些對稱式加密的優點。

對稱式加密的優點

雖然對稱式加密的效能取決於實際上使用哪一種演算法，一般而言，它們的速度都比非對稱式加密演算法來得快。

對稱式加密的問題

當兩個使用者或程序打算使用對稱式加密進行通訊，他們需要使用一個安全的管線交換 key。此種方式產生了下列兩個問題：

- **Key 的保護**：如何保護對稱式加密的 key ？
- **Key 散布**：如何把對稱式加密的 key 從來源端分享到目的端？

現在，讓我們來看一下非對稱式加密。

非對稱式加密

在 1970 年代，非對稱式加密是設計用來解決對稱式加密的一些弱點，在先前小節中有提到過。

非對稱式加密的第一步是產生兩個看起來完全不同的 key，但是它們在演算法上是相關的。其中一個我們選擇作為 private key（私鑰），K_{pr}；另外一個則作為 public key（公鑰），K_{pu}。在數學上，我們可以利用以下的形式來表示：

$$E_{Kpr}(P) = C$$

在此，P 是明文，而 C 是密文。我們可以使用以下的形式來表示解密的操作：

$$D_{Kpu}(C) = P$$

公鑰可以自由散布，而私鑰則由這對鑰匙的擁有者私下保存。

基本的原則是，如果你利用其中一把鑰匙加密，唯一解密的方式是利用另外一把鑰匙。舉例來說，如果我們使用公鑰加密，我們就需要另外一把鑰匙——也就是私鑰——來進行解密。現在，讓我們來看看使用非對稱式加密的其中一種基本協定—— **secure sockets layer (SSL) / transport layer security (TLS)** 的訊息交握方式，此種協定負責使用非對稱式加密在兩個節點間建立連線。

SSL/TLS 交握演算法

SSL 最初是為了替 HTTP 加上安全性所設計的。隨著時間演變，SSL 已經被另外一個更有效率且更安全的協定所取代，稱為 TLS。TLS 交握是在 HTTP 上建立一個安全通訊階段的基礎。TLS 交握發生在兩個參與的實體之間，也就是 **client（客戶端）**和 **server（伺服端）**。它的程序如下圖所示：

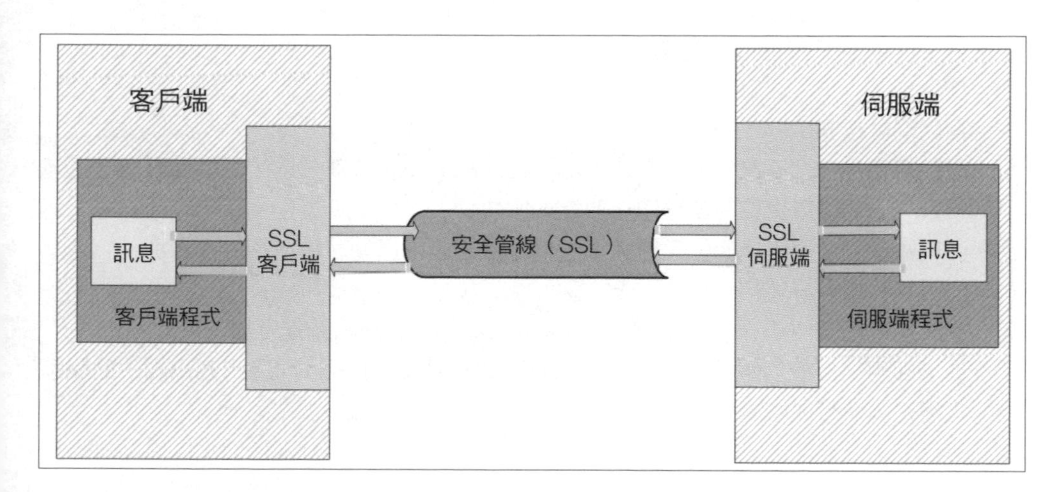

TLS 交握是在兩個參與節點間建立一個安全管線，以下是這個處理程序所涉及的步驟：

1. 客戶端傳送一個 client hello 訊息到伺服端，此訊息包含以下內容：
   - 使用的 TLS 版本
   - 客戶端所支援的 cipher suites 列表
   - 一個壓縮演算法
   - 一個隨機位元組字串，以 byte_client 識別

2. 伺服端回傳一個 server hello 訊息到客戶端。此訊息包含以下內容：
   - 伺服端從客戶端所提供的 cipher suite 中，所挑選的 cipher suite
   - 一個 session ID
   - 一個隨機位元組字串，以 byte_server 識別
   - 一個伺服器的數位憑證，以 cert_server 識別，內容是伺服端的公鑰
   - 如果伺服器為了認證客戶端或是基於客戶端的要求需要一個數位憑證，客戶伺服端的請求也需要包含以下的內容：
     - 可接受的憑證中心 CA 之識別名稱
     - 可接受的憑證種類

3. 客戶端驗證 cert_server。
4. 客戶端產生一個隨機位元組字串，以 byte_client2 識別，然後使用伺服器端透過 cert_server 所提供的公鑰把它進行加密。
5. 客戶端產生一個隨機的位元組字串，然後使用它自己的私鑰進行加密識別。
6. 伺服端驗證客戶端的憑證。
7. 客戶端傳送一個 finished 訊息到伺服端，此訊息利用密鑰進行加密。
8. 為了回應來自於伺服端的訊息，伺服端傳送一個 finished 訊息到客戶端，此訊息使用密鑰進行加密。

9. 現在伺服端和客戶端已經建立了安全管線，它們可以利用共享的密鑰對稱地加密交換訊息。整個方法如下圖所示：

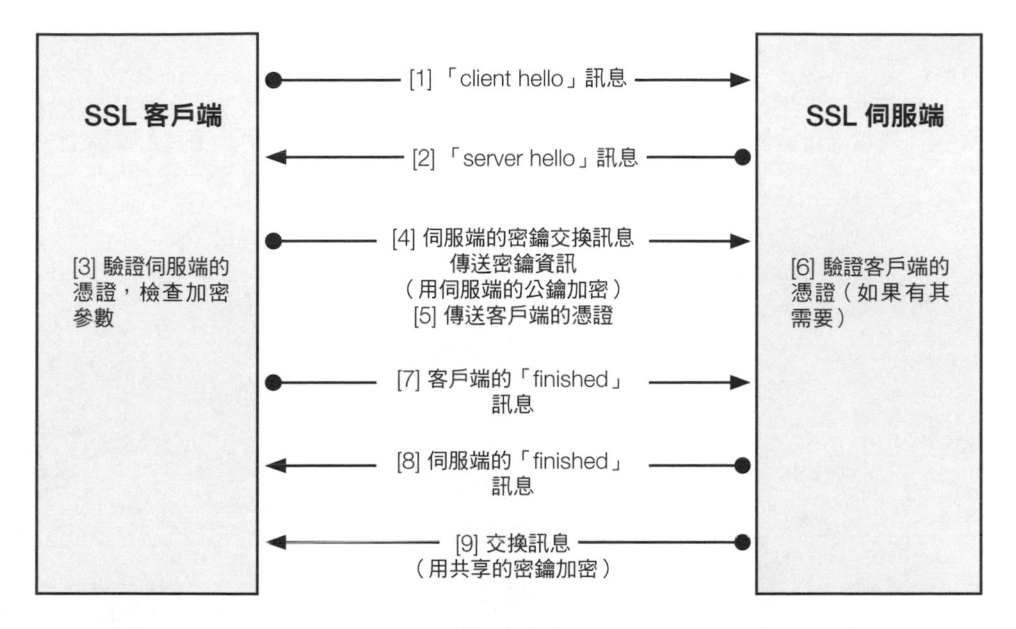

現在，讓我們來討論如何使用非對稱式加密建立一個**公開金鑰基礎架構（Public Key Infrastructure, PKI）**，其目的是為了滿足組織一個或多個安全目標。

公開金鑰基礎架構

非對稱加密用於實作 PKI。PKI 是其中一個最受歡迎、而且可信賴的管理組織加密鑰匙方式。所有的參與者信任一個中央信賴授權中心，稱為 CA。CA 驗證個體或組織的實體，然後發給他們數位憑證（digital certificate，包含了個體或組織的公鑰複本以及他們的識別資料），驗證與個體或組織放在一起的公鑰，確確實實屬於該個體或組織。

此種方式之所以可以運作，是 CA 要求使用者證明身分，個體和組織要遵循不同的標準。可以簡單地驗證網域名稱的所有權，也可以涉及一些更嚴格的流程，像是身分的實體證明，取決於使用者打算取得的憑證種類而定。如果 CA 確信使用者確實如他們所宣稱的身分，那麼使用者即可通過安全管線向 CA 提供其公鑰，CA 再使用這些資訊去建立一個數位憑證，包含使用者的識別資訊以及他的公鑰。這個憑證會被 CA 進行數位簽章，使用者隨後即可展示憑證給任何想要驗證他們身分的人或單位，無需通過安全管線發送，因為憑證本身並沒有包含任何機敏性的資訊。收到憑證的人不必直接驗證使用者的身分，他只要驗證 CA 的數位簽章即可驗證憑證是否有效；事實上，它驗證了憑證中所載明的公鑰確實屬於該憑證上指定的個體或組織。

Note

一個組織的 CA 中的私鑰是 PKI 信任鏈中的最弱連結。比如一個冒充者取得微軟的私鑰，他可以藉由假冒 Windows 更新把惡意的軟體安裝到全世界數百萬台電腦上。

範例：在部署機器學習模型時的安全考量

在「**第 6 章 _ 非監督式機器學習演算法**」中，我們檢視了 CRISP-DM（cross-industry standard process for data mining）生命週期，精準描述了訓練和部署機器學習模型的幾個不同階段。一旦模型訓練及評估完成，最終階段就是進行部署。如果這是一個重要的機器學習模型，那麼我們就會希望確保所有的安全性目標均能達成。

讓我們分析在部署此種模型時所面臨的挑戰，以及如何使用本章所探討的概念解決這些挑戰。我們將討論如何保護已訓練模型之策略，以便應付以下三種挑戰：

- **man-in-the-middle (MITM)**（中間人攻擊）
- masquerading（偽裝）
- data tampering（資訊篡改）

讓我們來逐一檢視。

MITM 攻擊

我們需要保護模型避免受到攻擊，其中一種就是 MITM 攻擊。當入侵者試圖竊聽私人通訊，而該通訊是為了部署一個已訓練的機器學習模型，就會發生 MITM 攻擊。

讓我們試著使用一個範例情境來瞭解 MITM 攻擊的順序。

假設 Bob 和 Alice 想要利用 PKI 交換彼此的訊息：

1. Bob 使用 $\{Pr_{Bob}, Pu_{Bob}\}$，而 Alice 使用的是 $\{Pr_{Alice}, Pu_{Alice}\}$。Bob 建立了一個訊息（$M_{Bob}$），而 Alice 建立了一個訊息（$M_{alice}$）。他們想要在安全管線中交換這些訊息給對方。
2. 一開始，他們需要交換公鑰以建立彼此間的安全管線。這表示 Bob 在把訊息傳送給 Alice 之前，要先使用 Pu_{Alice} 去加密 M_{Bob}。
3. 假設有一個竊聽者（X），他使用的是 $\{Pr_X, Pu_X\}$。這個攻擊者能夠在 Bob 和 Alice 之間攔截公鑰的交換，然後把它們取代成他自己的憑證。
4. Bob 傳送 M_{Bob} 給 Alice，使用了他誤以為是 Alice 的公鑰 Pu_X 加密而不是使用 Pu_{Alice}。竊聽者 X 攔截了這個通訊，它攔截到了 M_{Bob} 訊息並使用 Pr_{Bob} 進行解碼。

MITM 攻擊的過程如下圖所示：

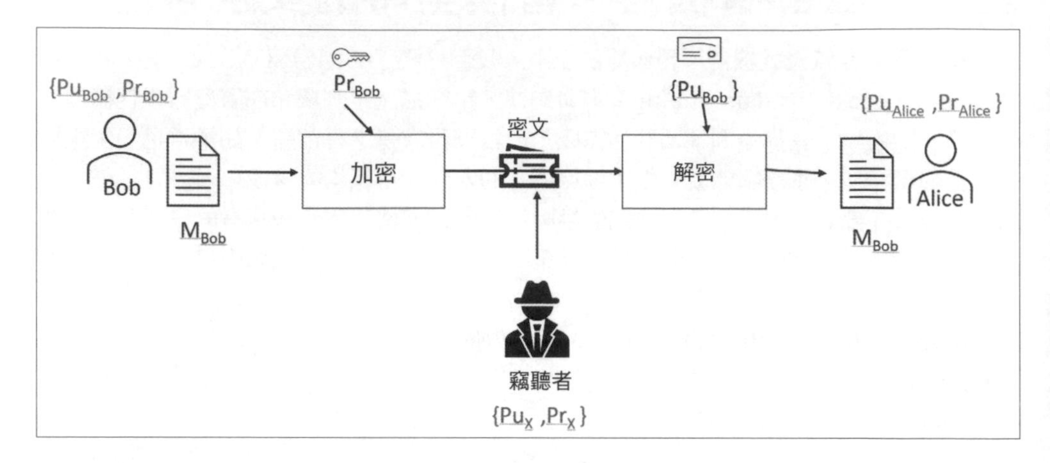

現在，讓我們來看看如何預防 MITM 攻擊。

如何預防 MITM 攻擊

讓我們來探討如何藉由在組織內引入 CA 以預防 MITM 攻擊。假設這個 CA 的名稱是 myTrustCA。數位憑證有它的公鑰，名稱是 $Pu_{myTrustCA}$，它被嵌在憑證中。myTrustCA 負責為組織內的所有人員簽發數位憑證，這其中就包括了 Alice 和 Bob。這表示 Bob 和 Alice 均持有簽發自 myTrustCA 的憑證。在簽發他們的憑證時，myTrustCA 驗證了他們確實是他們自己所宣稱的身份。

現在，有了這種新的安排，讓我們重新檢視 Bob 和 Alice 之間的循序互動：

1. Bob 使用 $\{Pr_{Bob}, Pu_{Bob}\}$，而 Alice 則是使用 $\{Pr_{Alice}, Pu_{Alice}\}$。他們兩人的公鑰被嵌在他們的數位憑證中，此憑證是由 myTrustCA 所簽發。Bob 建立了一個訊息（M_{Bob}），而 Alice 也建立了一個訊息（M_{alice}）；他們想要安全地交換彼此的訊息。
2. 他們交換他們的數位憑證，裡面包含了他們的公鑰。他們只會接受的公鑰，是內嵌在憑證裡，且由他們所信任的 CA 簽署。他們需要交換公鑰以建立彼此間的安全管線，這表示 Bob 將會在傳送訊息給 Alice 之前使用 Pu_{Alice} 去加密 M_{Bob}。
3. 假設有一個竊聽者（X），他使用 $\{Pr_X, Pu_X\}$。這個攻擊者能夠攔截在 Bob 和 Alice 之間交換的公鑰，並且把它們替換成他自己的公鑰 , Pu_X。

4. Bob 拒絕了 *X* 的嘗試，因為這個惡徒的憑證並不是由 Bob 所信任的 CA 所簽發，此安全的交握就會中止，這個嘗試攻擊會被加上時間戳記以及所有的細節然後記錄下來，並且發出一個安全性的例外。

部署一個已訓練的機器學習模型，來取代 Alice 的是一個部署的伺服器。Bob 只有在使用了前面所提及的步驟建立安全管線之後才會部署模型。

讓我們來看看如何利用 Python 進行實作。

首先，匯入所有需要的套件。

```
from xmlrpc.client import SafeTransport, ServerProxy
import ssl
```

現在，讓我們建立一個類別，它可以用來驗證憑證。

```
class CertVerify(SafeTransport):
    def __init__(self, cafile, certfile=None, keyfile=None):
        SafeTransport.__init__(self)
        self._ssl_context = ssl.SSLContext(ssl.PROTOCOL_TLSv1)
        self._ssl_context.load_verify_locations(cafile)
        if cert:
            self._ssl_context.load_cert_chain(certfile, keyfile)
        self._ssl_context.verify_mode = ssl.CERT_REQUIRED

    def make_connection(self, host):
        s = super().make_connection((host, {'context': self._ssl_context}))
        return s

# Create the client proxy
s = ServerProxy('https://cloudanum.com:15000',
transport=VerifyCertSafeTransport('server_cert.pem'), allow_none=True)
```

接著，讓我們來研究一下部署模型時可能面臨的漏洞。

避開偽裝攻擊

攻擊者 *X* 假裝是授權的使用者，Bob，並取得機敏資料的存取權；在此例中，機敏資料為已訓練完成的模型。我們需要去保護這個模型避免任何非經授權的改變。

其中一種保護已訓練模型不受偽裝攻擊的方法是，使用一個授權使用者的私鑰把模型進行加密。一旦加密之後，任何人均可以藉由授權使用者的公鑰去解碼，以便讀取及使用模型，該公鑰放在該使用者的數位憑證中。然而，任何人都不得對這個模型進行未經授權的變更。

資料和模型加密

當模型部署好之後，作為提供模型使用的即時未標籤資料也可能被篡改。已訓練的模型是用來推理，並提供資料的標籤。為了避免資料遭到篡改，我們需要保護靜態資料及通訊中的資料。保護靜態資料可以使用對稱式加密將資料進行編碼。在資料傳輸的部分，可以建立以 SSL/TLS 為基礎的安全管線來提供一個安全的管線，此安全管線可以用來傳輸對稱式金鑰，而這些資料能夠在提供給已訓練模型前先在伺服器上進行解碼。

這是保護資料免遭篡改更有效且萬無一失的方法之一。

當模型訓練好，在部署到伺服器之前，對稱式加密可以對它進行加密，如此將能防止部署之前任何未經授權的存取。

讓我們來看看如何在來源處加密一個已訓練的模型。依照以下的步驟使用對稱式加密方式，然後於目的端進行解密再使用它：

1. 讓我們先使用 Iris 資料集訓練一個簡單的模型：

```
import cryptography as crypt
from sklearn.linear_model
import LogisticRegression
from cryptography.fernet
import Fernet from sklearn.model_selection
import train_test_split
from sklearn.datasets import load_iris
iris = load_iris()

X = iris.data
y = iris.target
X_train, X_test, y_train, y_test = train_test_split(X, y)
model = LogisticRegression()
model.fit(X_train, y_train)
```

2. 現在，讓我們定義要儲存這個模型的檔案名稱：

```
filename_source = 'myModel_source.sav'
filename_destination = "myModel_destination.sav"
filename_sec = "myModel_sec.sav"
```

請留意，`filename_source` 是用在來源端儲存已訓練未加密模型的檔案，`filename_destination` 則是用在目的端儲存已訓練未加密模型的檔案，而 `filename_sec` 則是已加密已訓練的模型。

3. 我們將使用 `pickle` 模型，將已訓練好的模型儲存在檔案中：

```
from pickle import dump
dump(model, open(filename_source, 'wb'))
```

4. 讓我們定義一個函式名為 `write_key()`，它將會產生一個對稱式金鑰，並把它儲存在一個名為 `key.key` 的檔案中：

```
def write_key():
     key = Fernet.generate_key()
     with open("key.key", "wb") as key_file:
         key_file.write(key)
```

5. 現在，讓我們定義一個 `load_key()` 函式，它可以從 `key.key` 檔案中讀取儲存的金鑰：

```
def load_key():
    return open("key.key", "rb").read()
```

6. 接下來，定義 `encrypt()` 函式，它可以加密以及訓練模型，然後把它儲存在 `filename_sec` 的檔案中：

```
def encrypt(filename, key):
     f = Fernet(key)
     with open(filename_source,"rb") as file:
         file_data = file.read()
     encrypted_data = f.encrypt(file_data)
     with open(filename_sec,"wb") as file:
         file.write(encrypted_data)
```

7. 我們將使用這些函式去產生一個對稱金鑰，並把它儲存在檔案中。然後，讀取這個金鑰，並使用它將已訓練好的模型儲存到 filename_sec 的檔案中：

```
write_key()
encrypt(filename_source,load_key())
```

現在，模型已被加密，它將被傳送到目的地，也就是要執行預測的機器上：

1. 首先，定義一個 decrypt() 函式 ，我們可以使用它解密模型，從 filename_sec 變成 filename_destination，使用儲存在 key.key 檔案中的金鑰：

```
def decrypt(filename, key):
        f = Fernet(key)
        with open(filename_sec, "rb") as file:
            encrypted_data = file.read()
        decrypted_data = f.decrypt(encrypted_data)
        with open(filename_destination, "wb") as file:
            file.write(decrypted_data)
```

2. 現在讓我們使用這個函式去解密模型，然後把它儲存到 filename_destination 的檔案中：

```
decrypt(filename_sec,load_key())
```

3. 現在，使用這個未加密的檔案去載入這個模型，並使用它進行預測：

```
In [21]: loaded_model = pickle.load(open(filename_destination, 'rb'))
         result = loaded_model.score(X_test, y_test)
         print(result)

         0.9473684210526315
```

請留意，我們使用對稱式加密編碼這個模型。如果有需要，相同的技術也可以用來加密資料。

本章摘要

在本章中，我們學習了密碼演算法，從識別一個問題的安全目標開始，接著討論各種加密技術，同時也探討了 PKI 基礎架構的細節，最後，研究保護已訓練機器學習模型免受常見攻擊的多種方法。現在，你應該已經瞭解用來保護現代 IT 基礎架構的安全性演算法之基礎。

下一章，我們將探討大規模演算法的設計。我們會研究設計與選擇大規模演算法所涉及的挑戰和取捨，也將說明如何使用 GPU 和叢集來解決複雜的問題。

memo

13

大規模演算法

大規模演算法旨在解決巨大的複雜問題。大規模演算法的特徵是，由於龐大的資料規模和處理需求，它們需要多個執行引擎。本章一開始，先探討何種類型的演算法最適合平行運算，然後，討論平行化演算法的相關議題，接著介紹 **compute unified device architecture (CUDA)** 架構，並探討如何使用一個 GPU 或是 GPU 陣列加速演算法的執行。本章也將說明需要對演算法進行哪些修改，以有效利用 GPU 的威力，最後再研究叢集計算，並闡述 Apache Spark 如何利用 **resilient distributed datasets (RDDs)** 來進行一個標準演算法的極快平行實作。

讀完本章，你將能夠瞭解大規模演算法的基本設計策略。

以下是本章所涵蓋的主題：

- 大規模演算法簡介
- 平行演算法的設計
- 利用 GPU 的演算法
- 瞭解運用叢集計算的演算法
- 如何使用 GPU 執行大規模演算法
- 如何運用叢集計算的威力執行大規模演算法

我們就從簡介開始吧。

大規模演算法簡介

人們喜歡接受挑戰。幾世紀以來，各式各樣人類的發明創新使我們能夠以不同的方式解決真正複雜的問題，從預測下一個蝗災襲擊的目標區域到計算最大的質數，提供我們解決周遭環境複雜問題的方法不斷在演變。隨著計算機問世，我們找到了一種解決複雜演算法強而有力的新方法。

定義一個設計良好的大規模演算法

一個設計良好的大規模演算法具有以下兩種特性：

- 它的設計是利用可用的資源池，最佳化處理海量資料以及處理要求。
- 它是可擴展的。當問題變得更加複雜時，藉由提供更多的資源，處理多出的複雜度。

要實作大規模演算法，最實用的方法之一是運用分治法策略，也就是說，把大的問題分割成較小的問題，然後分別獨立處理它們。

術語

讓我們來看看一些術語，它們用來量化大規模演算法的品質。

Latency

latency（延遲）是執行單一計算端對端所花費的時間。如果 $Compute_1$ 代表的是一個單一計算，從 t_1 開始，並且於 t_2 時結束，則 latency 可以表示如下：

$Latency = t_2 - t_1$

Throughput

在平行計算的文意中，throughput（傳輸量）是單一運算可以同時被執行的數量。例如，如果在 t_1 時，我們可以同時執行 4 個運算 C_1、C_2、C_3 以及 C_4，則 throughput 就是 4。

Network bisection bandwidth

網路中，對等兩段之間的網路頻寬稱為 **network bisection bandwidth**。為了讓分散式系統有效率工作，這是個需要納入考慮的最重要參數。如果沒有足夠的 network bisection bandwidth，分散式計算中多個可用執行引擎所獲得的益處，將會被緩慢的通訊連結所掩蓋。

Elasticity

透過提供更多的資源，基礎架構可以回應突然增加的處理需求，此種能力稱為 elasticity（彈性）。

> **Note**
> 雲端計算三巨頭——Google、Amazon 以及 Microsoft，可以提供高度彈性的基礎架構，他們的共享資源池規模之巨大，鮮少公司有足夠潛力與其彈性基礎架構相媲美。

如果基礎架構是具有彈性的，它就可以針對問題建立一個可擴展的解決方案。

平行演算法的設計

需要留意的是，平行演算法並不是一勞永逸的解決方案，就算是設計最好的平行架構，也未必能達到我們預期的效能，因此，設計平行演算法時，廣泛使用了一個定律：Amdahl's law。

Amdahl's law

Gene Amdahl 是 1960 年代研究平行處理的先驅，他提出了阿姆達爾定律（Amdahl's law），時至今日仍然適用，而且成為設計平行計算解決方案時，各種相關取捨的理論基礎。Amdahl's law 可以解釋如下：

> 它的基礎概念是，任何計算程序中，並不是所有的程序都可以用平行方式執行，流程中會有部分具備順序性的程序無法被平行化。

來看一個例子：假設我們想要讀取儲存在電腦中的大量檔案，並使用這些檔案中的資料訓練一個機器學習模型。

整個程序稱為 P。很明顯地，P 可以分割成以下兩個子程序：

- *P1*：掃描目錄中的檔案，建立一個符合輸入檔案的檔名清單，然後把它傳遞出去。
- *P2*：讀取這些檔案，建立資料處理管線，將檔案進行處理，然後訓練這個模型。

循序程序分析的推導

執行 *P* 的時間以 $T_{seq}(P)$ 來表示。執行 *P1* 和 *P2* 的時間則表示成 $T_{seq}(P1)$ 及 $T_{seq}(P2)$。很明顯地，當在單一節點中執行時，我們可以觀察到以下兩件事：

- *P2* 不能在 *P1* 完成前執行，可以表示成 *P1 -- > P2*。
- $T_{seq}(P) = T_{seq}(P1) + T_{seq}(P2)$

我們假設 *P* 在單一節點上總共花費 11 秒執行；在這 11 秒裡面，*P1* 花了兩秒執行，而 *P2* 花了 9 秒執行 [19]。此情況如下圖所示：

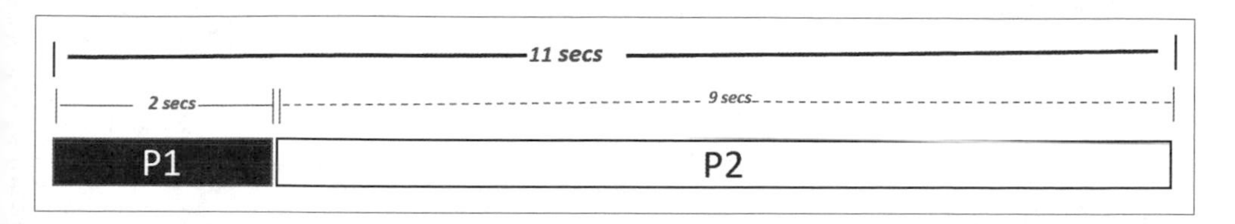

需要留意的重點是 *P1* 本質上的順序性，我們無法藉由平行化讓它加快速度。另一方面，*P2* 可以簡單地分割為平行的子任務，並以平行的方式執行，因此，平行化可以讓它加速執行。

> **Note**
> 使用雲端運算的主要好處是有一大堆資源可用，很多都是可以平行化執行。將這些資源使用在給定問題上，就稱為執行計畫（execution plan）。Amdahl's law 就是一個綜合應用方法，用於找出特定問題及資源池中的瓶頸。

平行執行分析的推導

如果我們想要使用一個以上的節點去加速 *P*，它只會影響 *P2* 除以一個 *s*，其中 $s>1$：

$$T_{par}(P) = T_{seq}(P1) + \frac{1}{s}T_{seq}(P2)$$

程序 *P* 的加速效果可以簡單計算如下：

$$S(P) = \frac{T_{seq}(P)}{T_{par}(P)}$$

程序的可平行部分與其全部程序的比率表示為 *b*，計算方式如下：

$$b = \frac{T_{seq}(P2)}{T_{seq}(P)}$$

19 譯註：原文圖中標示全長為 11sec，*P1* 標示 2 secs，*P2* 標示為 9 secs，而內文誤植為 10 minutes，2 minutes，8 minutes；故予以更正。

例如，在上述的情境中，$b = 8/10 = 0.8$。

簡化這些公式就可以得到 Amdahl's law，如下：

$$S(P) = \frac{1}{1 - b + \frac{b}{s}}$$

在此說明幾個符號：

- P 是全部程序。
- b 是 P 可平行化部分的比率。
- s 是 P 可平行化部分所達到的加速。

假設我們計畫在三個平行節點上執行程序 P：

- $P1$ 是循序的部分，無法用平行節點減少，它還是維持兩秒。
- $P2$ 現在執行時間為 3 秒，取代了原來的 9 秒。

因此，程序 P 的總執行時間減少到 5 秒，如下圖所示：

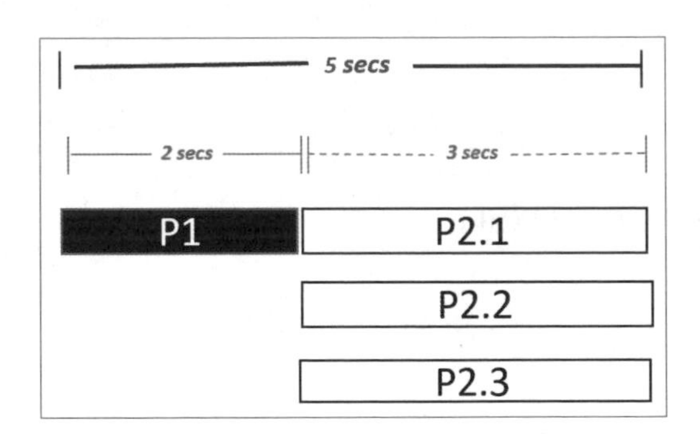

上述例子可以計算如下：

- n_p = 處理器的數量 = 3
- b = 平行的部分 = 9/11 = 81.81%
- s = 加速 = 3

現在讓我們來看看用於解釋 Amdahl's law 的典型圖表：

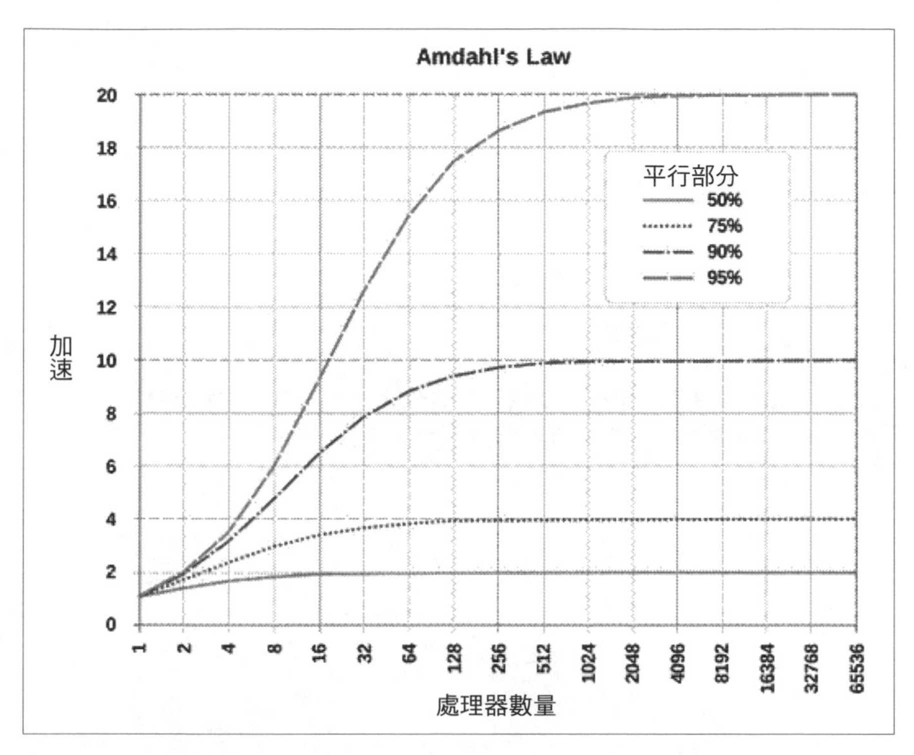

由上圖得知，我們在 s 和 n_p 之間，以不同的 b 值繪製了線圖進行對照。

瞭解任務粒度

當我們平行化一個演算法，一個大型工作分割成多個平行的任務，但不一定可以直接找出分割平行任務的最佳數量。如果分割的平行任務太少，就無法從平行計算中得到益處；但如果任務太多，又會衍生額外負擔。這是一個挑戰，又叫做任務粒度（task granularity）。

負載平衡

在平行計算中，排程器的任務是選取資源以執行任務。最佳負載平衡是一件很難達成的任務，但如果缺少它，資源就無法充分利用。

本地化議題

在平行處理中，我們不鼓勵資料移動。資料應該盡可能在其所處位置的本地節點進行處理，而非移動資料作業，否則會降低平行化的品質。

在 Python 中賦能平行處理

在 Python 中賦能平行處理最簡單的方式是克隆（clone）當前的程序，該程序將會啟動一個新的平行程序，稱為 **child process（子程序）**。

> **Note**
>
> Python 程式設計師雖然不是生物學家，但同樣建立了他們自己的克隆程序。就好像克隆羊，複製的克隆版本和原始程序的版本一模一樣。

多資源程序的策略

最初，大規模演算法在非常巨大的機器上執行，稱為**超級電腦（supercomputer）**。這些超級電腦共享相同的記憶體空間，所有的資源實際上都放在同一部機器上，這表示，不同處理器之間的通訊十分快速，而且能夠透過共用的記憶體空間分享相同的變數。隨著系統不停地演變，加上執行大規模演算法的需求增加，超級電腦演變為**分散式共享記憶體（distributed shared memory, DSM）**，每個處理器節點都擁有實際記憶體的一部分。最終，發展出了叢集技術，它是以鬆耦合的方式連接，依賴處理節點之間的訊息傳遞。對於大規模演算法，我們需要去找出多個平行執行引擎，以解決複雜的問題：

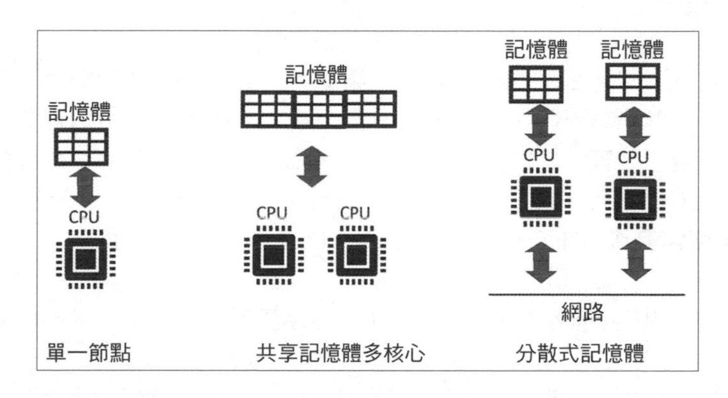

具備多個執行引擎的三種策略：

- **look within**：利用已經存在於電腦中的資源，使用 GPU 的數百個內核來執行大規模演算法。
- **look outside**：應用分散式計算去尋找更多計算資源，集體使用它們來解決大規模演算法。
- **hybrid strategy**：使用分散式計算，並且在每一個節點中運用 GPU 或 GPU 陣列去加快演算法的執行。

CUDA 簡介

GPU 最初設計用來處理圖形，旨在滿足最佳化典型電腦多媒體資料的處理需求。為了做到這點，GPU 發展出許多和一般 CPU 不同的特性，例如，它們擁有數千個核心，而一般的 CPU 核心數量則十分有限；它們的時脈頻率比 CPU 要低上很多，且 GPU 有它自己的 DRAM，例如，Nvidia 的 RTX 2080 有 8GB 的 RAM。請留意，GPU 是專用的處理設備，它們沒有一般處理器單元功能，包括中斷或是定址設備的方式，像是鍵盤和滑鼠。底下是 GPU 的架構示意圖：

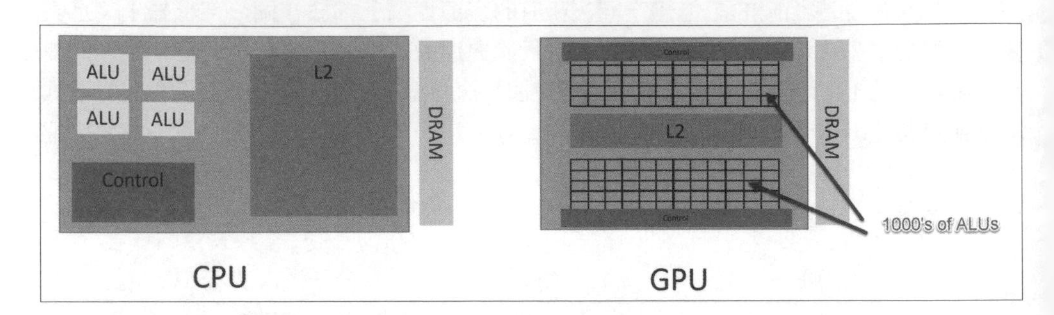

GPU 成為主流後不久，資料科學家開始探索 GPU，以挖掘其高效執行平行運算的潛力。通常一個 GPU 有數千個 ALU，它有潛力產出 1,000 個平行處理程序，這使得 GPU 成為平行資料計算的最佳化架構，因此，可以平行執行的演算法最適合 GPU。例如，在 GPU 中執行搜尋影片中的物體，和傳統 CPU 相比至少快了 20 倍。我們曾在**第 5 章**討論過的**圖演算法**，在 GPU 上執行也比在傳統 CPU 上快多了。

為了實現資料科學家在演算法上充分利用 GPU 的夢想，2007 年，Nvidia 建立了一個名為 CUDA 的開源框架，它是 compute unified device architecture（統一計算架構）的縮寫。CUDA 分別將 CPU 作為主機（host）、GPU 作為設備（device）的工作抽象化：主機 CPU 負責呼叫設備 GPU。CUDA 有各種不同的抽象層，如下方圖示：

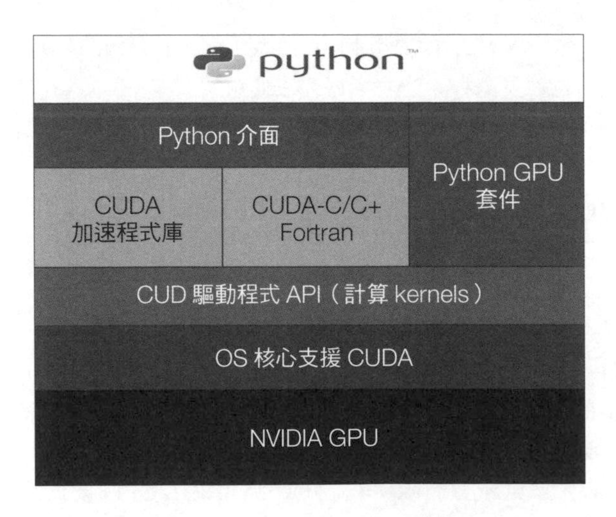

請留意，CUDA 在 Navidia GPU 的最上層執行，它需要 OS 核心的支援。CUDA 一開始是在 Linux 核心中支援，最近，Windows 已經完全支援了。然後，我們有 CUDA 驅動程式 API，它作為 API 程式語言和 CUDA 驅動程式之間的橋樑。在最上層的地方，支援了 C、C++[20] 以及 Python。

在 CUDA 上設計平行演算法

讓我們深入檢視 GPU 如何加速某些處理操作。我們知道，CPU 是專為執行順序資料所設計的，此種方式造成某些類型的應用程式需要大量的執行時間。讓我們來看一個例子：處理一張大小為 1,920 x 1,200 的圖片。經過計算，這張圖片有 2,204,000 個像素需要加以處理。傳統 CPU 的循序程序必須花上很長的時間，而現代化的 GPU 像是 Navidia 的 Tesla，有能力產出 2,204,000 個平行執行緒去處理這些像素。對於多數的多媒體應用程式而言，這些像素可以平行地獨立執行，達到很可觀的加速作用。如果我們把每一個像素對應到一個執行緒，就可以在 O(1) 常數時間的狀態下進行處理。

但是影像處理並不是使用資料平行化加速程序的唯一應用，資料平行化也可以應用在機器學習程式庫的資料準備上。事實上，GPU 可以大量減少平行化演算法的執行時間，像是以下這些例子：

- 比特幣挖礦
- 大型模擬
- DNA 分析
- 影片和影像分析

GPU 並不是為單一程式多重資料模型（**single program, multiple data , SPMD**）而設計的。比如，我們想要計算一個區塊資料的 hash，它是單一程式，並不能以平行化執行，GPU 在此種情境下的執行速度就會比較緩慢。

> **Note**
> 我們要在 GPU 上執行的程式碼，以特殊的 CUDA 關鍵字「kernel」來標註，因此，就用這些 kernel 標註要在 GPU 上執行平行運算的函式。根據這些 kernel，GPU 編譯器會把需要在 GPU 跟 CPU 上執行的程式碼分開處理。

20 譯註：原文為 C+，應改為 C++。

在 Python 中使用 GPU 進行資料處理

GPU 在多維度資料結構的資料處理上表現優異，因為這些資料結構本質上就具有平行化的特性。讓我們來看看如何在 Python 中使用 GPU 處理多維度資料：

1. 首先，匯入需要使用的套件：

```
import numpy as np
import cupy as cp
import time
```

2. 我們將要在 NumPy 中使用一個多維度陣列，它是傳統上 Python 在一般 CPU 中使用的套件：
3. 我們使用 CuPy 陣列來建立一個多維度陣列，它用的是 GPU。然後，比較它們花費的時間：

```
### 使用 NumPy 在 CPU 中執行
start_time = time.time()
myvar_cpu = np.ones((800,800,800))
end_time = time.time()
print(end_time - start_time)

### 使用 CuPy 陣列在 GPU 上執行
start_time = time.time()
myvar_gpu = cp.ones((800,800,800))
cp.cuda.Stream.null.synchronize()
end_time = time.time()
print(end_time - start_time)
```

如果我們執行這些程式碼，將會看到以下的輸出：

```
1.130657434463501
0.012250661849975586
```

可以注意到，在 NumPy 上花費了 1.13 秒建立陣列，而在 CuPy 上大約只花費了 0.012 秒，也就是說，初始化這個陣列如果利用 GPU 的話，速度可以提升大約 92 倍。

叢集計算

叢集計算是大規模演算法實作平行處理的方法之一。在叢集計算中，有多個節點透過高速的網路進行連接，大規模演算法被提交成為工作，每一個工作分割成數個任務，然後把每一個任務交付給不同的節點執行。

Apache Spark 是其中最受歡迎的叢集計算實作方法之一。在 Apache Spark 中，資料轉換成叫作 **Resilient Distributed Dataset (RDD)** 分散式容錯資料集的型式，RDD 是 Apache Spark 抽象化的核心，是可平行操作元素的不可變集合。它們被分割成不同的分區，然後分配至其他的節點，如下圖所示：

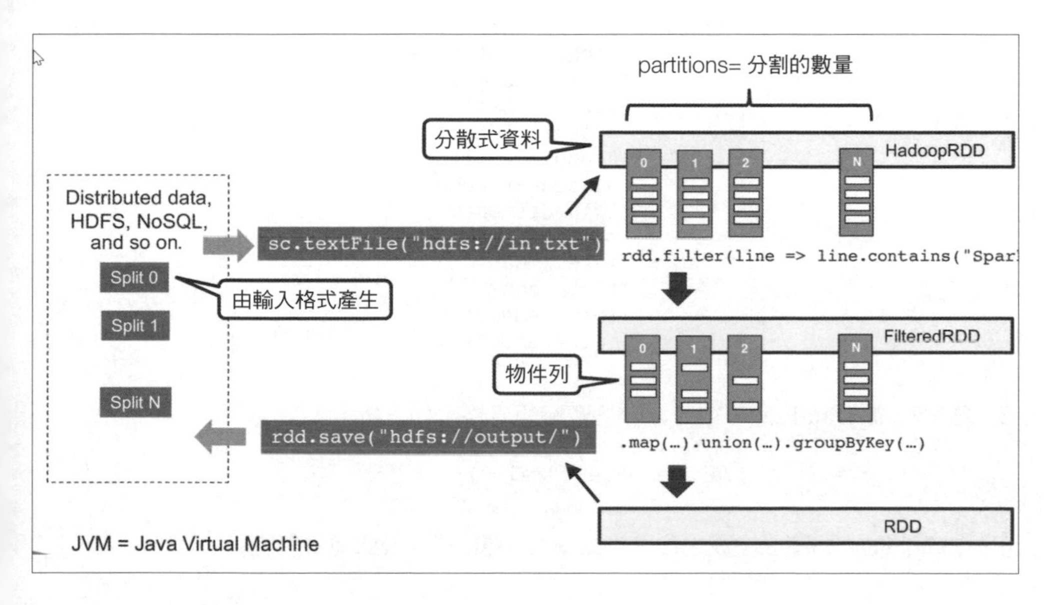

透過此種平行資料結構，我們就可以平行執行演算法。

在 Apache Spark 上實作資料處理

讓我們來看看如何在 Apache Spark 中建立一個 RDD，然後把它分散到叢集中執行：

1. 我們需要先建立一個新的 Spark session，如下所示：

```
from pyspark.sql import SparkSession
spark = SparkSession.builder.appName('cloudanum').getOrCreate()
```

2. 建立了 Spark session 之後，我們使用 CSV 檔案作為 RDD 的來源，然後執行以下的函式——它將會建立一個 RDD，把它抽象化為叫做 `df` 的 DataFrame。把 RDD 作為 DataFrame 的能力是在 Spark 2.0 時加入的功能，處理資料變得更簡單：

```
df = spark.read.csv('taxi2.csv',inferSchema=True,header=True)
```

讓我們來看一下 DataFrame 中的欄位有哪些：

```
In [3]: df.columns

Out[3]: ['pickup_datetime',
         'dropoff_datetime',
         'pickup_longitude',
         'pickup_latitude',
         'dropoff_longitude',
         'dropoff_latitude',
         'passenger_count',
         'trip_distance',
         'payment_type',
         'fare_amount',
         'tip_amount',
         'tolls_amount',
         'total_amount']
```

3. 接著，從 DataFrame 中建立一個暫時的表格，如下所示：

```
df.createOrReplaceTempView("main")
```

4. 當暫時的表格建立完成之後，可以執行 SQL 指令去處理這些資料：

```
In [9]: data=spark.sql("SELECT payment_type,Count(*) AS COUNT,AVG(fare_amount),
                AVG(tip_amount) AS AverageFare from main GROUP BY payment_type")
        data.show()

        +------------+-----+------------------+-----------------+
        |payment_type|COUNT|  avg(fare_amount)|      AverageFare|
        +------------+-----+------------------+-----------------+
        |         CRD|10000|32.384988999999784| 7.61713200000006|
        |         Cas| 3080| 34.64730519480518|7.497457792207749|
        +------------+-----+------------------+-----------------+
```

需要留意一點，雖然它看起來像是一個一般正常的 DataFrame，但它只是高階的資料結構。事實上，隱身於其後的原理，它是一個 RDD，資料是散布在叢集中的。同樣地，當我們執行 SQL 函式時，背後的原理也一樣，它們都被轉換成平行的 transformer 和 reducer，並全力使用叢集的威力去執行程式碼。

混合式策略

雲端計算日益成為愈來愈受歡迎的大規模演算法執行方式，為我們提供了結合 *look outside* 與 *look within* 策略的機會，透過在多個虛擬機上提供一或多個 GPU，即可達成混合式策略，請參考下方圖表說明：

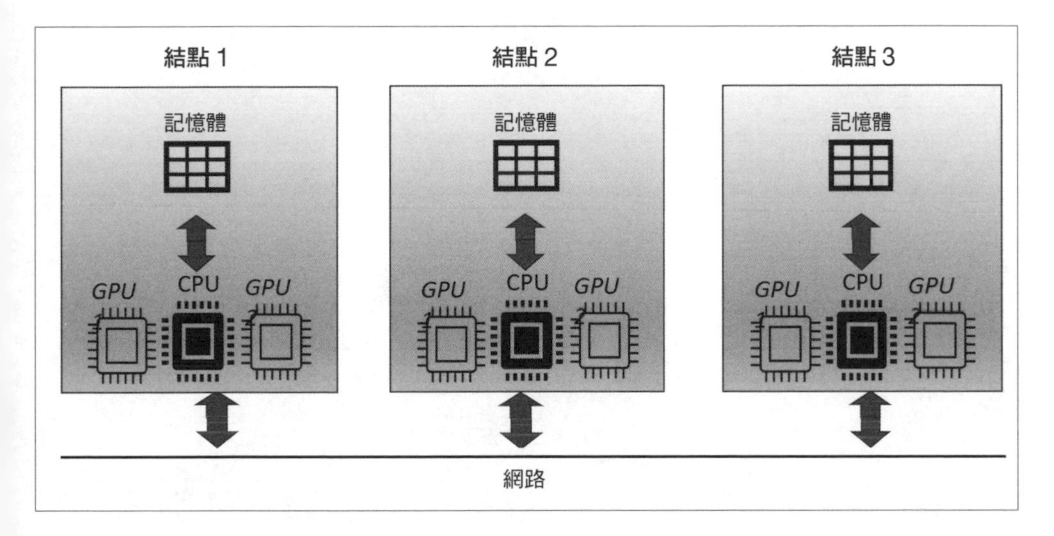

充分利用混合架構是一項不簡單的任務。首先，要把資料分割成多個分區加以處理；而需要較少資料的計算密集型任務，則要在每一個節點內的 GPU 中平行化處理。

本章摘要

在本章中，我們檢視了平行演算法的設計，以及大規模演算法的設計議題，學習如何利用平行計算和 GPU 實作大規模演算法，同時也深入探索如何利用 Spark 叢集去實作大規模演算法。

我們在本章瞭解到和大規模演算法相關的議題，更進一步探討平行化演算法相關的議題，以及建立此種執行程序時的一些潛在瓶頸。

下一章，我們將研究實作演算法實務上的觀點。

14

實務上的考量

到目前為止，本書介紹了許多可以用來解決實務問題的演算法，本章將從一些實務上的觀點來檢視這些演算法。

本章的組織如下。我們先談簡介，然後介紹演算法的重要議題——可解釋性，它是指，用可理解的術語去解釋演算法內部運作機制達到何種程度。接著，我們將說明使用演算法的倫理規範，以及實作演算法時可能產生的偏見，並討論處理 NP-hard 問題的一些相關技術，最後，將深入檢視選擇演算法之前必須考慮的因素。

本章結束後，你將能學會使用演算法時需牢記在心的實務考量。

本章涵蓋以下六個主題：

- 實務上的考量簡介
- 演算法的可解釋性
- 瞭解倫理與演算法的關係
- 減少模型中的偏見
- 解決 NP-hard 的問題
- 使用演算法的時機

讓我們從簡介開始吧。

實務上的考量簡介

除了設計、開發及測試演算法之外，在很多情況下，我們應該從實務觀點去考量如何依賴機器解決實務問題，這麼做可以讓解決方案更有用。對於某些演算法，我們可能需要考慮確實地整合重要的新資訊，因為即使已經部署好演算法，這些資料仍然會不斷地改變。這些整合進來的新資訊，是否會以某種形式改變已經測試好的演算法品質？如果是這樣，我們該如何因應？再者，對於某些使用了全球模式的演算法，我們可能需要留意即時參數，以捕捉世界各地政策的改變。此外，在某些使用案例中，可能要考慮到當前強制執行的監管政策，解決方案才不至於在使用時變成無效。

> **Note**
> 使用演算法解決實務問題，在某種意義上來說，是依靠機器來解決問題。然而，就算是最複雜的演算法，也是依據簡化與假設為前提，它們並無法處理未預期的情況發生。把關鍵決策完全交托給自己設計的演算法，我們距離這目標還有一大段路要走。

例如，Google 設計的推薦引擎演算法，最近由於隱私權問題面臨歐盟的監管限制。這些演算法或許在其領域是最先進的技術，但如果遭到禁用，它們就變得毫無價值，無法用它們來解決本來應該要解決的問題。

事實的真相是，很不幸的，演算法的實務考量是在事後才想到，通常不會在初始設計階段就納入考慮。對許多使用案例來說，一旦演算法部署好了，也提供了解決方案，在短暫的喜悅過後，隨著時間演變，才會發現使用演算法的實務面及影響，而這些將會判定此專案是成功還是失敗。

讓我們來看一個實際的例子：全世界最佳的 IT 公司，因沒有留意到實務考量因素，導致一個備受世人關注的計畫失敗。

AI 推特機器人的悲傷故事

讓我們來介紹 Tay 這個經典案例，它是由微軟在 2016 年推出的第一個 AI 推特機器人（AI Twitter Bot）。透過 AI 演算法運作，Tay 本應從環境中學習以便持續進步，不幸的是，在網路空間生活了幾天之後，Tay 竟開始學習推文中與種族主義和粗俗無禮有關的字眼，很快便開始自己撰寫具有攻擊性的推文。雖然它展現了智慧，並且按原始設定，快速學會了如何根據即時事件建立客製化推文，但它同時也嚴重冒犯了人們。微軟因而把 Tay 下線，試圖重新訓練它，但並沒有成功，最後，微軟不得不終止這項專案。這是一個雄心勃勃的專案以悲傷收尾的故事。

要注意到，雖然微軟置入的人工智慧功能令人印象深刻，但是他們忽略了一件事：部署一個可以自我學習的推文機器人實際應用所產生的影響。在這個例子中，或許 NLP 和機器學習演算法是最強大的技術，但是因為這個明顯的缺點，實務上它就是一個沒有用的專案。今日，Tay 已經成為教科書上的失敗範例，因為它忽略了演算法自由學習所產生的實際影響。從 Tay 失敗案例所吸取的教訓，無疑影響了日後的人工智慧專案，也讓資料科學家更加關注演算法的透明度。這也帶領我們進入下一個主題：探索演算法透明化的需求以及方法。

演算法的可解釋性

黑盒演算法（black box algorithm）是一種人類無法解釋其邏輯的演算法，也許是因為它的複雜度，又或者是因為它的邏輯是以一種錯綜複雜的方式表現；另一方面，白盒演算法（white box algorithm）則是那種邏輯是可視的，也能夠為人們所理解的演算法。換句話說，可解釋性有助於人類理解演算法特定結果的原由，而可解釋性的程度則是指，衡量特定演算法可以被人類理解的程度。有許多類型的演算法被歸類為黑盒，尤其是和機器學習相關的演算法。如果演算法應用在關鍵決策上，那麼瞭解產出結果背後的理由便十分重要。將黑盒演算法轉換成白盒演算法，也能對模型內部工作機制提出更好的解釋。一個可以解釋的演算法，就好比能夠引導醫生要用什麼病徵將患者界定為生病或正常；倘若醫生對結果存疑，他們可以回頭再一次檢查那些特定病徵，以確保診斷的正確性。

機器學習演算法與可解釋性

演算法的可解釋性對於機器學習演算法特別重要。在許多的機器學習應用中，都會要求使用者信任模型以幫助他們做決策，在此種情況下，可解釋性提供了必要的透明度。

讓我們再深入檢視一個例子。假設我們想要使用機器學習法去預測波士頓地區的房價，以那些房屋的特點作為預測的依據；再假設，前提是我們能夠隨時提供詳細訊息來說明預測理由，當地城市法規才會允許我們使用機器學習演算法。這些資訊是為了稽核所提供的，以確保房屋銷售市場的某些區段不會受到人為操控。可解釋的訓練模型，能夠為我們提供額外的資訊。

讓我們來看看，實作已訓練模型的可解釋性有哪些不同的選項。

可解釋性策略介紹

為機器學習演算法提供可解釋性，基本上有以下這兩種策略：

- **全域可解釋性策略：**提供整個模型的制定細節。
- **區域可解釋性策略：**為我們訓練好的模型提出一或多個獨特預測的理由。

對於全域可解釋性來說，我們有像是 **testing with concept activation vectors (TCAV)** 的技術，提供影像分類模型的可解釋性。TCAV 依賴計算定向衍生工具，以此量化使用者定義的概念和圖片分類之間的關係程度；例如，它會將某人歸類為男性的預測予以量化，其靈敏度連照片中臉部的毛髮都可分析。其他的全域可解釋性策略像是**部分依賴圖（partial dependence plots）**以及計算**排列重要性（permutation importance）**，可以幫助我們解釋訓練模型中的公式。全域和區域可解釋性策略可以是與模型有關（model-specific）或是與模型無關（model-agnostic），model-specific 策略適用某些特定種類的模型，而 model-agnostic 策略則適用在更廣泛的模型上。

以下這張圖總結了機器學習可解釋性的不同策略：

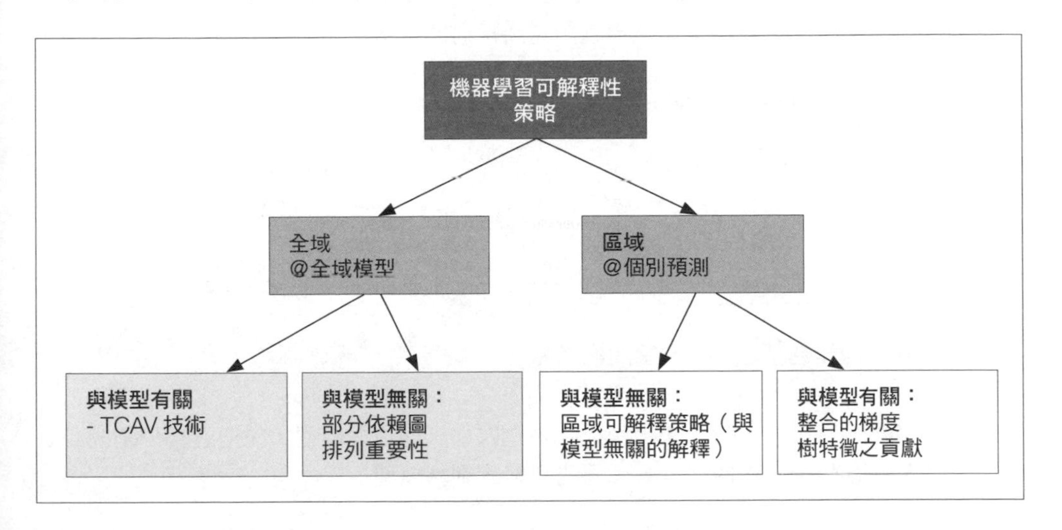

現在，讓我們來看看如何使用這些策略實作可解釋性。

實作可解釋性

local interpretable model-agnostic explanations (LIME) 是 model-agnostic 的一種方法，它可以解釋已訓練模型所做出的個別預測，因為它是與模型無關的策略，因此可解釋大部分已訓練模型的各種預測。

LIME 藉由導入微小的改變到輸入，來為每個實例解釋如何決策，它可以收集實例在區域決策邊界的影響，透過迭代不斷重複這些做法，以提供每一個變數的細節。查看輸出，我們可以看到哪一個變數在該實例上具有最重大的影響。

讓我們來看看如何使用 LIME 解釋房價預測模型之個別預測結果：

1. 如果你還未使用過 LIME，則需要利用以下的 pip 指令安裝這個套件：

    ```
    !pip install lime
    ```

2. 接著，匯入需要用到的 Python 套件：

    ```
    import sklearn as sk
    import numpy as np
    from lime.lime_tabular import LimeTabularExplainer as ex
    ```

3. 我們將訓練一個模型，讓它可以預測特定城市的房屋價格。為此，先匯入儲存在 housing.pkl 中的資料集，然後匯出它所擁有的特徵：

    ```
    In [2]: pkl_file = open("housing.pkl","rb")
            housing = pickle.load(pkl_file)
            pkl_file.close()
            housing['feature_names']
    Out[2]: array(['crime_per_capita', 'zoning_prop', 'industrial_prop',
                   'nitrogen_oxide', 'number_of_rooms', 'old_home_prop',
                   'distance_from_city_center', 'high_way_access',
                   'property_tax_rate', 'pupil_teacher_ratio', 'low_income_prop',
                   'lower_status_prop', 'median_price_in_area'], dtype='<U25')
    ```

    以這些特徵作為基礎，預測房屋的價格。

4. 現在開始訓練模型，我們使用隨機森林迴歸器訓練這個模型。先把資料分割成測試與訓練兩部分，然後使用訓練部分的資料集訓練模型：

    ```
    from sklearn.ensemble import RandomForestRegressor
    X_train, X_test, y_train, y_test =
    sklearn.model_selection.train_test_split(
        housing.data, housing.target)

    regressor = RandomForestRegressor()
    regressor.fit(X_train, y_train)
    ```

5. 接著找出類別欄位：

    ```
    cat_col = [i for i, col in enumerate(housing.data.T)
                            if np.unique(col).size < 10]
    ```

6. 現在，使用必要組態參數實體化 LIME 解釋器。請留意，我們指定的標籤是 `'price'`，它代表波士頓地區的房價：

```
myexplainer = ex(X_train,
    feature_names=housing.feature_names,
    class_names=['price'],
    categorical_features=cat_col,
    mode='regression')
```

7. 讓我們深入檢視預測的細節。先從 matplotlib 中匯入 pyplot 作為繪製圖表的工具：

```
exp = myexplainer.explain_instance(X_test[25], regressor.predict,
        num_features=10)
exp.as_pyplot_figure()
from matplotlib import pyplot as plt
plt.tight_layout()
```

8. 當 LIME 解釋器在進行個別預測作業時，我們需要選擇想要分析的預測。我們已經要求解釋器針對索引 `1` 到 `35` 的預測說明其預測依據：

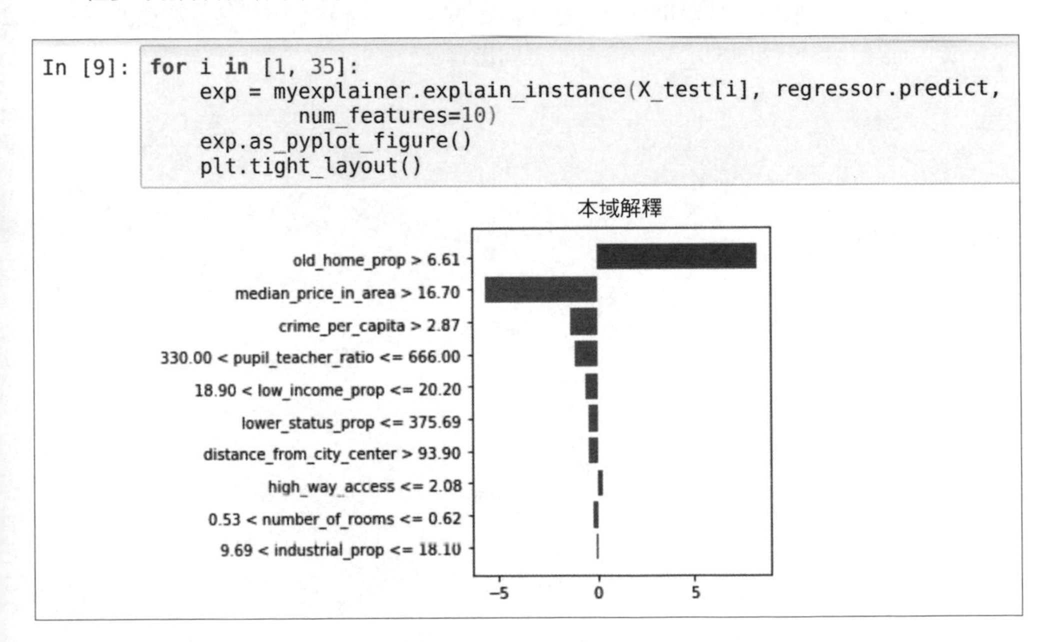

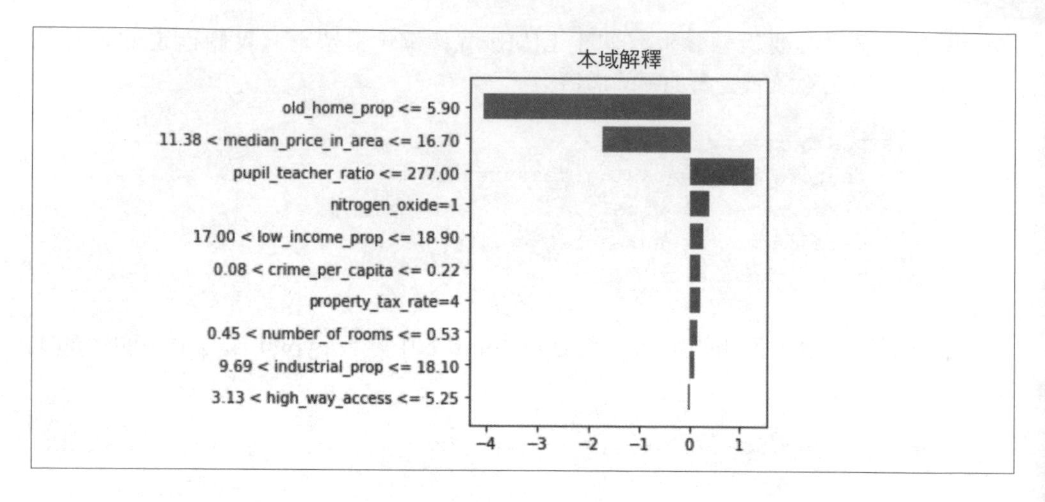

試著去分析前面由 LIME 所做出的解釋，它告訴我們以下的內容：

- **個別預測所使用的特徵列表：**在上圖中，它們標示在 y 軸上。
- **在決定決策時，每一個特徵的相對重要性：**愈長的長條圖表示愈重要，其數值內容以 x 軸來表示。
- **在標籤上每一個輸入特徵是正向還是負向影響：**紅色長條圖表示某一特徵的負向影響，而綠色長條圖則顯示某一特徵的正向影響。

瞭解倫理和演算法之間的關係

透過演算法制定的模式，可能直接或間接導致不道德的決策結果。然而，設計演算法時，很難預見潛在倫理影響的全部範圍，尤其是大規模演算法，因為可能有一個以上的使用者參與設計，這使得分析人類主觀性的影響變得更加困難。

> **Note**
> 有愈來愈多公司把演算法的倫理分析視為設計的其中一環。但事實上，在我們找到一個有問題的使用案例之前，問題可能不會透明化。

學習演算法的問題

能夠根據不斷變化的資料模式進行自我微調的演算法，我們稱為**學習演算法（learning algorithm）**。它們的學習模式是即時的，但是此種即時的學習能力可能造成倫理方向的影響，而這產生了一個可能性：這種學習能力可能會導致決策從倫理觀點看起來是有問題的。因為演算法設計成持續進化，因此，要對它們持續執行倫理分析，幾乎是不可能的。

> **Note**
> 當演算法的複雜度增加時，就會愈來愈難完全瞭解它們在社會中對於個人以及群體的長期影響。

瞭解倫理上的考量

演算法的解決方案是沒有人性因素的數學公式，開發演算法的人，有責任確保它們符合待解問題相關的道德敏感考量，這些倫理上的考量，則取決於演算法的類型。

例如，讓我們來看看以下這些演算法和它們倫理上的考量，下面所列出的例子，是需要仔細考慮道德因素的強大演算法：

- 分類演算法，當實際應用在社會上時，決定了個人或組織塑造成的樣子和管理這些人的方式。
- 當演算法使用於推薦引擎，為求職者配對履歷，包括個人及組織都會受到影響。
- 資料探勘演算法用於探索使用者的資訊，並將資訊提供給決策者及政府。

- 機器學習演算法開始被政府應用於核可或拒絕簽證申請。

綜上所述，對於演算法而言，倫理上的考量因素取決於使用案例以及直接或間接影響到的個體。在開始使用演算法進行關鍵決策之前，從倫理角度仔細分析是必要的。在接下來的內容中可以看到，當我們仔細分析演算法時，必須牢記在心的重要因素。

沒有定論的證據

用於訓練機器學習演算法的資料可能沒有確切的證據。例如，在臨床試驗中，由於可用的證據是有限的，因此藥物的有效性可能無法得到證實。同樣地，推論出某城市的某郵遞區號更有可能與詐欺相關，也可能僅是未經證實的有限證據。當演算法是根據有限資料找出數學模式，然後我們用它們來進行決策時，需特別謹慎行之。

> **Note**
> 基於無定論證據的決策容易導致不合理的行動。

可溯源的能力

在機器學習演算法中，訓練階段和測試階段之間是沒有關聯的，這意味著如果演算法造成了一些傷害，很難去追蹤與除錯。此外，當我們在演算法中發現問題，也很難去確定哪些人受到影響的人。

誤導的證據

演算法是資料驅動的公式，所謂的**垃圾進垃圾出**（**Garbage-in, Garbage-out, GIGO**）原則指出，演算法的結果是否可信賴，和它所使用資料之可信度是息息相關的，如果資料有所偏差，那麼這些偏差也會反應到演算法上。

不公平的結果

演算法的使用可能會傷害到原本就已經處於不利地位的弱勢社區及團體。

此外，使用演算法分配研究經費，已經不止一次證明對男性族群有偏見，而用於批准移民的演算法，有時會無意中偏袒弱勢團體。

儘管使用了高質量資料和複雜的數學公式，但如果結果是不公平的，整體努力所帶來的傷害可能會大過於好處。

在模型中減少偏差

眾所周知，在現今社會中，普遍存在對於性別、種族和性取向的偏見，都是有據可循的。這表示，我們所收集的資料中也會具有這些偏見，除非我們在收集資料之前，這個大環境已經努力去除這些偏見。

在演算法中，所有的偏差是直接或間接來自於人們的偏見，而這些偏見會反應在演算法所使用的資料上，或是演算法本身的公式上。對於一個遵循 **CRISP-DM**（**cross-industry standard process**，在「第 5 章 _ 圖形演算法」曾加以解釋）的典型機器學習專案，其生命週期中的偏差看起來像是這樣：

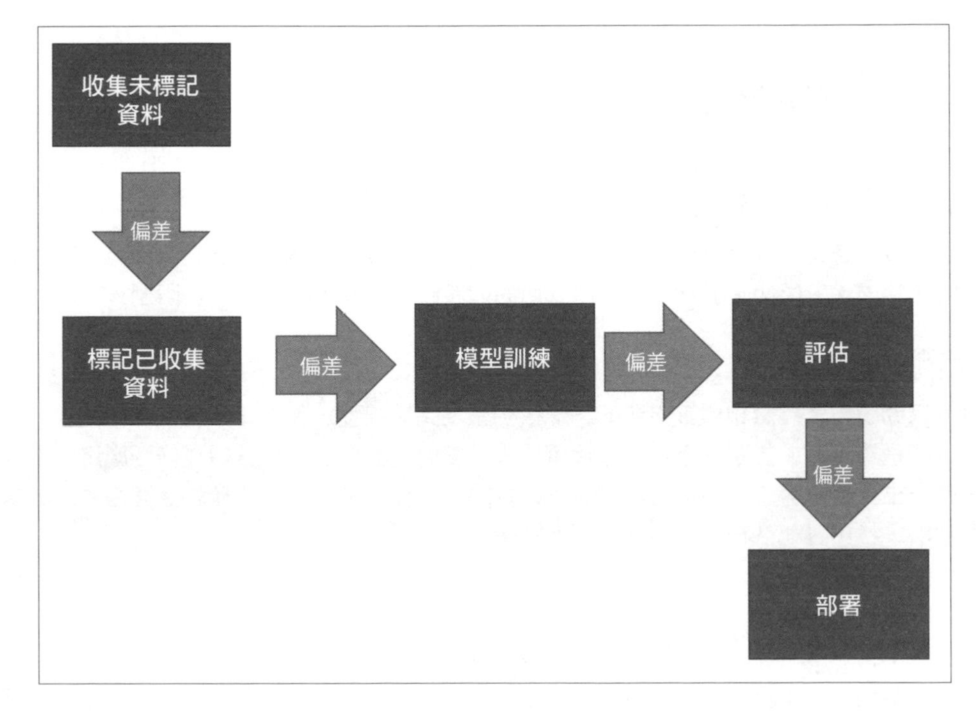

減少偏差最棘手的部分，是要先識別並定位出無意識的偏差。

解決 NP-hard 問題

NP-hard 問題在「**第 4 章 _ 設計演算法**」中廣泛討論過，NP-hard 問題中有些是重要的問題，需要我們設計演算法去解決它們。

如果因為 NP-hard 問題過於複雜或是可用資源有限，想找到解決方案似乎是遙不可及，我們可以採取以下其中一種方法來解決：

- 簡化問題
- 客製化一個類似問題的已知解決方案
- 使用機率方法

讓我們逐一檢視上述這三種方法。

簡化問題

我們可以根據某些假設簡化問題。已解決的問題可以提供一個不完美但仍然有見解且有用的解決方案。要使它發揮作用，所選用的假設應盡可能地不帶有任何限制。

範例

在迴歸問題中，特徵和標籤之間的關係很少呈現完美線性，但在正常的操作範圍中，它有可能是線性的。將關係近似為線性可以大幅度簡化演算法，使其得以廣泛應用，不過如此一來，也會引入一些影響演算法正確性的近似性。在近似和正確性之間需要小心拿捏取捨，找出對利益相關者最好的平衡點。

客製化一個類似問題的解決方案

如果一個類似問題已知有解決方案，可以把這個解決方案當作一個起點，將它客製化以解決我們正在尋找解答的問題。機器學習中的**遷移式學習**（**transfer learning, TL**）就是基於這個原則，此想法是使用預先訓練好的模型進行推論，作為訓練演算法的起點。

範例

假設我們想要訓練一個二元分類器，讓它根據企業培訓時的電腦視覺即時影像，辨別 Apple 和 Windows 筆電的差異。從影像來源中，模型開發的第一個階段是能夠去偵測不同的物體，並識別出這些物體是筆電。完成後，我們可以邁向第二個階段：公式化規則，讓它可以區別出 Apple 筆電和 Windows 筆電之間的差異。

現在，有一個已經完成訓練、並經過完善測試的開源模型，可以處理這個模型的第一階段訓練，何不以它作為起點，用推論來邁向第二個階段，辨別 Windows 和 Apple 筆電呢？這個方法將為我們提供一個跳躍性的開始，因為第一階段已有完善測試，解決方案就比較不容易出現錯誤。

使用機率方法

使用機率方法取得一個合理的良好解決方案是可行的，但並不是最好的。我們在「**第 7 章 _ 傳統監督式學習演算法**」中使用決策樹演算法去解決問題時，該解決方案就是根據機率方法。雖然我們並沒有證明它是最佳解決方案，但它確實是一個相當好的方案，提供了有用的解答，那是我們在有限制的需求之下試圖解決的問題。

範例

許多機器學習演算法是從一個隨機解決方案開始，然後重複地改進這個解決方案，最終的解決方案可能是有效的，但是並不能證明它是最佳方案，此種方式用於在合理時間內解決複雜的問題。這就是為什麼對許多機器學習演算法來說，取得可重複結果的唯一方式是使用相同順序的隨機數，透過同樣的種子值來取得這些數值。

使用演算法的時機

演算法就像是從業者的工具箱。首先，我們需要去瞭解哪種工具最適合使用在某種特定情境。有時候，我們需要捫心自問：對於想要解決的問題是否有解決方案了？何時才是部署這個解決方案的正確時機？我們更需要去判斷，使用一個演算法是否可以真正解決實務問題，而非替代方案？如此需要從三個方面分析使用這個演算法的效果：

- 成本：能否證明實作演算法的相關成本是合理的？
- 時間：我們的解決方案是否可以讓整體執行效能高過於簡單的替代方案？
- 正確性；我們的解決程序是否比簡單的替代方案提供了更正確的結果？

選擇正確的演算法之前，需要先找出下列問題的答案：

- 我們可以藉由假設簡化問題嗎？
- 如何評估我們的演算法？關鍵指標為何？
- 如何部署與使用演算法？
- 它需要是可解釋的嗎？
- 我們瞭解這三個重要的非功能性需求——安全性、效能及可用性嗎？
- 有任何預期的最後期限嗎？

一個實際的例子：黑天鵝事件

演算法輸入資料、處理資料，並把它公式化，然後解決問題。如果收集的資料具有極端影響性而且是非常罕見的事件呢？我們如何使用演算法來處理該事件生成的資料，而這些事件可能會導致災難等級的毀滅力？本段落就來深入探討這個面向。

此種極端的罕見事件出現在 Nassim Taleb 於 2001 年所著的《Fooled by Randomness》書中，以黑天鵝事件（*black swan events*）作為隱喻。

> **Note**
> 幾世紀以來，人們都拿「黑天鵝」來比喻不可能發生的事件，直到牠們首度在野外被人們發現。發現黑天鵝之後，這個名詞還是經常被使用，但是意義有所改變，現在它代表十分罕見以至於無法預測的事物。

Taleb 提供了四個標準，以界定一個事件是否為黑天鵝事件。

界定是否為黑天鵝事件的四個標準

決定某個罕見事件是否應該歸類為黑天鵝事件，是一個很弔詭的問題。一般而言，要界定它為黑天鵝，需要符合以下四個標準：

1. 首先，一旦此事件發生，一定會對觀察者造成極度深刻的衝擊；例如，在廣島投下原子彈。
2. 此事件一定會造成巨大影響——極具破壞性且是主流事件，例如，西班牙流感的爆發。
3. 一旦事件發生且塵埃落定之後，身為觀察者的資料科學家應該瞭解到，實際上並沒有那麼令人意外，僅僅是因為他們從未注意到一些重要的線索，如果他們具有能力和主動性，黑天鵝事件其實是可以預測的。例如，西班牙流感在全球爆發疫情之前，已知有一些線索在當時被忽略。此外，曼哈頓計畫在原子彈投到廣島之前已經執行了好幾年了，觀察組的人卻沒能把這些可疑的線索連接在一起。
4. 當它發生時，黑天鵝事件的觀察者可能覺得這是一輩子遇到過最誇張的事件，但可能對某些人來說根本一點都不意外。例如，對於研發原子彈多年的科學家來說，使用原子彈的威力並不會讓他們感到意外，而是預料中的事。

套用演算法到黑天鵝事件

黑天鵝事件和演算法相關的主要面向如下：

- 有許多複雜的預測演算法可以使用，但是如果我們希望使用標準的預測技術來預測黑天鵝事件作為預防，這是不可行的，此類預測演算法只會提供錯誤的安全性。
- 一旦黑天鵝事件發生，要預測它所造成更廣泛的社會影響，諸如經濟、公眾以及政府的相關議題，通常是不可能的。首先，由於是罕見的事件，不會有適當的資料提供給演算法，況且對於從未探索且不瞭解的那些社會領域，我們無法掌握它們之間的關聯性與相互影響。
- 需牢記的是，黑天鵝事件並不是隨機事件，只不過我們沒本事留意那些終究會導致黑天鵝事件發生的複雜事件。事實上，演算法是可以在這個領域扮演重要角色，我們應該確信，在未來，會出現一個策略去預測並偵測這些微小的事件，隨著時間推移，將微小事件結合在一起就會產生黑天鵝事件。

Note

在 2020 年初爆發的 COVID-19，就是我們這個時代最佳的黑天鵝事件範例。

前面的例子顯示了，先考量並瞭解我們試圖解決的問題細節，然後針對該問題領域實作演算法，並提出一個解決方案，這整個流程十分重要。如同前面所提到的，如果沒有一個綜合的全面分析，使用演算法或許只能解決複雜問題的一部分而已，無法達到我們的預期。

本章摘要

在本章，我們學習了關於在設計演算法時，應該考慮的一些實際面向；檢視了演算法可解釋性的概念，以及為演算法提供不同程度可解釋性的一些方法；我們也探討了演算法中的潛在道德問題；最後，說明選用一個演算法時有哪些應該考慮的因素。

今日，人類正在見證演算法成為自動化新世界的推動力。學習、實驗並瞭解使用演算法的影響是很重要的，瞭解它們的優點與侷限性，以及使用演算法在倫理道德方面的影響，將使這個世界成為一個更好的居所。在這個不斷變化、快速演化的世界中，本書是努力實現此一重要目標的成果。

memo